日本料理制作大全

95道精选菜品，
千余张彩色图解

[日] 川上文代 著
周小燕 译

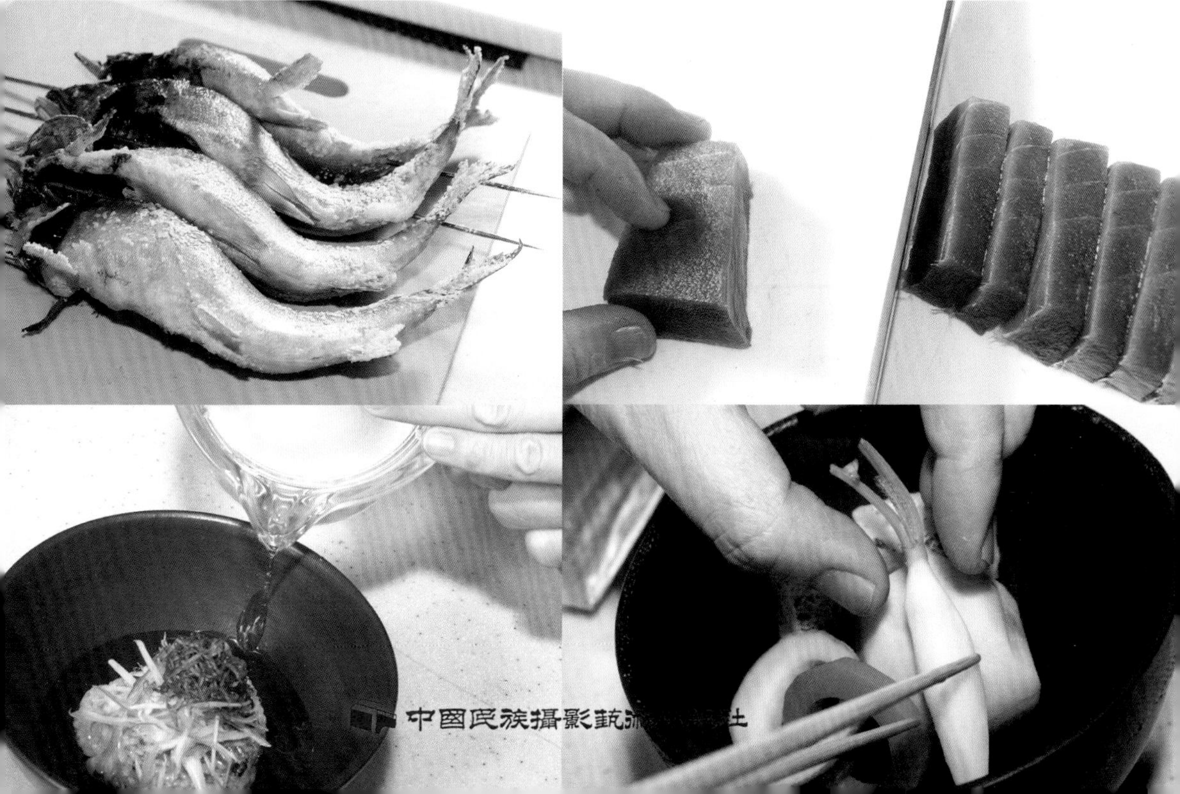

中国民族摄影艺术出版社

图书在版编目（CIP）数据

日本料理制作大全 / (日) 川上文代著 ; 周小燕译
. -- 北京 : 中国民族摄影艺术出版社, 2015.8
ISBN 978-7-5122-0726-4

Ⅰ. ①日… Ⅱ. ①川… ②周… Ⅲ. ①菜谱－日本
Ⅳ. ①TS972.183.13

中国版本图书馆CIP数据核字(2015)第171726号

TITLE :［イチバン親切な和食の教科書］
BY :［川上文代］

策划制作：北京书锦缘咨询有限公司（www.booklink.com.cn）
总 策 划：陈　庆
策　　划：邵嘉瑜
设计制作：季传亮

书　名：日本料理制作大全
作　者：［日］川上文代
译　者：周小燕
责　编：吴　叹　连　莲　张　宇
出　版：中国民族摄影艺术出版社
地　址：北京东城区和平里北街14号（100013）
发　行：010-64906396 64211754 84250639
印　刷：北京中科印刷有限公司
开　本：1/16　170mm × 240mm
印　张：14
字　数：140千字
版　次：2018年8月第1版第8次印刷
ISBN 978-7-5122-0726-4
定　价：48.00元

前言

如今的美食倾向于健康饮食，来自长寿之国的日本料理，在全世界都非常受欢迎。

本书中的日本料理表现了春夏秋冬的四季变幻，不只讲解料理，还有餐具和工具的用法、料理的装盘和搭配、雕刻装饰，从基础到实用料理、料理要点和失败案例等，内容繁多详实。鱼的切法、食材的提前准备等，在照片和图片中都有详细讲解。另外，也介绍了煲汤、生鱼片、烧烤、炖煮等烹饪方法。还特别介绍了使用剩余食材的料理和例子，可以参考一下。

日本料理包罗万象，妈妈的味道、家乡料理、精致料理、创新料理等等，应有尽有。

就算是身边熟悉的料理，真正烹饪的时候，也有很多不明白的地方。边看边模仿也许能做出实用料理来，但不了解基础和提前处理食材的方法，还是做不出美味的料理。巧妙利用这本教科书，哪怕减少一点点“这是什么”的疑问，在家人或朋友聚会时讲出来，也会让大家很开心吧。

现在小家庭越来越多，女性也慢慢走向社会，母亲向孩子传授日本传统料理的现象越来越少。在阅读这本教科书的同时，大家对日本料理会有全新的认识，进而提高自己的烹饪水平，关键时候大显身手让大家赞叹不已吧。

川上文代

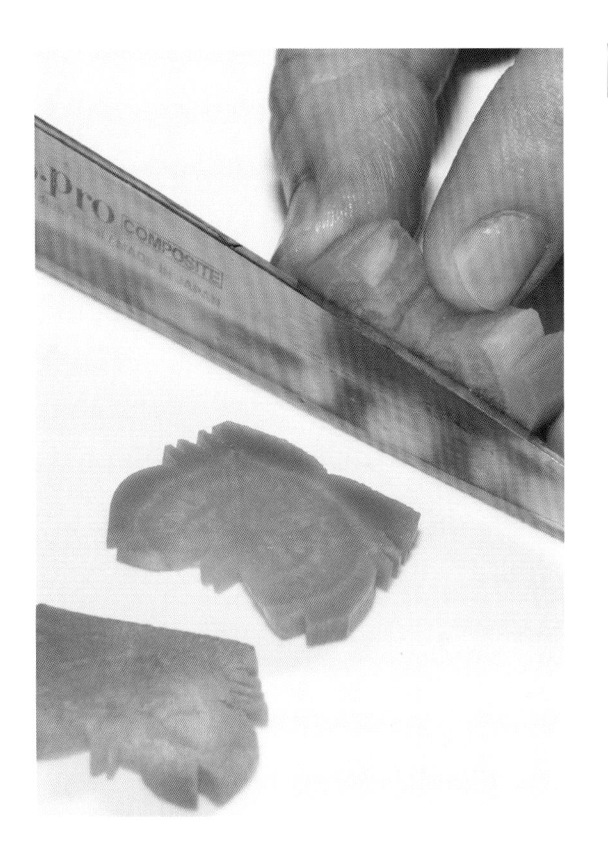

目录

第1章
日本料理基础

第2章
主菜

第3章
配菜

第4章

小菜

第5章

各式米饭

第6章

煲汤

第7章
腌渍料理

本书要点

· 材料表中的高汤没有特别指定的，就使用一次高汤。制作方法参考P9。也可以使用市售高汤。

· 焯水用的盐、醋渍蔬菜的醋等提前准备时使用的调味料，一般都是在材料表以外的。

· 烤箱和微波炉品牌不同，性能也不同。要根据加热情况酌情调整温度和加热时间。

· 材料表中的1杯=200ml，1大匙=15ml，1小匙=5ml。

· 材料表中的份量一般都是2人份，酱菜等容易保存的食物没有明确注明份量。可根据喜好酌情增减。

· 菜谱中注明的所需时间还要根据实际情况酌情增减。食物状态和气候不同，所需时间也不同。

· 菜谱中的杯子份量要根据实际情况酌情加减。根据材料的状态或加或减。

第1章 日本料理基础

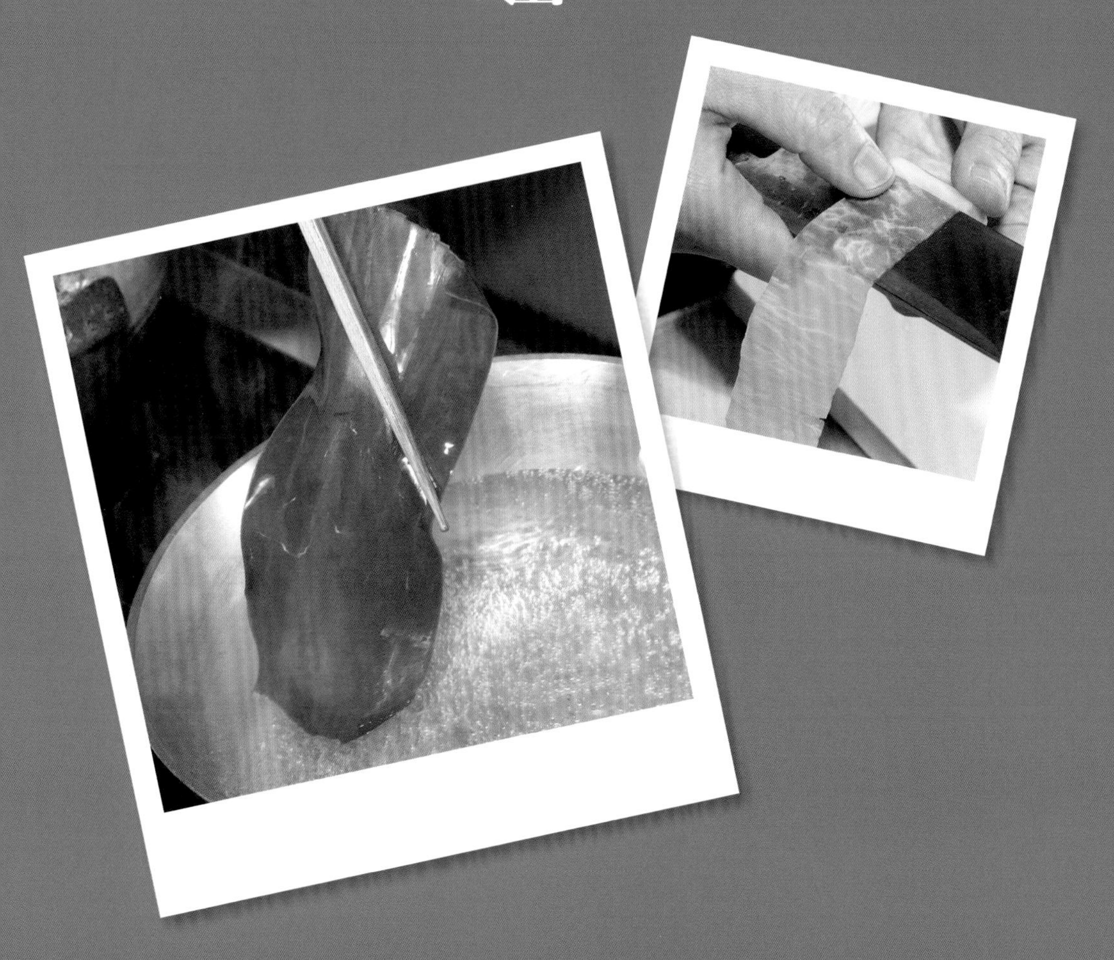

准备工具

制作日本料理需要的烹饪工具，除了家庭必备的基本工具外，还有种类繁多的专业工具。有些工具很容易生锈，使用后一定要好好保养。

刀

有薄刃刀、牛刀、出刃刀，就能烹饪各种各样的料理。水果刀适用于精致操作。

牛刀

适合入手的第一把菜刀，适合切肉、蔬菜、鱼等等。质地轻盈，清洗方便，使用非常顺手。

出刃刀

适合切坚硬的鱼头，也可以用来片鱼和肉片。刀刃较厚，质地坚硬。

生鱼片刀

从刀底到刀尖整个刀刃都非常锋利，适合切生鱼片或者较细的鱼。

薄刃刀

用来切蔬菜的菜刀。因为没有刀尖，可以紧紧贴在案板上，适合切较大的蔬菜。

水果刀

英语是petty knife，petty是小的意思。适合用来雕刻蔬菜或者切较小的食物。

结构名称

（从左往右，从上往下）

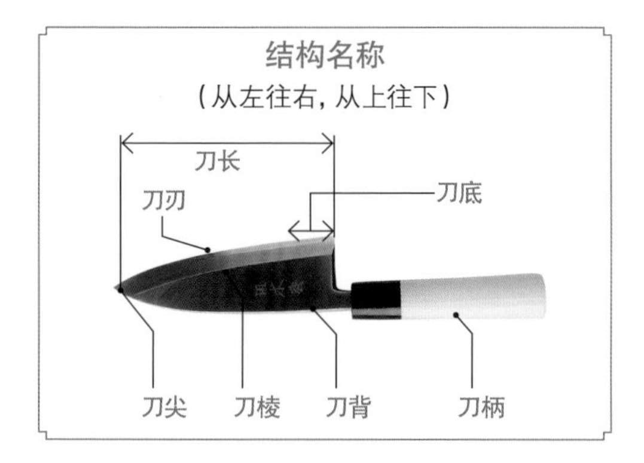

菜刀放置方法

铺上毛巾让菜刀不会滑动，刀尖冲向操作台里侧，刀刃朝上，这样放置较安全。

锅·平底锅

锅的大小，取决于烹饪量的多少。烹饪时要考虑到家人或者客人的人数，最好提前准备好大、中、小不同尺寸的锅。

坩锅

没有锅柄，用锅钳代替锅柄使用。可以叠加，方便存放。

雪平锅

最常用的单柄锅。因为有导流口，所以倒液体的时候非常方便。导热性能好。

煎蛋锅

正方形的叫做关东型，长方形的叫做关西型。铜制的煎蛋锅比较耐用。

砂锅

砂土烧制而成的锅。保温性能好，食物不易冷却。适合用于蒸饭和火锅。

炸锅

铁或铜制成，用于油炸食物的锅。要选择质地较厚、口径较深的锅，这样能保持油的温度。

容器·笊篱

笊篱，一般用来沥干蔬菜的水分或者分别盛装食材。饭台，制作寿司饭时，能将米饭平铺摊开，使用十分方便。

笸箩

吸水性好，不会破坏水焯蔬菜的本来形状。完全干燥后再存放。

笊篱

不锈钢制品更易清理，用于沥干食材水分，或者代替碗来盛装食材。

饭台

用来制作寿司饭的工具。使用后，清洗干净，擦干水分，等干燥后再存放。

勺子、筷子、铲子

勺子、筷子、铲子等，是制作日本料理必不可少的工具。多准备几个不同尺寸的工具，使用会比较方便。

勺类

1.滤网

油炸食物时捞取浮在油上的碎屑。也可用于撇去浮末。

2.长柄勺

勺子不是圆形的，横向较宽，适合将液体倒入口较小的容器。

3.漏勺

捞取水焯蔬菜、从汤汁中捞出食材等，沥干水分。

4.汤勺

舀取液体时使用。最好准备两把，可在烹饪不同食物时使用。

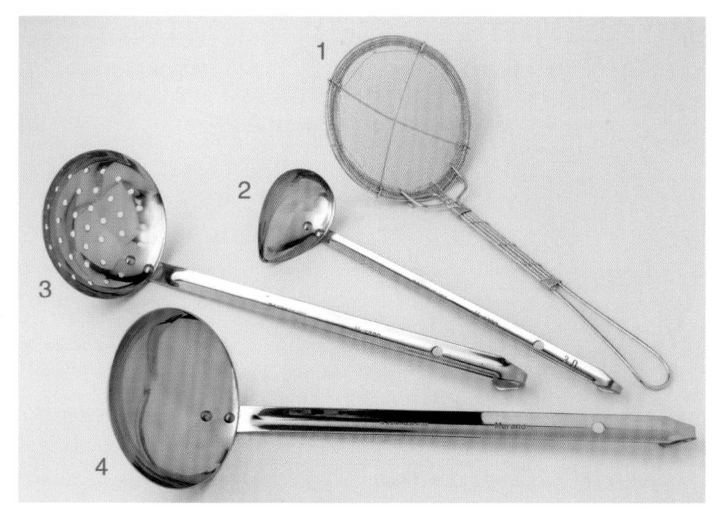

筷子、刷子

1.装盘筷

装盘专用的筷子。筷子头较细，方便夹取较细的食物。

2.烹饪筷

比普通筷子略长，烹饪时使用。有的带有绳子，这样筷子不会分散。

3.刷子

往食材上涂抹调味汁或者粉末时使用。清洗完毕，等干燥后再存放。

勺子、铲子

1.漏铲

捞出用筷子夹容易散的食材，也用于将食材翻面。

2.木铲

翻炒或搅拌食材时使用。橡皮刮刀可以取出残留在碗内的材料。

3.木勺

盛米饭或搅拌时使用。另外，也用于收集或过筛食材。

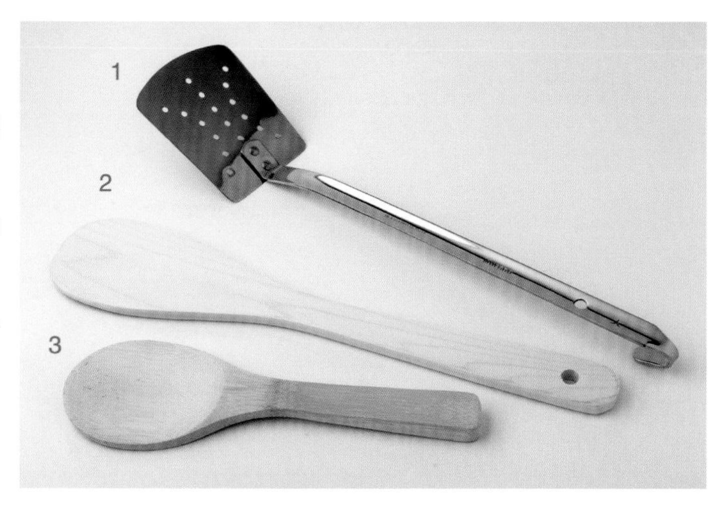

制作日本料理必备工具

日本料理烹饪工具，大多为木制工具。会沾染上食材的气味，要提前浸湿后再用。

落盖

炖煮时，将食材充分浸入水或热水中，用途多种多样。详细用法参考P64。

卷帘

用于卷寿司卷或煎蛋卷，固定形状，沥干青菜或萝卜泥的水分。

粉筛

将材料放在滤网上，从里向外用木铲按压过筛。可以过筛粉类或者过滤液体。

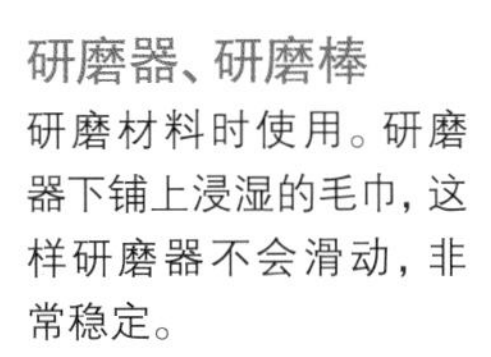

研磨器、研磨棒

研磨材料时使用。研磨器下铺上浸湿的毛巾，这样研磨器不会滑动，非常稳定。

压凉粉器

木制筒形工具。放入凉粉或者泷川豆腐的材料，按下顶杆，就变成狭长的棒状。

磨泥器

用于萝卜或生姜等，根据食材使用不同网眼大小的磨泥器。也有用鲨鱼皮制作而成的。

缩短时间的方便工具

让费时间的步骤瞬间完成

食物处理器

将萝卜泥或者生面筋（参考P72）等材料搅碎、搅拌时使用。

高压锅

容器密封，水蒸气不能挥发，烹饪时比普通的锅高温高压，所以短时间内就能煮熟。

铁架

烤鱼时可以改变高度，调整烤火的位置。也可以用烤鱼架代替。

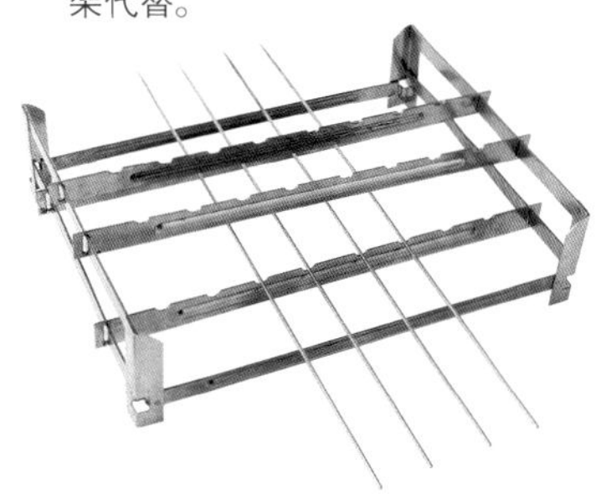

蒸饭

准备日本料理必不可少的白米饭时，只要稍微注意一下淘米和蒸饭的方法，味道就会大不相同。让我们学习一下如何淘米和用砂锅蒸饭。

首先开始淘米

1 碗内倒入足够的水，倒入米，轻轻搅拌，直到水变白。大约搅拌10次，水就变浑浊了。

2 水一变白就把水倒掉，不然米会吸收淘米水。吸收了浑浊的淘米水会让米饭有异味。

3 不要放水，用手将米捧起来，轻轻搓米。如果量比较大，就不用拿起来，直接用手按压揉搓。

4 倒入水，轻轻搅拌，将步骤3和4重复3~4次，直到水变得透明，可以清楚地看到米。

5 将米倒入笊篱，沥干水分，盖上湿布静置30分钟，让米吸收米表面的水分，沥干多余的水分。

处理免淘米、糯米等其他米的方法？

已提前去除米糠的免淘米，不需要像精米那样用力清洗，稍微清洗后，留下较多水分。糯米淘洗后，用水浸泡一晚，使用前再倒入笊篱，沥干水分。

用普通的锅也能做出美味的米饭

1 米淘洗后静置30分钟，倒入和米等量的水。比如，洗了1杯的米，就倒入200ml的水。

2 盖上锅盖，大火加热。煮沸后转小火，再蒸10分钟。关火，不要打开锅盖，用余热蒸5~10分钟。

用砂锅蒸米饭美味的原因

蒸米饭适合使用质地厚、比较保温的锅。砂锅可以储存热量，导热性能好，最适合用来蒸米饭。此外，砂锅边缘要比锅盖略高，锅盖在砂锅内侧，水不会溢出。

用砂锅蒸饭

1 将米放在笊篱上静置30分钟，用量杯称量和米等量的水，放入砂锅。

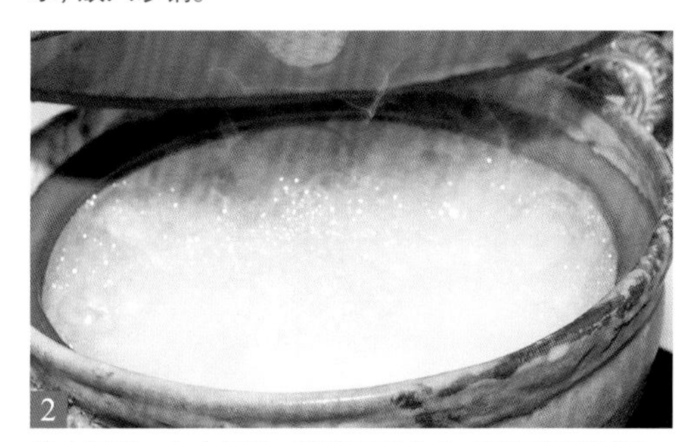

2 盖上锅盖，大火加热，煮沸后转小火，不要打开锅盖，再蒸10分钟。

3 这是蒸10分钟后的状态。关火，不要打开锅盖，用余热蒸10~15分钟。

4 用浸湿的饭勺翻动米饭，把米饭均匀混合，就做好了。

煮高汤

高汤是日本料理的基础，种类繁多，有海带高汤、鱼干高汤等。搭配食材熟练使用高汤，制作美味料理。

了解日本料理的基础——高汤的材料

海带

选择较厚、表面有白色粉末的海带。杂质用布擦干净，不能用水清洗。

鲣鱼片

将柴鱼肉煮熟，干燥后削片，这样便于使用。

鱼干

沙丁鱼等煮熟后晒干而成。要选择干燥、鱼皮完整、形态规整的鱼干。

干香菇

用水浸泡10小时后沥干水分，味道就会散发出来，可以用来煮高汤。

大豆

素高汤的材料之一。将大豆煎过，放入海带高汤里，浸泡10个小时以上，高汤就做好了。

高汤的秘密

保存方法

一定要充分冷却，密封冷藏，以免沾染到其他味道。用来煮高汤的海带、鱼干、鲣鱼片等，也要放入罐中密封起来，在阴凉处保存。

不要放太久

一次、二次高汤都要在当天用完。2~3天后，其余高汤味道也会变差，最好用多少煮多少。

关键在于水质

软水比硬水更适合用来煮高汤。如果用矿泉水，要选择软水。如果用自来水，要先静置一晚再用。

一次高汤

鲣鱼片、海带煮的高汤，是日本料理中非常常见的基础高汤。因为煮制时间较短，方法简单，适合用来做煲汤、炖煮汤底或蒸菜酱汁等。

材料 水…1L
海带（5cm×10cm）…1片
鲣鱼片…约15g

用布擦拭海带，去除灰尘。将海带用材料表内的水浸泡一晚，泡发到恢复原本的形状。

海带连水一起倒进锅内，中火加热，煮到接近沸腾。等周边开始冒泡后，取出海带。

立即放入鲣鱼片，在沸腾前转小火，以免高汤变酸或者浑浊。

撇去浮沫，关火。将浮沫倒入其他碗内，液体再倒回锅内。

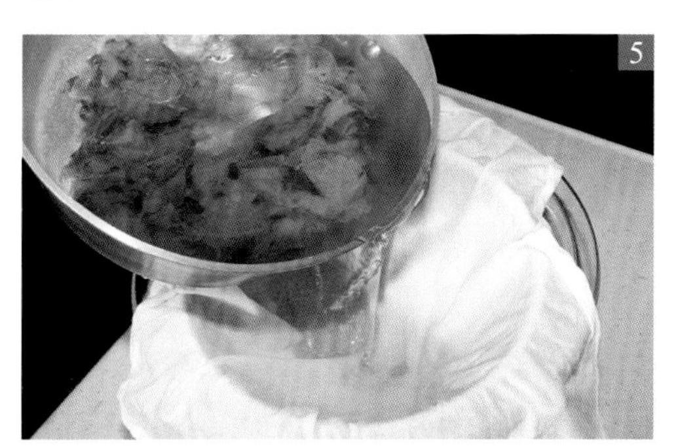

等鲣鱼片沉到底部，用棉布慢慢过滤汤汁。如果不慢慢过滤清汤，高汤容易变得浑浊。

可以用从2取出的海带、留在锅内的鲣鱼片煮二次高汤。

鱼干高汤

如果烹饪前鱼干比较潮湿，高汤就会变得腥臭，保存时要注意防潮。

材料

水…1L
鱼干…25g
酒…1大匙

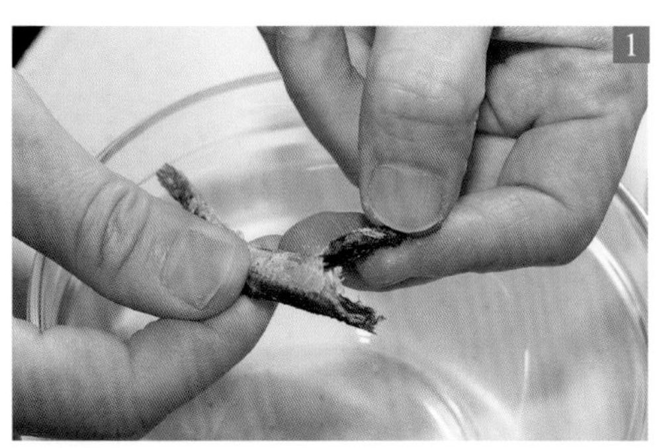

用手指去除鱼干的头部和内脏。稍稍清洗后，用水浸泡一晚。天气炎热时要冷藏。

1连同水一起倒入锅内，中火加热。加酒，保持微沸的状态，撇去浮沫。

再煮10分钟，煮出香味后关火，用棉布轻轻过滤成清汤。

二次高汤

在煮过一次高汤的海带和鲣鱼片中，放入新的鲣鱼片，新的鲣鱼片被称为追加柴鱼。

材料

水…1L
鲣鱼片…7.5g
煮过一次高汤的
海带和鲣鱼片…适量

煮过一次高汤的海带和鲣鱼片放入锅内，加水。大火加热，煮沸后转小火，再煮5~6分钟。

水减少一成后加新的鲣鱼片，中火加热。煮沸后撇去浮沫。

关火静置3分钟，用棉布过滤，将鲣鱼片和海带放在棉布上，用筷子用力按压过滤。

素高汤

不使用鱼和肉的素食料理使用的高汤。因为味道略微清淡，可以搭配其他高汤，适用于煲汤或炖煮。

材料　水…1L
　　　海带…4g
　　　干香菇…5g
　　　胡萝卜干、藕皮…40g
　　　煎过的大豆…10g

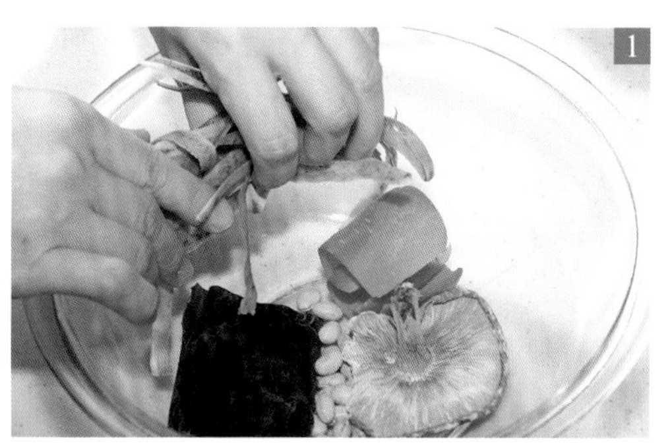

除水以外的材料全部放入碗内，材料一定要干燥，大豆要稍稍煎过。

将材料表中的水慢慢倒入碗内，最好用矿泉水代替自来水。

浸泡一晚，天气炎热时要冷藏。可以用保鲜膜包起来，以免粘上杂质或灰尘。

和水一起倒入锅内，中火加热，煮到接近沸腾。一旦沸腾，就会有涩味，所以要特别注意。

只要锅边开始冒泡，就可以关火了，撇去浮沫。吹掉浮沫，汤汁要倒回锅内。

轻轻将高汤倒入铺有棉布的笊篱，慢慢过滤。泡发的大豆、干香菇可以用于其他料理。

提前处理蔬菜

蔬菜有涩液，放置一段时间，就会变苦或者变色，影响料理的外观和味道，所以一定要提前处理好。

浸泡

削皮、切过的蔬菜，如果不用水或者醋水浸泡，就会立刻变色，也变得不新鲜。

用水浸泡

避免变色

涩液会使茄子、藕等白色蔬菜一切开就变成茶色，所以一定要用水浸泡。

去除辣味

用水浸泡洋葱、茗荷等蔬菜，不仅能去除辣味，也让口感更清脆。

保持新鲜

切丝或切片的蔬菜很快就会干瘪，要用凉水浸泡，能让口感更清脆。

去除涩液

为了缓和苦味和涩液，涩液较强的蔬菜要用水浸泡一段时间。

用醋水浸泡

凸显颜色

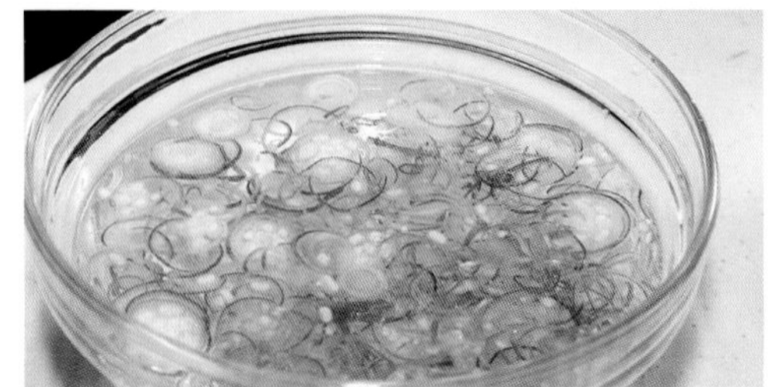

醋有显色的作用，可以让生姜或茗荷的红色更鲜明。

去除涩液

牛蒡切完后会变成茶色，所以要用醋水浸泡，使用前用水洗净。

焯水

用大量的热水焯蔬菜，让其均匀受热，可以去除多余的涩液和黏液。

用米糠焯

去除涩液

竹笋等蔬菜可以和米糠一起焯过，米糠能够吸收涩液。

用盐焯

去除涩液

青菜焯过后，热水会变绿，绿色越浓，表示涩液越强。

油菜等涩味较重的青菜，再放入凉水浸泡，等涩味消失后沥干水分。

水菜、小松菜等涩味较弱的蔬菜，可以放在笊篱上快速晾凉。

用醋水焯

去除涩液

避免变苦或变色，因为牛蒡涩味很强，比起用水，更适合用醋水焯。

用淘米水焯

去除涩液

淘米水含有米糠的营养，能够吸收涩味。

凸显白色

白萝卜、芜菁等白色蔬菜用淘米水焯过，会变得更白更漂亮。

去除黏液

去除黏液后，可以用水浸泡或焯过，去掉淘米水的味道。

了解善用蔬菜的提前处理方法

竹笋焯水法

竹笋涩味很重，时间越长会越涩，收获后一定要尽快处理。用米糠或淘米水焯过，再放入水中浸泡，可以缓和涩味。

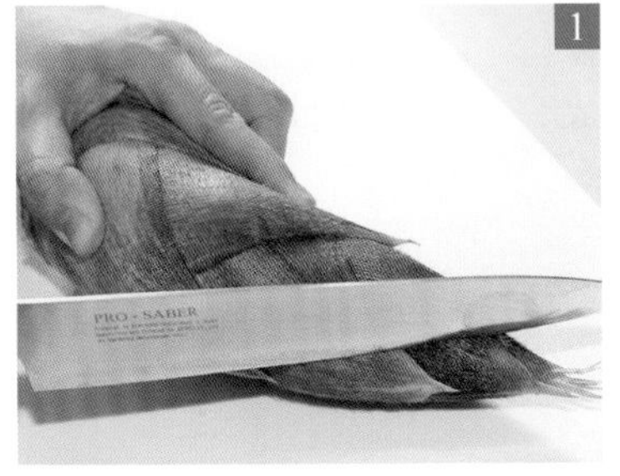

1 做好竹笋焯水的准备。用流水清洗竹笋表面的杂质，斜着切除前端部分（笋尖）。

2 为了方便焯水后剥皮，在竹笋表面划一刀，深约1cm，注意不要划太深。

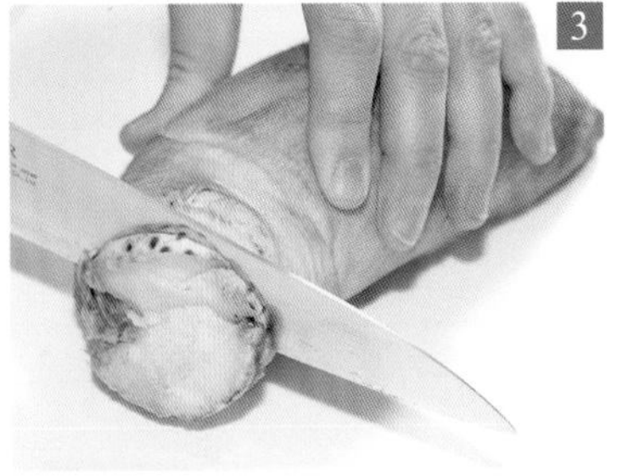

3 切除靠近根部、坚硬不能食用的部分。竹笋质地较硬，切的时候一定要用力按住竹笋，以免竹笋滚动。

4 使用能完全放入竹笋的锅，倒入足量的水，能完全漫过竹笋。

5 竹笋放入锅内，再放入1~2根辣椒。辣椒可以缓和竹笋的涩味，所以一定要放。

6 倒入一把米糠，开大火。盖上落盖，煮沸后继续加热，不要让水溢出。

7 不时转动竹笋，让竹笋完全熟透。盖上锅盖，煮约1个小时，煮到竹签可以轻松穿透根部。

8 连水一起室温冷却，用水清洗。可连水一起放入冰箱冷藏，每天都要换水。

处理黄瓜

用菜刀刀背刮下表面的突起，然后在案板上摩擦，稍微用水一焯，就出现了漂亮的绿色。

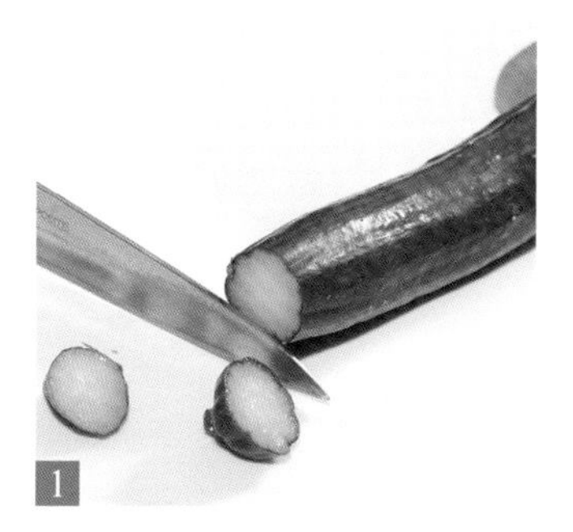

黄瓜靠近茎的部分涩味很重，两端都要切掉。

用切掉的部分和切口摩擦，用菜刀刀背刮下表面的突起。

将盐撒在黄瓜表面，在案板上滚动摩擦，磨掉表面的突起。

提前处理青菜

含有水分的青菜，如果用手拧可能拧不干水分，或者因为太用力将青菜拧断。

将用盐水焯过的青菜晾凉，放在寿司卷帘上，左右按压，轻轻挤出水分。

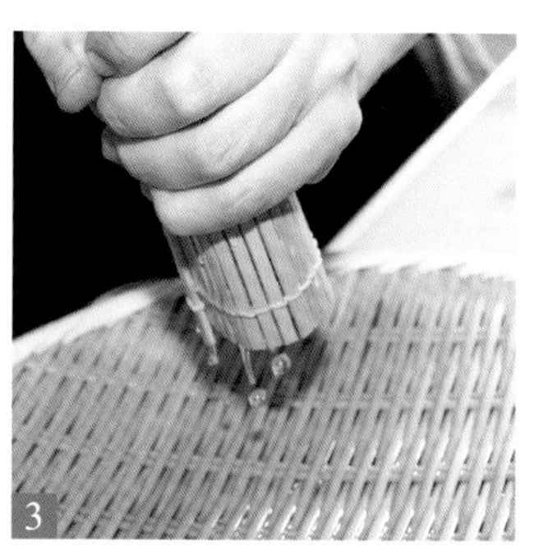

用力握紧，让水啪嗒啪嗒滴落。

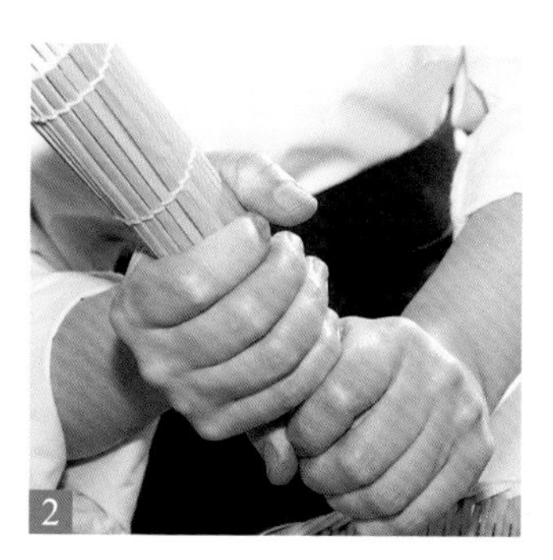

用卷帘将青菜卷起来，双手从上往下握紧卷帘。

切成合适的大小。卷好后直接切会比较好切。

错误！

扭转卷帘会将青菜拧断！

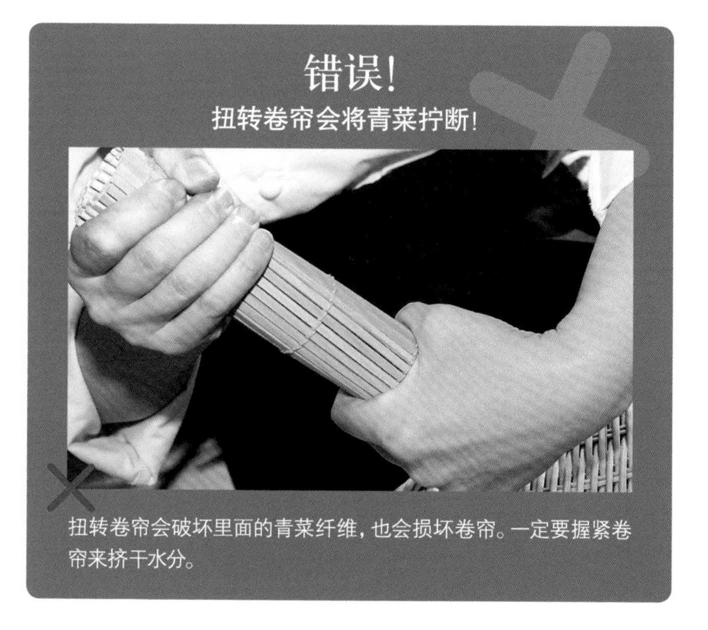

扭转卷帘会破坏里面的青菜纤维，也会损坏卷帘。一定要握紧卷帘来挤干水分。

切蔬菜

从经常使用的基本切法到让料理更赏心悦目的装饰切法，切法五花八门。只是采用不同的切法，就能让味道变好，口感也会有变化。

切丝

将切成薄片的蔬菜叠加，沿着纤维的方向切丝，用来做生鱼片的配菜等。

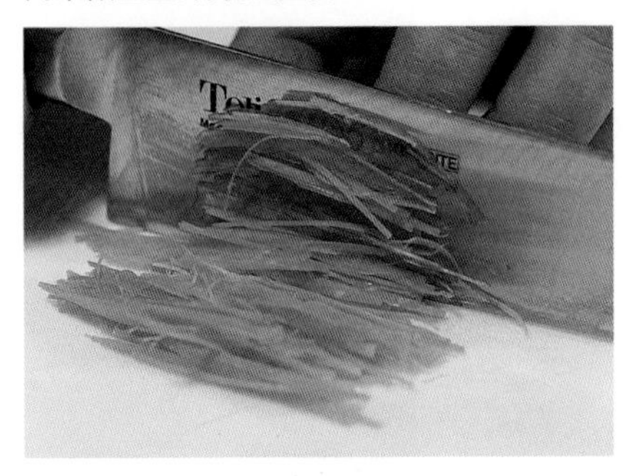

切细末

将切丝的蔬菜拢起来切碎，颗粒比较粗的，称为切粗末。

滚刀切

菜刀朝向不变，一边切一边转动蔬菜将切面朝上

切圆片

保留蔬菜的圆形，切有一定厚度，适合切黄瓜、胡萝卜、白萝卜等。

切半圆

将圆形的蔬菜竖着对半切，从一端开始切成一定厚度的半圆，也可以先切圆片再对半切。

切扇形

将切好的半圆再对半切，因为形状和银杏叶很像，也叫做银杏切。

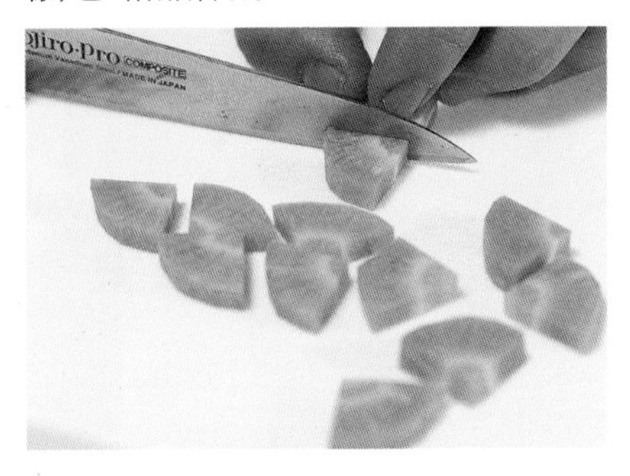

牛蒡切薄片

牛蒡、胡萝卜等细长的蔬菜，要像削铅笔一样切成薄片，越薄越容易入味。

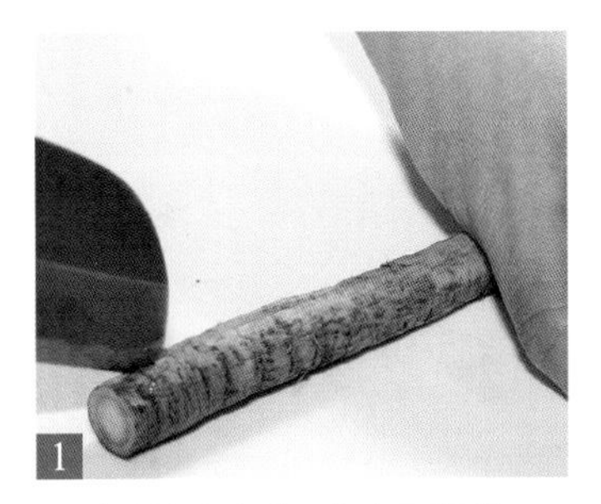

用刷子清洗牛蒡，在表面竖着划几刀。

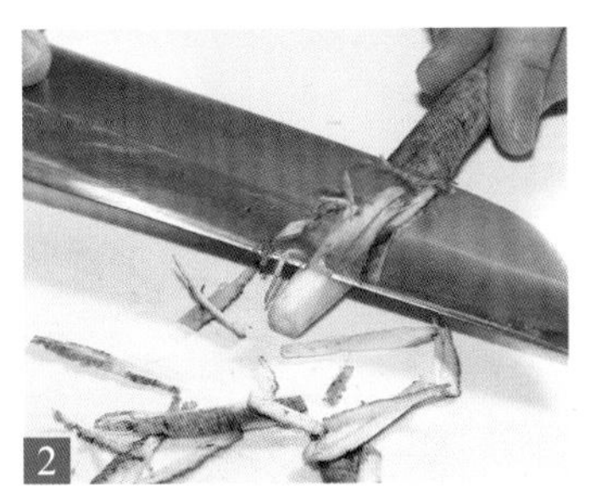

一边转动牛蒡一边斜切成薄片，切下来就迅速用醋水浸泡。

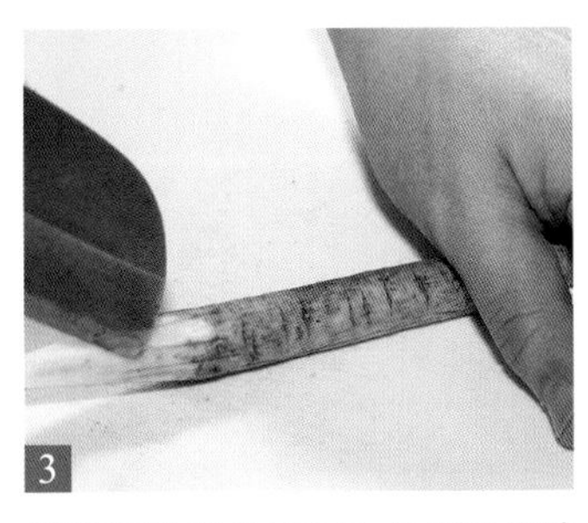

将1划刀的部分切完后，再划几刀继续切，不断重复。

青紫苏切细丝

青紫苏很难切薄片，卷成小筒比较好切。切的时候尽量切碎一点。

将青紫苏卷成细筒状，如果有好几片，可以叠起来再卷。

用菜刀的刀尖，从一端开始切成宽约1mm的细丝。

切的时候用手用力压住青紫苏，以免散开。

白萝卜 划刀

白萝卜较厚，不容易煮熟，划刀后也更容易入味。刀纹不要太明显。

可以在装盘的背面划刀，深约一半，或者用刀斜着划线，切成格子纹或十字纹。

白萝卜 修边

炖煮蔬菜时，如果食材有棱有角，食材之间会相互碰撞，容易煮糊。

使用菜刀中间部分，将白萝卜的棱角削掉，让外观更漂亮，也不容易煮糊。

在常见料理上多花心思！学会雕刻装饰

梅花花瓣

将圆形蔬菜刻成梅花形状，使用胡萝卜等红色蔬菜，看起来更像梅花，十分可爱。用模具压出形状，操作十分简单。

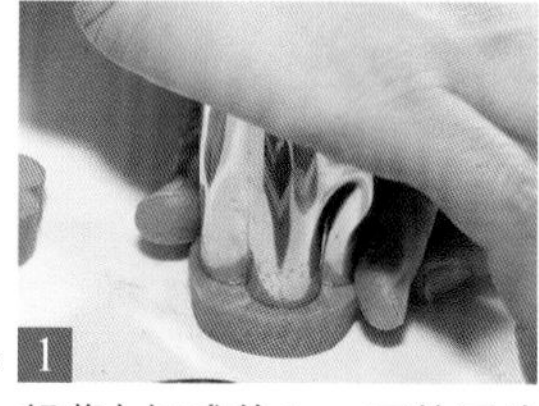

胡萝卜切成约1cm厚的圆片，用模具压出花朵形状。

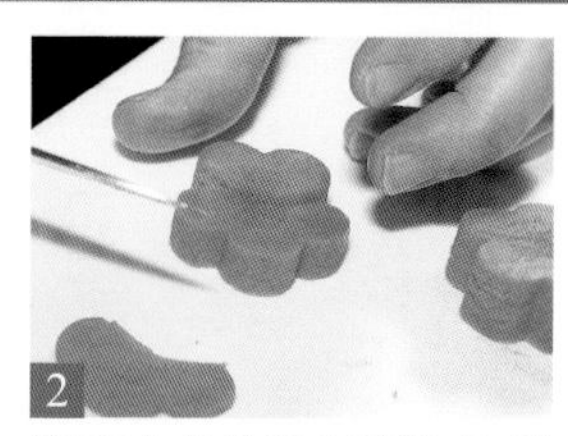

将第3片花瓣部分削薄，和剩下的两片花瓣有所区别。

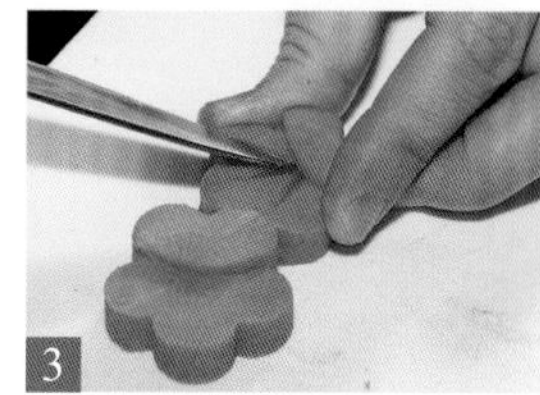

在2削薄的部分划两刀，制造褶皱的感觉。

白萝卜玫瑰

蔬菜、菜刀稍微浸湿，不仅让雕刻更干净漂亮，也能避免干燥，只要调整蔬菜切圆片的大小，就能做出自己喜欢的尺寸的玫瑰。

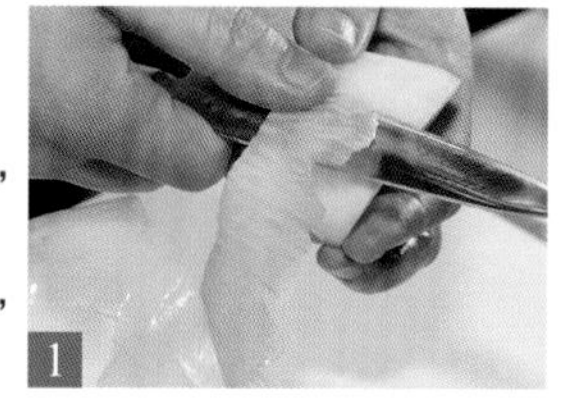

切成圆片的白萝卜，其中¾削成长长的薄片，边缘可呈波浪纹。

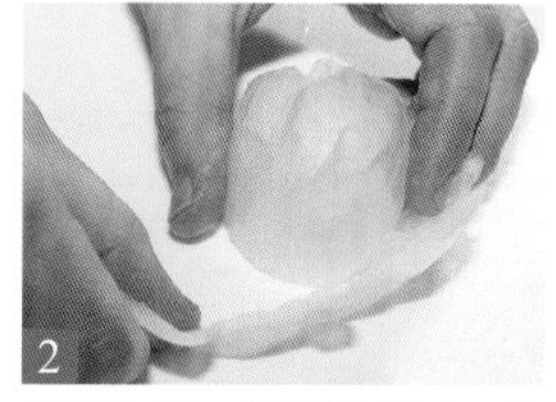

切完之后一圈圈卷起来，做成玫瑰的形状。

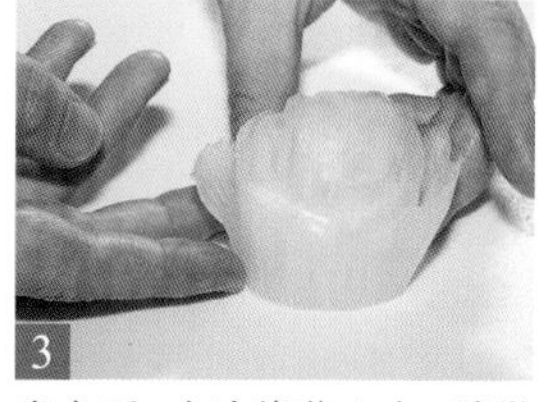

卷完后，在边缘蘸上水，稍微固定一下。

生姜毛笔

将用甜醋渍生姜的前端切成毛笔形状。因为要求动作很细腻，不习惯的话可以使用水果刀。

将生姜前端白色部分的¾切成1mm～2mm的薄片。

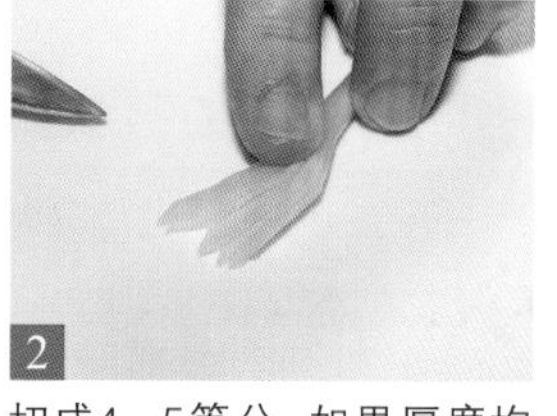

切成4～5等分，如果厚度均等，外观会更漂亮。

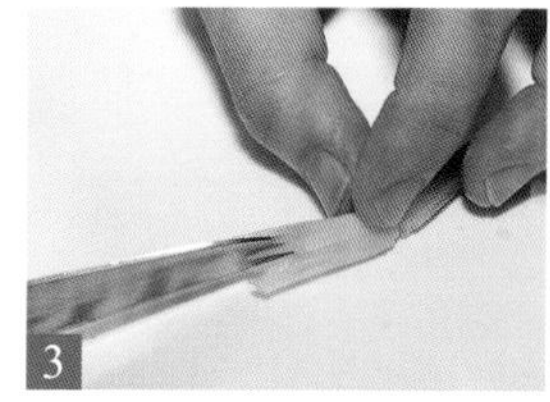

想锦上添花，可以将2竖着划几刀，更有毛笔的感觉。

柚子松叶

在柚子皮上划刀，折成松叶的形状，也叫做松叶切折。鲜艳的黄色，可以搭配任何料理。

将柚子薄薄削皮，切成2cm×1cm的长方形。

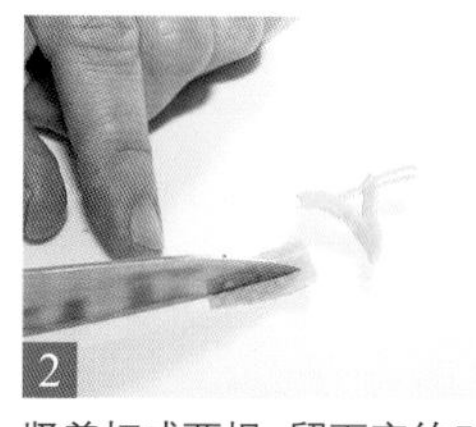

竖着切成两根，留下宽约5mm的部分不要切断，左右各切一刀。

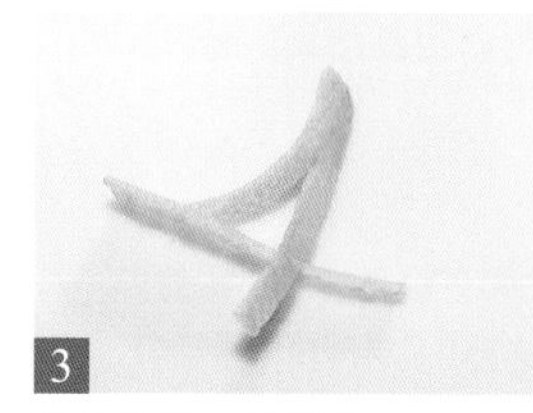

将切好的一端抬起，相互交叉。

樱桃萝卜灯笼

樱桃萝卜有着漂亮的红白两色，可以雕成灯笼、花朵，或者切成圆片用来装饰搭配料理。

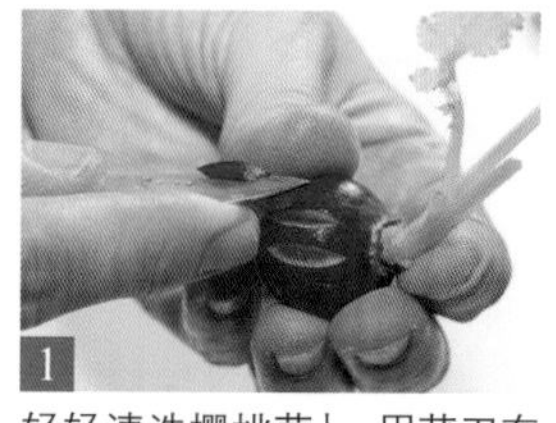

轻轻清洗樱桃萝卜，用菜刀在上面划V字。

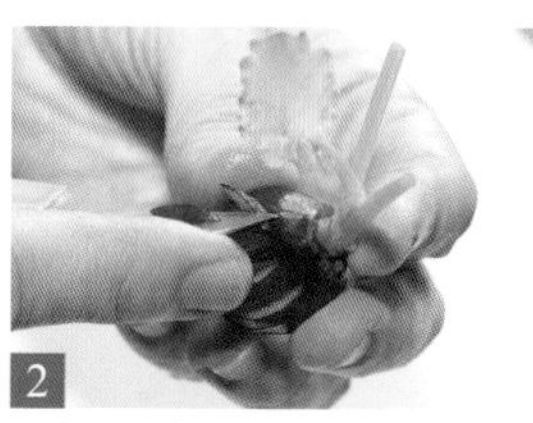

在萝卜上等距离地划满一圈。

做好了，稍微保留一些叶和茎。

挑战蔬菜雕刻！

相生结

把切成细丝的蔬菜打结，做成日本新婚贺卡上的相生结。

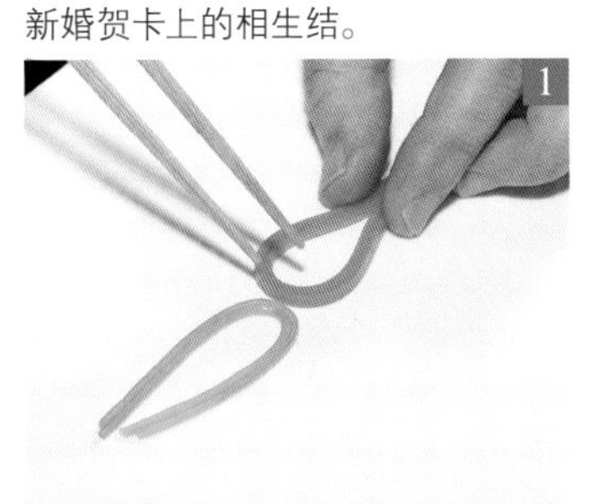

1 将蔬菜切成2mm×10cm的细条各两根，用盐水焯过。可以选择不同的蔬菜，这样颜色搭配更出彩。

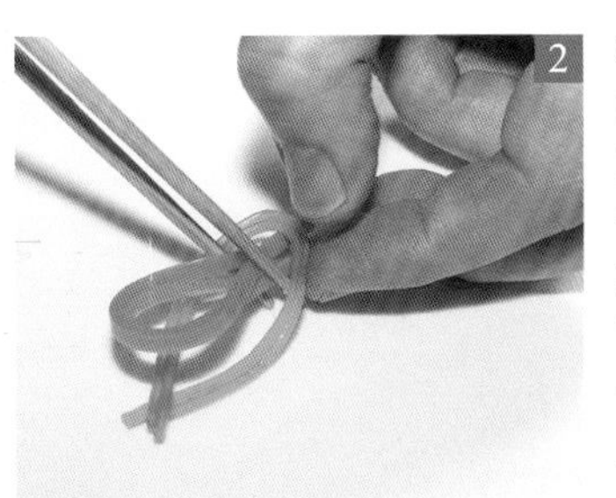

2 将蔬菜弯成U字型后相互重叠，使用竹签和手指，其中一条的前端穿过另一条的圆圈里。

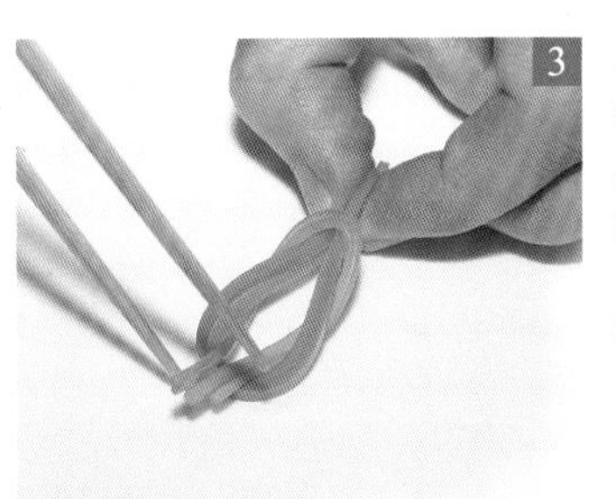

3 另一边重复相同的动作后，拉住两端，轻轻系紧。要留意两根是否均衡。

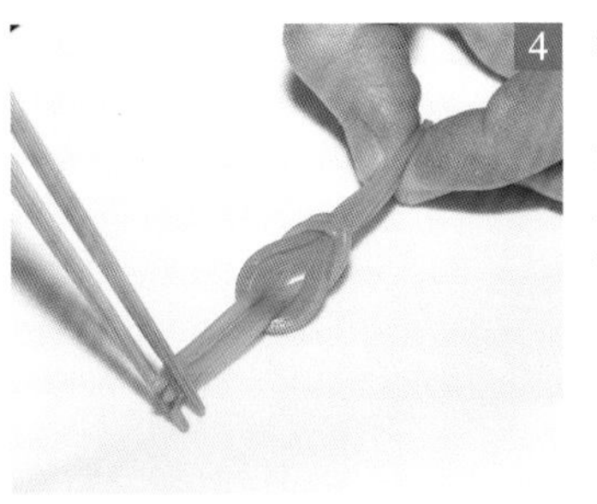

4 最后拉紧，以免蔬菜散开。如果长度不一，可切掉前端太长的部分。

卷轴卷

将甜醋渍的白萝卜、当归做成纸状，用鸭儿芹绑好，看起来就像卷轴。

1 白萝卜或当归削成5cm×20cm的薄片，用盐水腌渍后，再用甜醋腌渍。

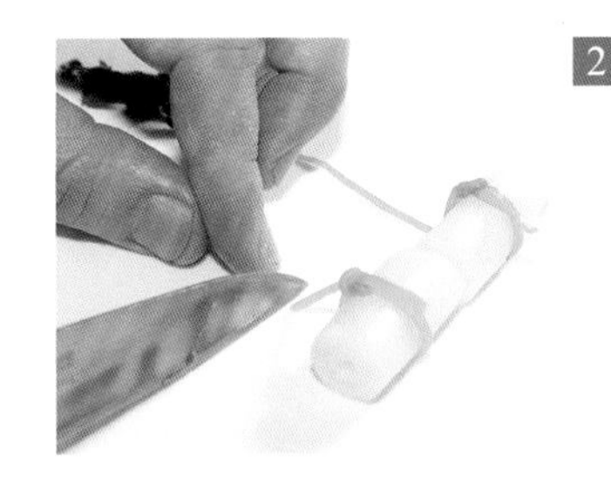

2 沥干1的水分，卷成筒状。用盐水稍微焯过的鸭儿芹绑起来，切掉多余的部分。

石笼黄瓜

做成河边或池塘里使用的竹编石笼的形状，可以放上石头或豆子装饰。

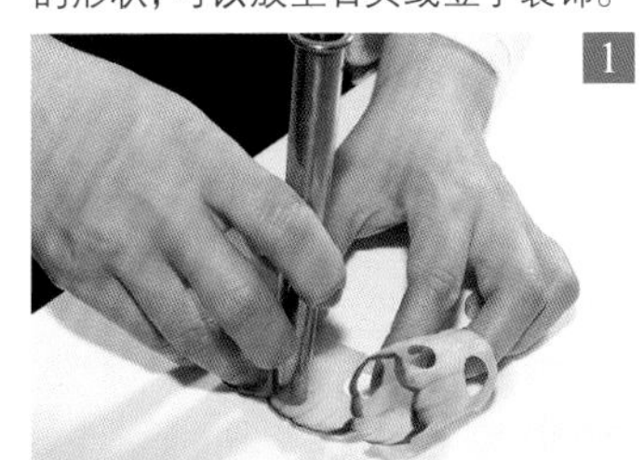

1 将3cm~4cm宽的黄瓜削成薄片，用模具压出空洞。

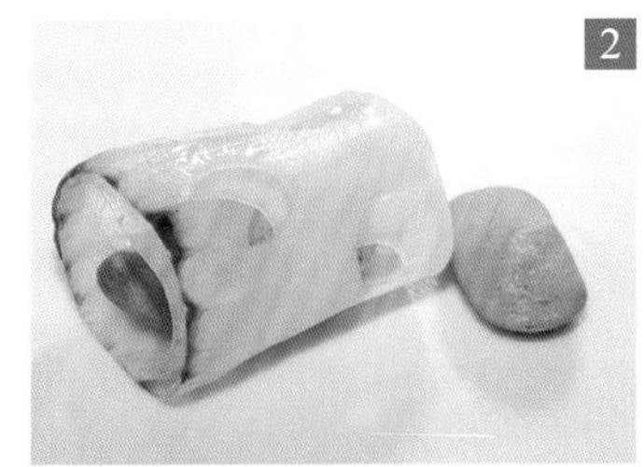

2 卷起来之后，里面放上石头或豆子，一起装盘。

片 鱼

片鱼看似很难，其实只要抓住诀窍，也并非十分复杂。本章将从比较简单的沙丁鱼和墨鱼开始介绍，再介绍比较困难的比目鱼和海鳗。

鱼的身体结构图

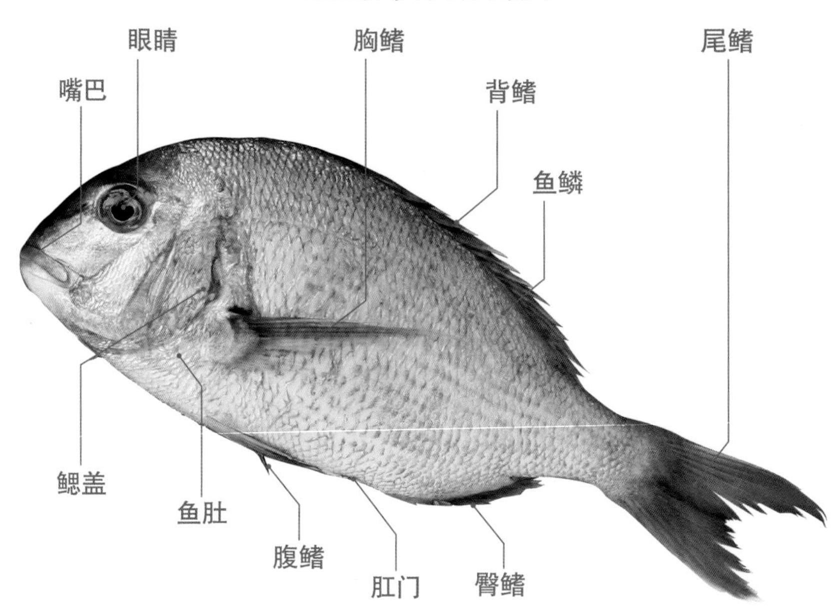

鱼片完后……

鱼片成三片，从左到右分别是下侧、上侧和中骨，中骨就是鱼骨部分。

片鱼需要准备菜刀、案板、布、防滑垫4种工具，如果没有防滑垫，可以改用湿布。

片鱼必备工具

只要烹饪时有家里都有的菜刀、案板和布，就能片鱼。最适合片鱼的是出刃刀，如果没有，用牛刀或者普通菜刀也可以。

鲷鱼

鲷鱼肉质不软不硬，是比较好切的鱼。将鲷鱼片成上侧、下侧和中骨三部分。

用鱼鳞刨将表面和鱼鳃部分的鱼鳞刮干净。

鱼头、鱼鳍附近的鱼鳞，边用流水冲洗，边用出刃刀的刀尖或刀底刮掉。

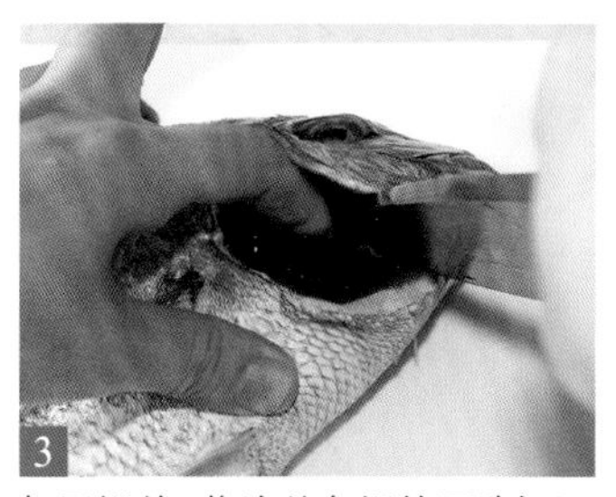

打开鳃盖，将连着鱼鳃的两端切开。

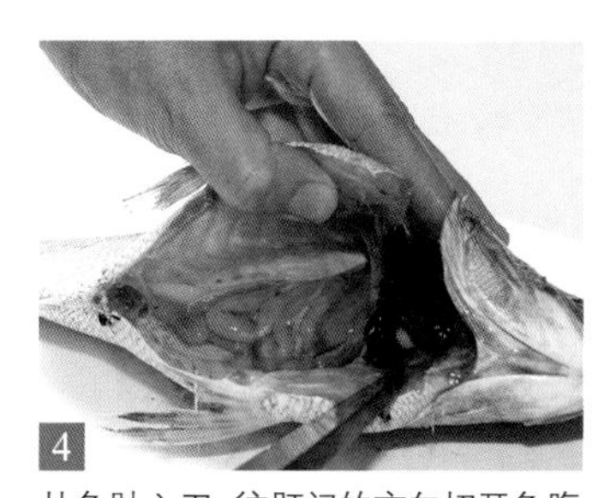

从鱼肚入刀，往肛门的方向切开鱼腹。

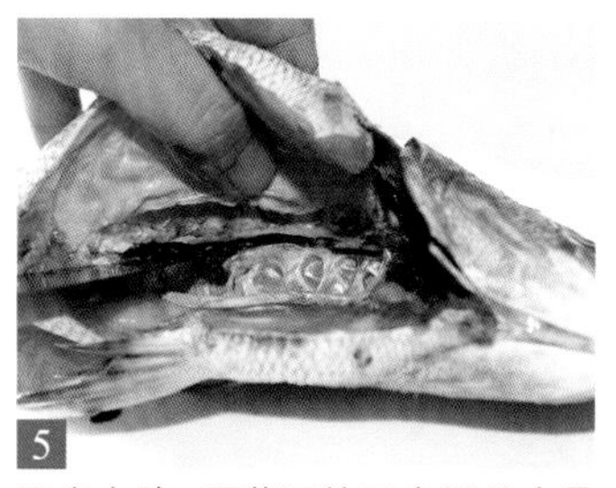

取出内脏，用菜刀的刀尖沿着中骨，切开血合肉的薄膜。

用水冲洗鱼肚，最好在流水下用竹刷清洗，用布将水分擦干。

沿着鱼肚一竖切到中骨。把鱼翻过来重复同样的动作，将整个鱼头切掉。

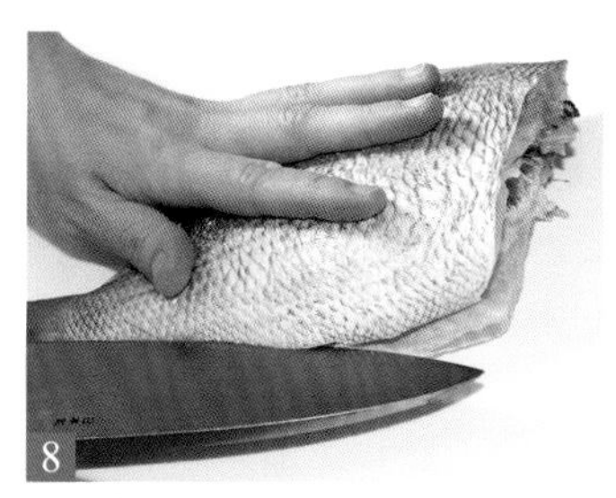

鱼头朝右，鱼腹面向自己，将整个刀刃贴着鱼身，从鱼头切向鱼尾。

菜刀沿着中骨移动，让菜刀紧贴着中骨切开。

另一面沿着背鳍入刀，和9一样沿着中骨切开，让骨肉分离。

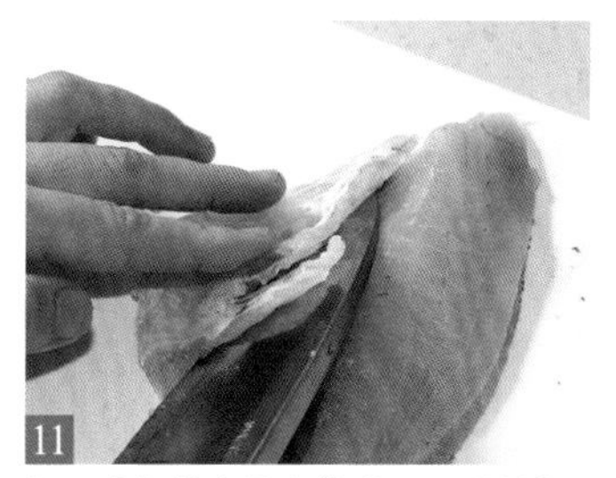

切开腹部的鱼骨和薄膜。用手触摸，确认鱼骨是否清除干净。

去除靠近中间的血合肉和血合骨，沿着鱼骨清除即可。

鲣鱼

利用鱼本身的重量，用下切方法片鱼。用手把鲣鱼抓起来，切的时候让鱼保持直立状态。

1 用菜刀清除鱼头周围的硬皮、鱼鳍和鱼鳞。

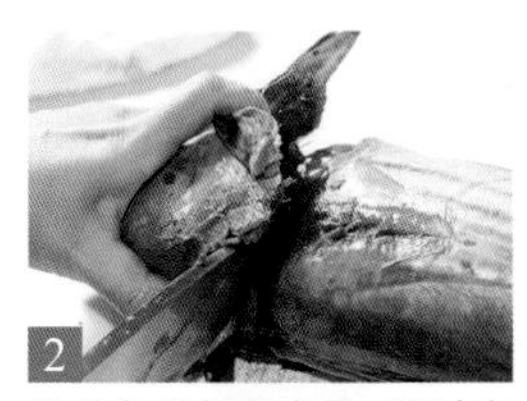

2 沿着鱼肚切向中骨。翻过来也用刀切，切掉鱼头。

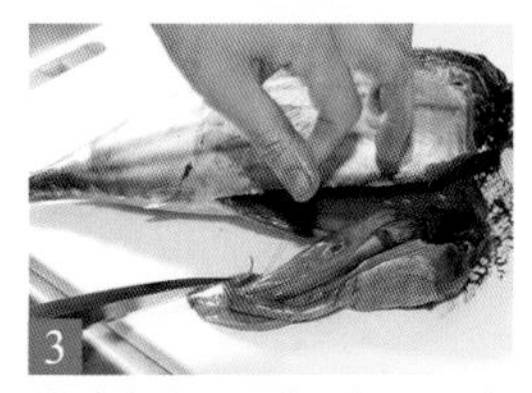

3 从腹部切开到肛门，取出内脏。

4 沿着中骨刺破血合袋，用刀尖将鱼血刮除干净。

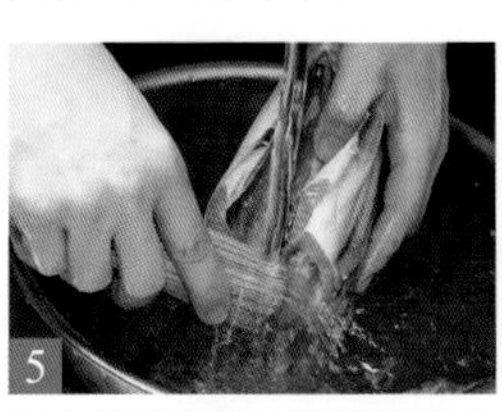

5 用水清洗鱼肚，最好在流水下用竹刷清洗，将血合洗净。

6 从鱼背往下切，一竖切到中骨。

7 抓住鱼尾把鱼提起来，沿着鱼骨切下，一气呵成。

8 用手按住鱼，切开鱼尾和鱼身。

9 上侧也用下切方法片鱼，切成上侧、中骨和下侧3片。

10 挑出上侧和下侧的腹部鱼骨，用菜刀勾起鱼骨一端挑出。

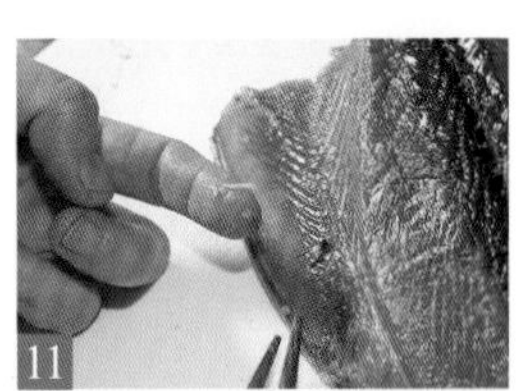

11 新鲜的鱼表面也可能有寄生虫，食用前用竹签剔除。

12 将鱼身对半切，取出血合肉和血合骨。

青花鱼

鱼肉肉质柔软，有一定重量，如果从鱼身中间拿起，鱼肉可能会断裂。

1 去除鱼鳞，沿着鱼肚两侧入刀，切掉鱼头。

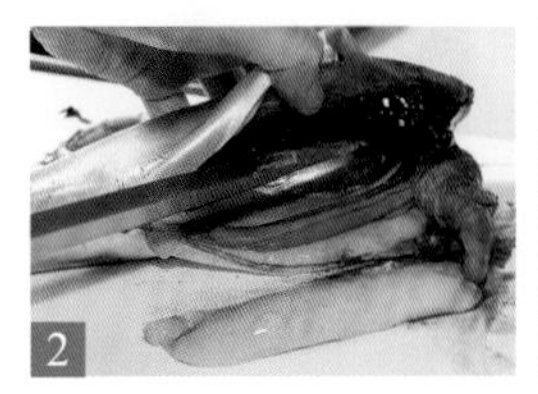

2 切开腹部到肛门，取出内脏，刺破血合袋。

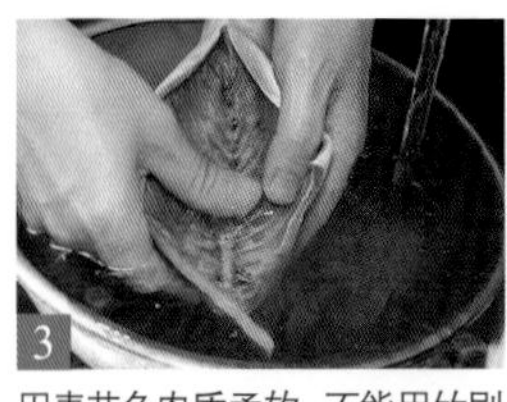

3 因青花鱼肉质柔软，不能用竹刷清洗，改用筷子或手轻轻洗净。

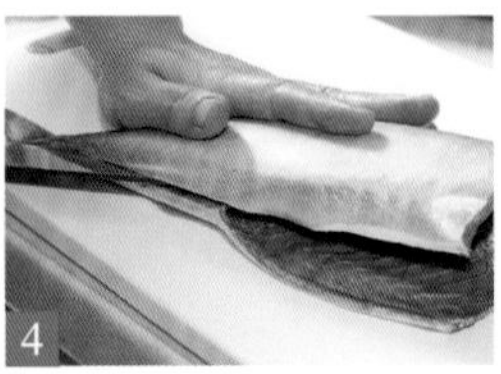

4 擦干水分，放在案板上，从腹部切到鱼尾。

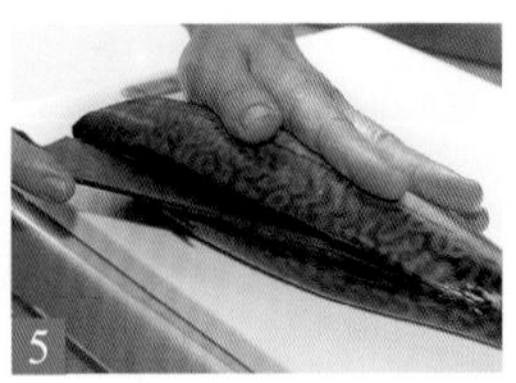

5 将鱼转向，从鱼背入刀，沿着中骨将鱼身切开。

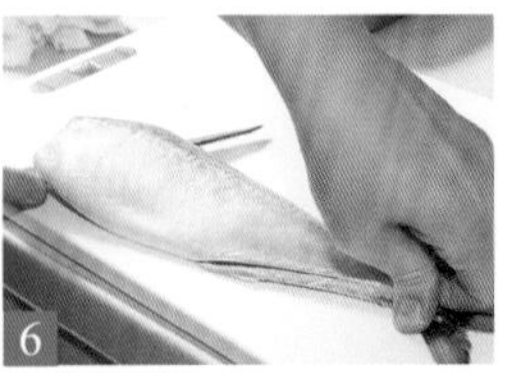

6 鱼翻过来，重复相同动作，沿着中骨将鱼身切开。

7 切成中骨、上侧和下侧三片。

8 去除上下侧的腹部鱼骨。菜刀从上入刀，挑出腹部鱼骨。

比目鱼

比目鱼鱼身又薄又平，身体较宽。要切成上侧两片，下侧两片、中骨，总共5片。

淋湿鱼皮，从鱼鳞和鱼身之间入刀，沿着身体刮除整条鱼的鱼鳞。

清除所有黑色的鱼鳞。翻面后重复相同动作，直到看见白色部分。

沿着鱼肚用刀划出V字，一竖切到中骨。

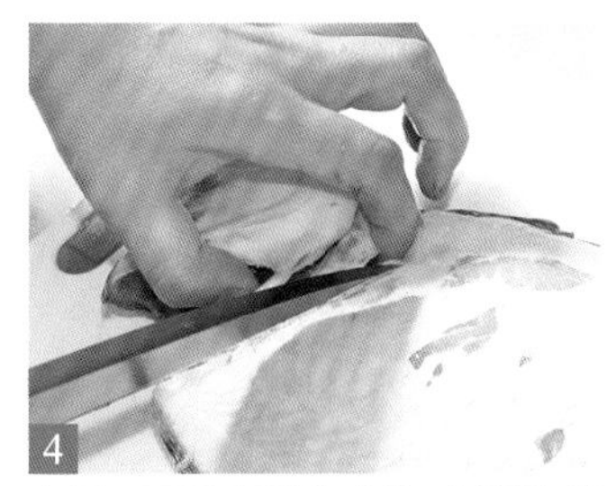

在另一面重复3的动作，保留胸鳍，切掉鱼头。

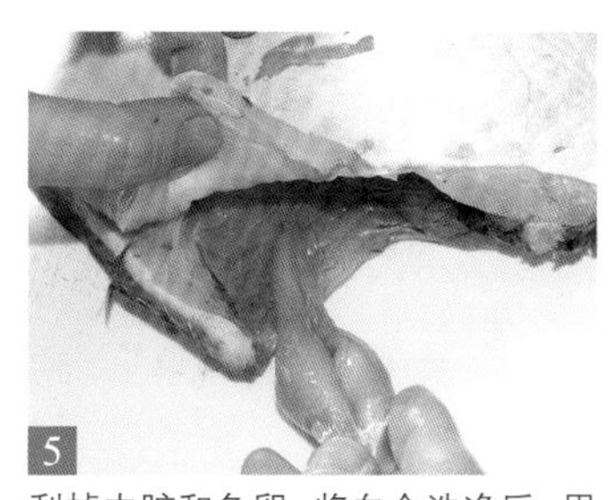

刮掉内脏和鱼卵，将血合洗净后，用布擦干水分。

从两边背鳍的根部和鱼身中间入刀，一竖切到中骨。

从中间的缺口沿着中骨往外切。

沿着背鳍切下鱼肉。另一面重复相同动作让骨肉分离。这些步骤要在鱼肉没有回温前尽快完成。

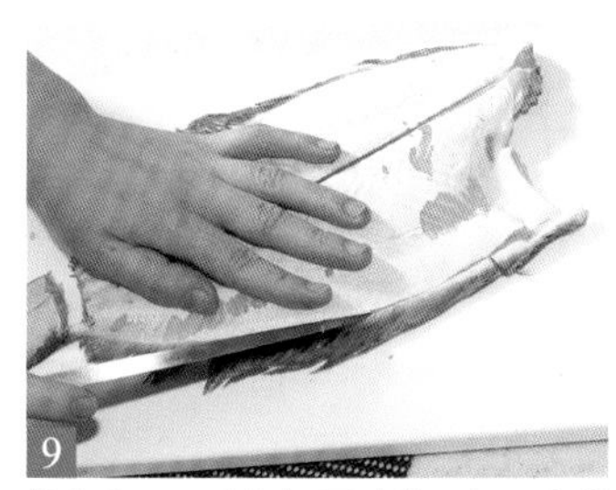

将鱼翻面，重复相同动作。自两边背鳍的根部和鱼身中间入刀。

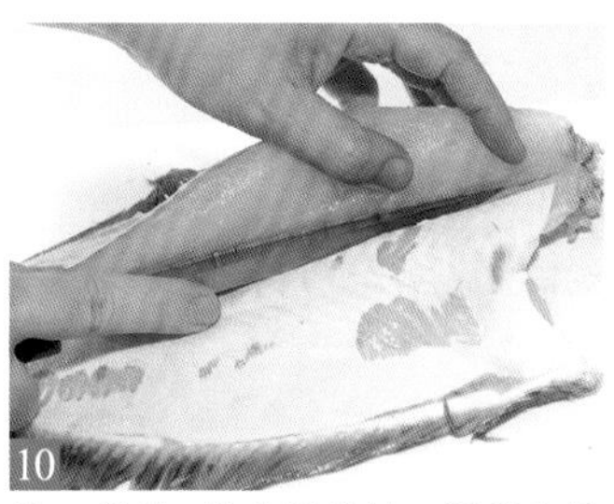

菜刀斜放，从中间的缺口沿着鱼骨往外切。

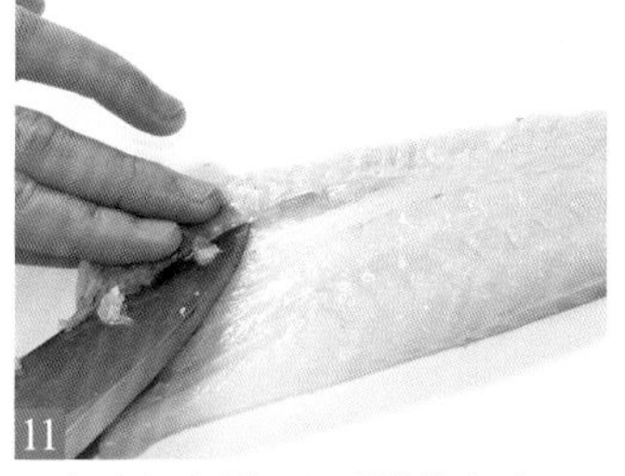

取出腹部鱼骨。用手触摸鱼身，取出全部鱼骨。

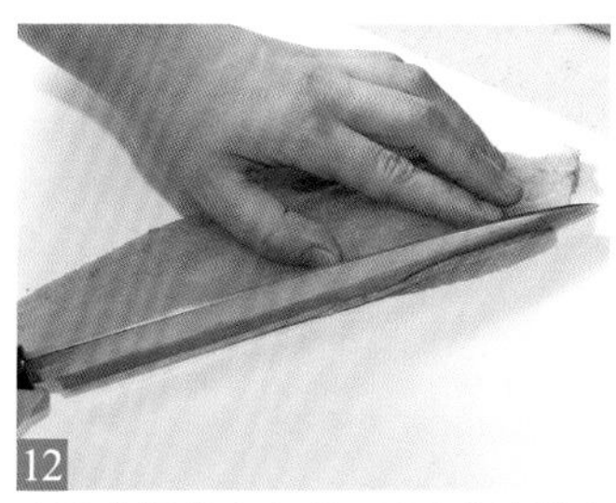

去除中间的血合骨，用手确认没有鱼骨残留。

沙丁鱼

沙丁鱼的切法有两种，一种是使用菜刀的大名切，另一种是不使用菜刀的手开法。

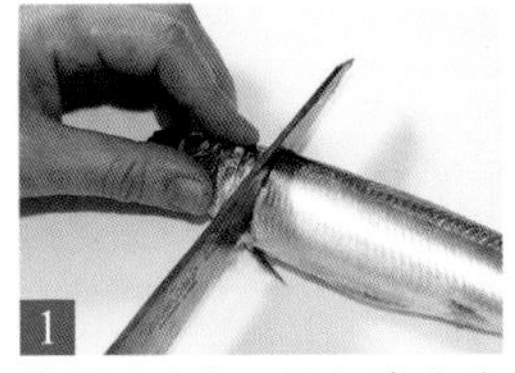

1 使用大名切。从鱼胸和腹鳍后面入刀，切掉鱼头。

2 切开鱼腹，取出内脏，切掉血合，在水里洗净。

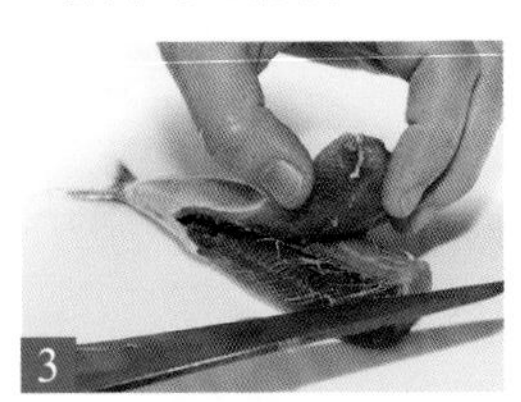

3 沿着中骨轻轻移动菜刀，从中间让骨肉分离。

4 另一面重复相同动作，自边缘入刀，让鱼身和中骨分离。

5 将鱼身从鱼骨上剥下。这些步骤要在鱼肉没回温前完成。

6 这是鱼切成上侧、下侧和中骨3片的状态。

7 去除鱼身上下腹部鱼骨。用手触摸鱼肉，确认鱼骨清除干净。

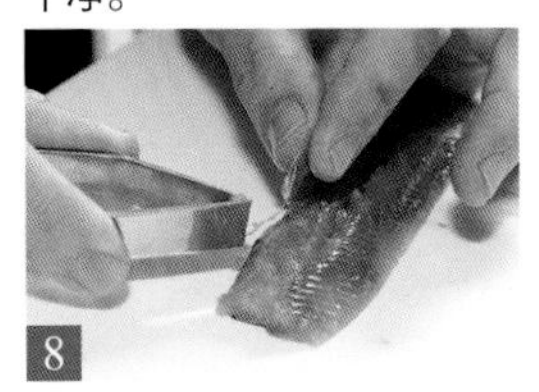

8 用鱼骨夹取出鱼骨。将中骨、较长的明显的鱼骨清除干净。

9 用手开法去除鱼头和内脏后，用大拇指沿中骨分开鱼身。

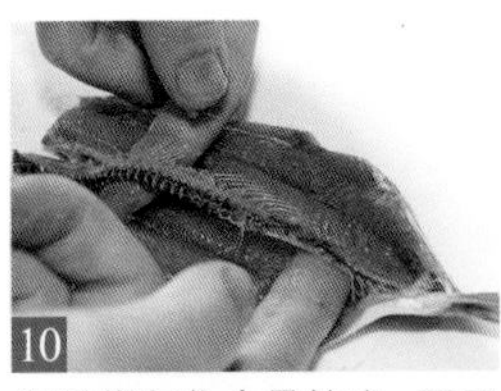

10 用手指勾住中骨拉出，再用鱼骨夹去掉细骨。

11 使用手开法将鱼身分开，分成鱼肉和鱼骨。

12 鱼肉对半切，用鱼骨夹取出长的鱼骨，切掉背鳍。

竹荚鱼

竹荚鱼表面有叫做棱鳞的坚硬鳞片，要清除干净。

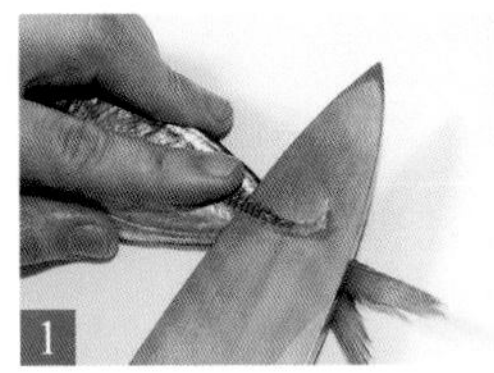

1 用菜刀从鱼尾往鱼头方向刮掉鱼鳞。

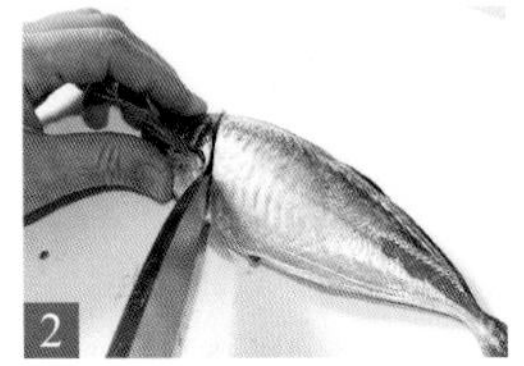

2 用菜刀斜切胸鳍后方，保留背部的鱼肉，切掉鱼头。

3 切开鱼腹，用菜刀去除内脏，刺破血合袋，用水冲洗。

4 鱼腹朝向自己，沿着中骨，从鱼腹切向鱼尾。

5 再把鱼背朝向自己，沿着中骨，从鱼尾切向鱼头。

6 切开鱼尾和鱼身，让一边的鱼肉脱落，另一面重复相同的动作。

7 鱼切成中骨、下侧和上侧3片。

8 去除上侧和下侧的鱼骨。用手触摸鱼肉，确认鱼骨是否清除干净。

墨鱼

墨鱼的皮会残留在口中，所以要用布擦干净。

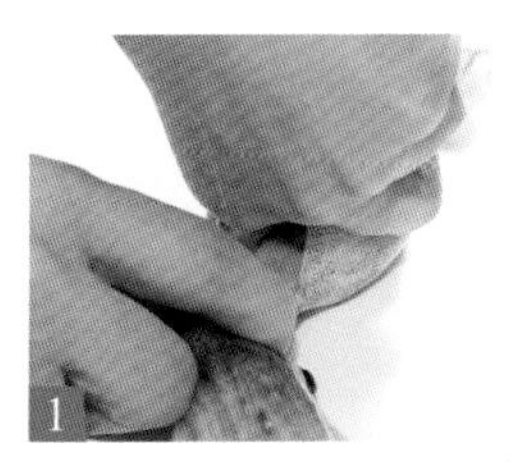

1 打开墨鱼的身体，用手伸进墨鱼体内，用大拇指和食指分开连接身体和内脏的筋。

3 用手指取出墨鱼体内的软骨。

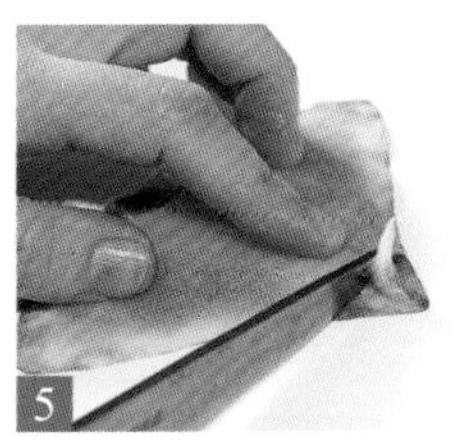

5 沿着墨鱼鳍一端的软骨垂直用刀，划一刀只留下一层皮。

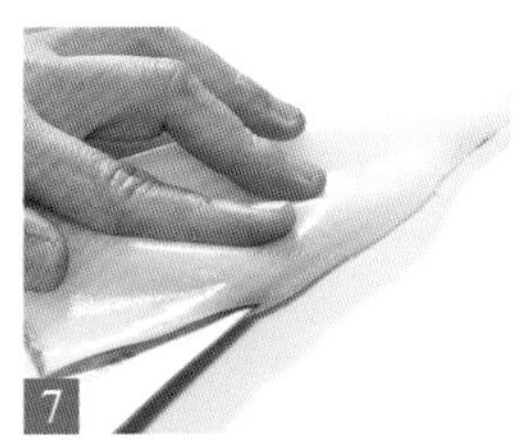

7 用水轻轻冲洗墨鱼的身体，擦干水分。切开软骨连接的部分。

2 握住墨鱼的爪向外拉，连同内脏一起拉出，将身体和墨鱼的爪分开。

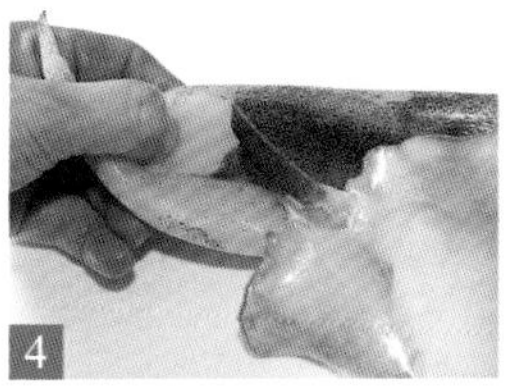

4 将手指伸进墨鱼鳍和身体之间，用力向外拉，将墨鱼鳍与身体分开，剥下墨鱼的皮。

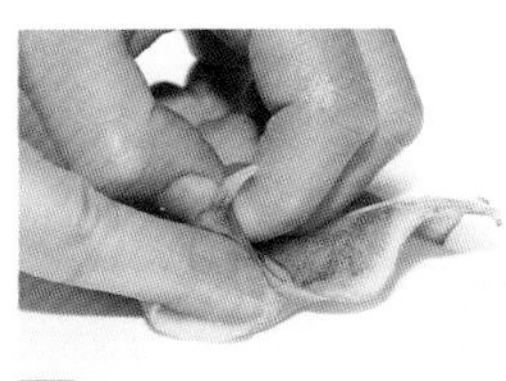

6 握住划刀的部分，手指伸进身体和皮连接处，剥开墨鱼鳍的薄皮。

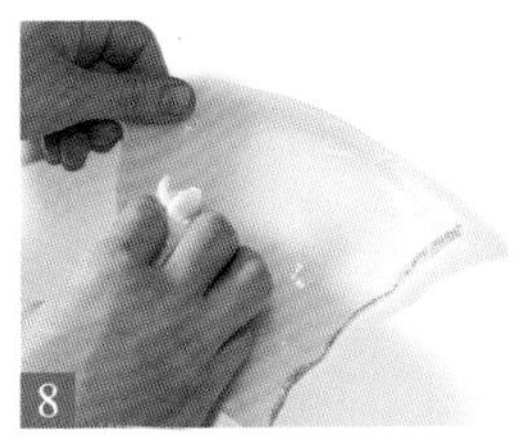

8 用刀切除多余的部分，轻刮表面去除薄皮。如果有较硬的部分，也要去除。

海鳗

切海鳗时，关键要用锥子固定鱼身。如果没有锥子，可以用铁签代替。

1 用锥子固定在案板靠近自己的地方。鱼背朝向自己，将锥子插入鱼脸，固定鱼身。

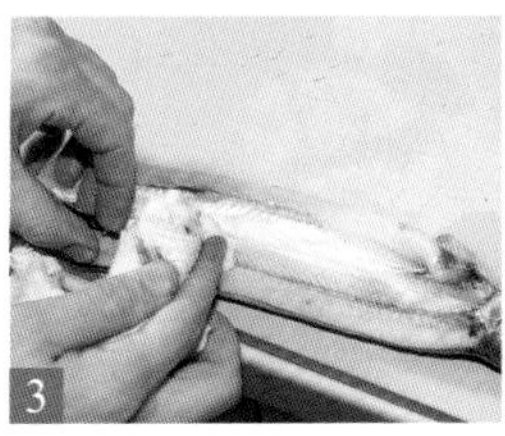

3 打开鱼身，取出内脏。用毛巾将残留的内脏和鱼血擦干净。

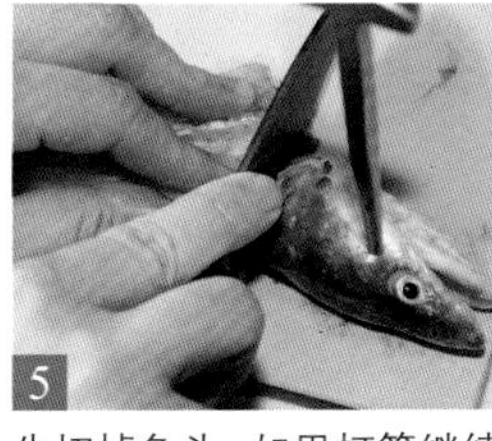

5 先切掉鱼头，如果打算继续固定鱼头来片鱼，可以在步骤8后再切掉。

7 清除表面的血合骨，用水冲洗杂质和残留的内脏，沥干水分。

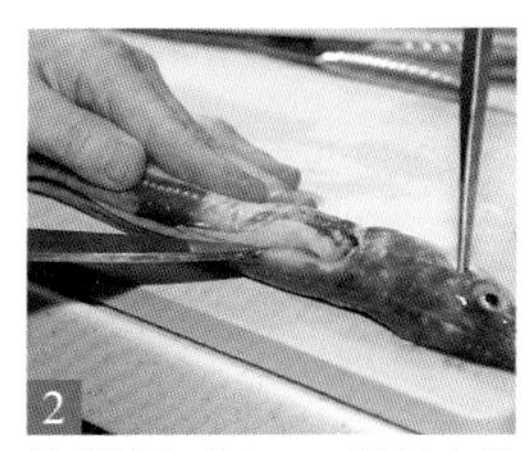

2 从背鳍上方入刀，沿着中骨切，保留鱼腹的皮，一竖切到鱼尾。

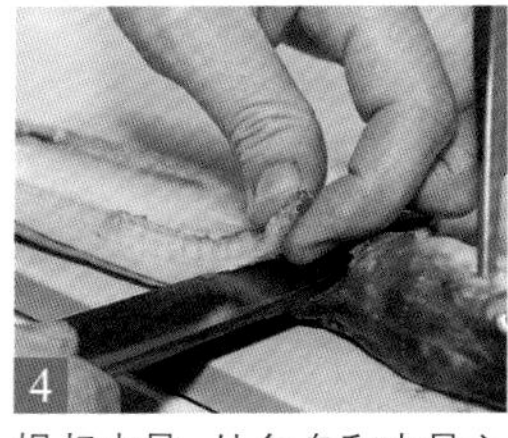

4 提起中骨，从鱼身和中骨之间入刀，使其骨肉分离。

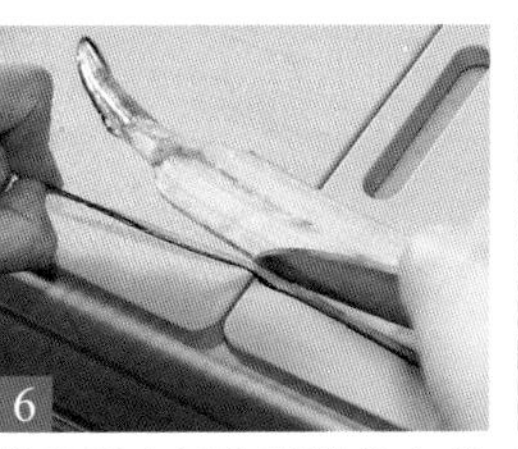

6 将靠近自己的背鳍往左拉，用菜刀刀尖轻轻切下，让两者分开。

8 清除残留的鱼鳍、鱼骨、鱼血、鱼皮等。如果5没有切掉鱼头，记得切掉鱼头。

使用调味料

加入料理中的调味料，有着不同的功能和作用。要搭配烹饪方法和食材正确使用。

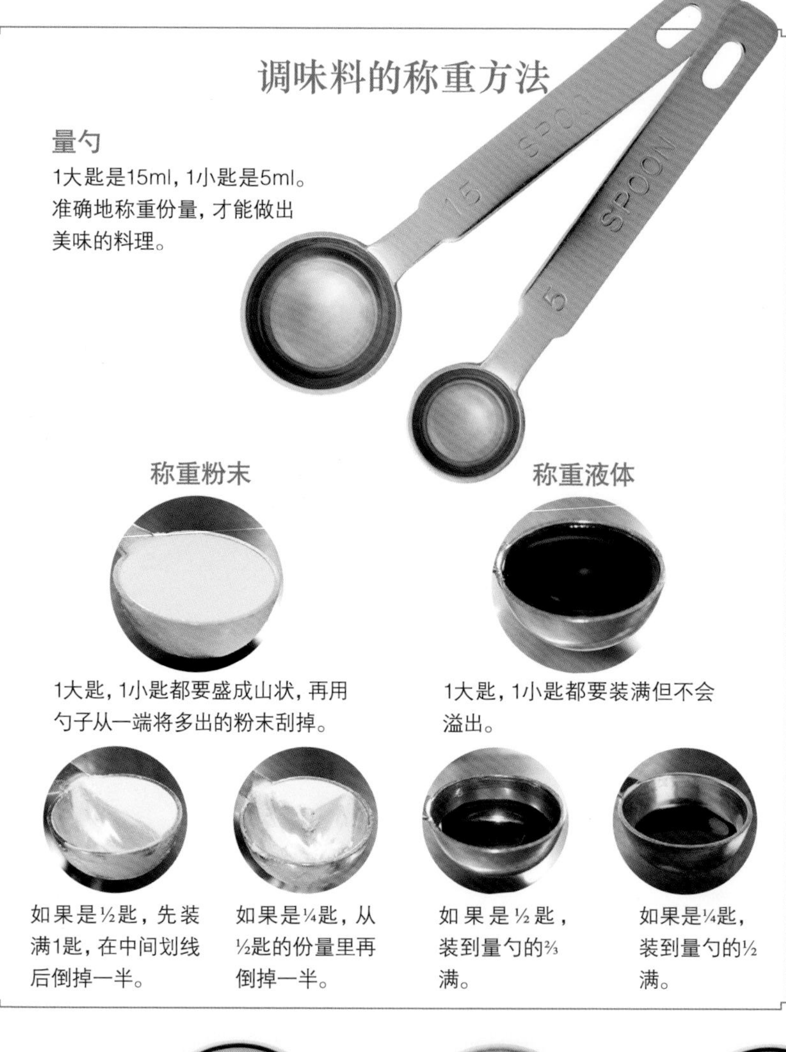

调味料的称重方法

量勺

1大匙是15ml，1小匙是5ml。准确地称重份量，才能做出美味的料理。

称重粉末

1大匙，1小匙都要盛成山状，再用勺子从一端将多出的粉末刮掉。

如果是$\frac{1}{2}$匙，先装满1匙，在中间划线后倒掉一半。

如果是$\frac{1}{4}$匙，从$\frac{1}{2}$匙的份量里再倒掉一半。

称重液体

1大匙，1小匙都要装满但不会溢出。

如果是$\frac{1}{2}$匙，装到量勺的$\frac{2}{3}$满。

如果是$\frac{1}{4}$匙，装到量勺的$\frac{1}{2}$满。

酱油

效果作用

酱油不只能用来调味，还可以用来浇淋或者蘸料，增加料理的香气与鲜味。

大豆酱油

味道浓醇，香味独特，可少量使用凸显味道与光泽，适合用来让食材入味或者蘸生鱼片。

薄口酱油

盐分含量20%。为了让颜色看起来比较淡，使用含铁量较少的水。适合用来凸显食材本身的味道和颜色。

浓口酱油

一般提到酱油就是指浓口酱油，颜色厚重，香味浓郁。浓口酱油的盐分含量为18%，比薄口酱油低。

砂糖

效果·作用

砂糖有保持水分的作用，加入寿司饭中可以抑制淀粉老化，这样寿司饭凉了也很美味。

白砂糖

一般说到砂糖就是指白砂糖。糖度高，甜味强烈，带有些许湿气，很容易溶解。

黄砂糖

特征为褐色，具有强烈甜味和鲜味，用来炖煮食物可凸显浓醇厚重。

水饴

由淀粉制成。有黏性，加入料理中可增添光泽。

盐

效果·作用

有调味、紧致食材、去除食材水分、防腐等多种作用，是最基本的调味料。

食盐

主要用于烹饪、调味。因为是干燥的粉末，味道清爽，盐味很明显。

并盐

含有些许水分，湿润潮湿的盐。带有些许甜味，用来腌渍或处理蔬菜等食材。

粗盐

富含矿物质，用来水焯蔬菜或长时间的炖煮，让味道更浓郁。

味霖

效果·作用

软化食材，增添甜味和光泽。和酒一样，如果不先让酒精挥发再用，料理会残留明显的异味。

醋

效果·作用

有杀菌、防腐和避免蔬菜水果变色的作用，延长食物保存期。此外，还可以软化鱼骨、消除异味。

酒

效果·作用

为料理增添风味和浓醇，也有杀菌、保存长久的效果。最好让酒精挥发、散发香气后再用。

本味霖

混合烧酒、米麴发酵而成。几乎不含酒精，味霖风味的调味料味道会差一些。

谷物醋

主原料为玉米、小麦等谷物，与含有食品添加剂的合成醋相比，加热后香味不会消失。

米醋

以米为主原料酿造而成的醋。如果只用米糠酿造就称为纯米醋，口感温润，酸爽浓郁。

清酒

只用米、米麴、水发酵而成。如果是含有食品添加剂的合成清酒，味道就比较差。

选择盛装容器

容器足以让日本料理华丽变身，有凸显料理的作用。让我们搭配料理选择合适的容器，打造餐桌上的豪华盛宴。

选择合适的容器，让料理更加美味

正因为每天使用，才更要选择好用、让料理看起来更美味的容器。不过，不能未加考虑就随意添置容器。只重视容器外观，就可能会忽视数量是否满足众人食用，是不是有存放的地方等问题。

此外，选择容器时还要考虑整体均衡感，不同大小、颜色与材质的容器适合不同的料理，因此选择容器时，要考虑料理与容器的配色、盛装的份量和形状等。如果感觉不均衡，好不容易完成的料理也会事倍功半，所以要特别留意。

装主菜的容器

材质

陶器容易吸水，也能吸收料理的味道，不能直接装鱼。瓷器较轻，也不易吸水。

颜色·图案

如果使用怀纸（参考P42）和装饰（参考P44），就能代替图案。尽可能避免使用和食材同色系的容器。

形状

如果容器很深，可以利用高度凸显立体感。如果容器很浅，可以利用空间来营造均衡感。

大小

如果容器很大，料理却很少，感觉会太空。选择容器时一定要考虑装盘的份量。

装盘时要考虑容器和食材配色

用颜色较深、质地较厚的厚重容器盛装白色或浅色的料理，不仅感觉比较均衡，也能凸显料理。

选择图案充满季节感的容器

春季选择樱花或梅花，冬季选择雪景，就算没有使用当季食材，也能营造出季节感。

盛装适合容器性质的料理

瓷器不易吸水，适合盛装生鱼片等水分较多的料理。为了不让食材接触水分，可以铺上一层配菜或者茄子等。

收集好用的容器

淡色、没有图案的容器能搭配各式各样的料理，一年四季都可以使用。

日本料理容器的使用方法

新买的陶器要用热水浸泡

烧制而成的陶器容易吸收汤汁和油脂，购买后、使用前要用热水清洗，并用热水浸泡约1个小时。每次清洗后都要晾干。

要特别留意容器的存放方法

为了避免破裂损伤，每个容器都要用纸巾隔开。此外，陶器和漆器，如果长时间不用，要用布包起来收进箱子里，放在阴凉处。

漆器是很难保养的精细容器

汤碗等漆器，购买后要放在阴凉处。只要使用前一天用热水浸泡，就能去除独特的气味。此外，漆器清洗后一定要立刻用柔软的布将水分擦干。

装配菜、小菜的容器

颜色·图案

用颜色较深的容器盛装使用白色食材的料理，考虑整体搭配来选择容器。此外，冬季使用颜色较深的容器，也能烘托出季节感。

材质

如果是煲汤等需要喝的料理，就要选择触感好的容器，也要避免表面粗糙的容器。玻璃、木制与竹制容器可以营造夏季的凉爽氛围。

大小

配合食材的量来选择容器。量多时强调高度会比较美，可以选择深一点的容器。此外还要考虑摆放在餐桌上的均衡感。

形状

华丽的料理选择简单的容器，朴素的料理选择特殊的容器。蒸菜选择有盖的容器。

有液体的料理选择有导流口的容器

有汤汁、调味汁的料理适合有导流口的容器，将液体倒入其他容器时十分方便。

用有盖的容器盛装料理不易变凉

蒸菜等要趁热享用的料理适合有盖的容器，可以长时间保持刚做好的状态，热乎乎地端上餐桌。

如不擅长装盘可选择合适的图案和颜色

小菜不一定都装在较深的容器里，可以摆在比较大的容器上，也很漂亮。

招待客人时稍微变化一下样式

木材晒干，涂漆做成漆器。原本用来装日式糕点，用这个来盛装料理，会让料理显得更优雅华贵。

装饭的容器

木桶

因为是木制品，吸水性较好。将刚煮好的饭放进木桶里，就算过了一段时间依然美味。

碗

依照年龄、性别选择合适的尺寸，比如说男士用碗、女士用碗、儿童用碗等。

木便当盒

一般用来装米饭等蒸煮食物，能吸收适当的水分，也可以直接当作便当盒使用。

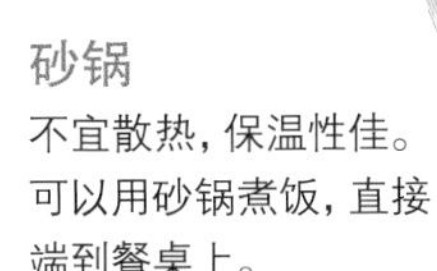

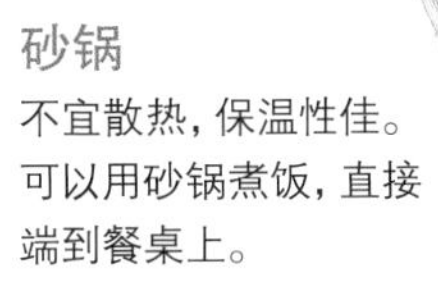

砂锅

不宜散热，保温性佳。可以用砂锅煮饭，直接端到餐桌上。

装汤的容器

汤碗

有木材、塑料等各种材质，上漆的汤碗比较耐用。

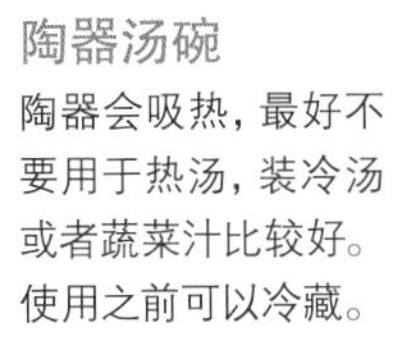

陶器汤碗

陶器会吸热，最好不要用于热汤，装冷汤或者蔬菜汁比较好。使用之前可以冷藏。

茶壶

用来制作茶壶蒸的容器，金属制的可以直接加热。陶器可以用来做蒸菜。

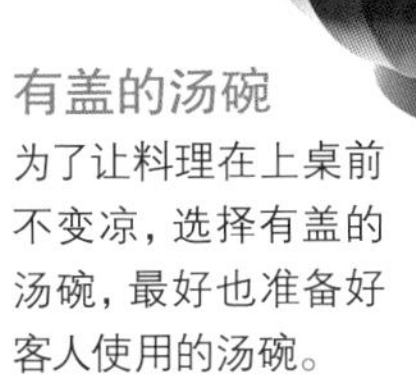

有盖的汤碗

为了让料理在上桌前不变凉，选择有盖的汤碗，最好也准备好客人使用的汤碗。

设计菜单

每天设计菜单很费心思，但只要掌握重点，就能轻松设计出搭配和谐的菜单。让我们遵守这些原则，设计出让用餐者开心的菜单。

决定菜单的秘诀在于搭配和谐

决定菜单时最重要的是为对方着想，配合对方的年龄、饮食喜好来决定菜单。比如说年长者设计的菜单中如果都是油炸食物，就不算是理想的菜单。

此外，菜单也要符合被称为五行的五个元素。设计出味道、颜色、烹饪方法都很均衡的菜单，就不会让人觉得油腻。如果主菜是烧烤食物，配菜、小菜可以是清爽的炖煮或醋渍小菜等，进行合理的搭配。以辣味、酸味等不同味道的料理来变化，也是很好的做法。

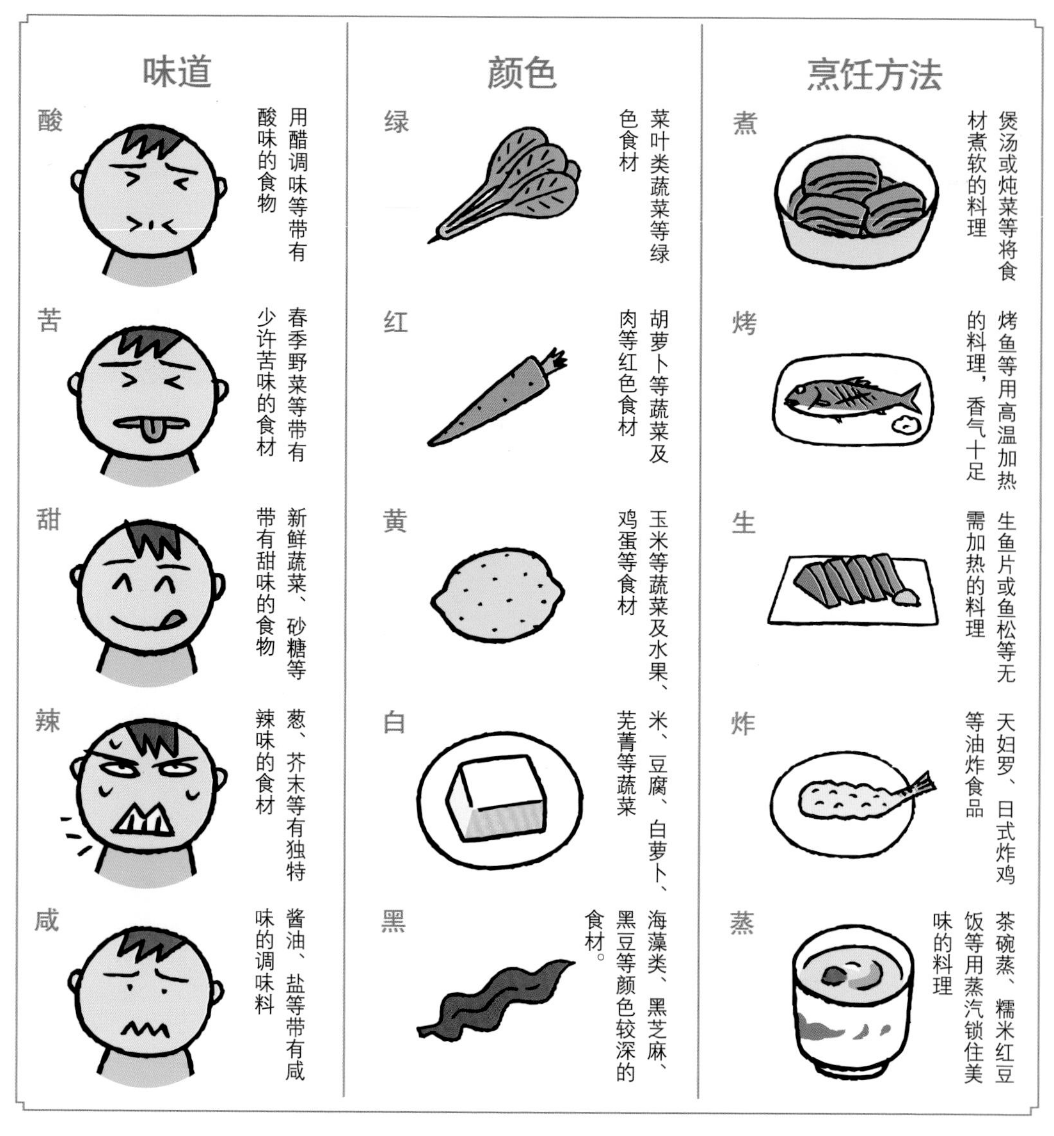

第2章 主菜

四季蔬菜一览

制作日本料理最重要的内容，在于使用当季食材。

让我们借助料理在餐桌上感受季节的变化

设计日本料理菜单时最重要的是营造出季节感。日本四季分明，料理当然也四季分明。除了使用当季食材外，还可以使用容器来体现春夏秋冬的四季变幻。当季蔬菜的味道、香气和口感都是最好的，而且量多，所以价格也会下降，购买也十分方便。

提到日本料理使用的蔬菜，春季是野菜，夏季是夏季蔬菜，秋季是松茸等，让餐桌变得五彩缤纷。使用这些蔬菜，一定要做好事前处理，因为当季就等于涩味特别明显。此外，使用适当的烹饪方法也很重要。让我们用最好的烹饪方法，享用当季美食。

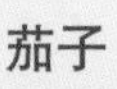

竹笋

新鲜度最重要。最好购买当天就烹饪。适合用于煲汤、炖煮和烧烤。

茄子

90%以上是水，非常健康。有圆茄、米茄等各种种类。适合用于凉拌和炖煮。

豆角

只要去掉老梗就能轻松使用，是非常方便的食材。适合用于炖煮和装饰。

南瓜

色彩鲜艳，让料理看起来更华丽。有厚度，口感好，适合用于炖煮和天妇罗。

春　夏

秋　冬

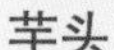

芋头

芋头、山药、地瓜等根茎类属于秋季美味。适用于炖煮或油炸。

牛蒡

口感扎实，不容易煮糊，适用于炖煮和拌炒。不需要削皮，用刷子洗净就能使用。

菇类

蟹味菇、舞茸等适合用来煮饭和凉拌。富含食物纤维和维生素。

芜菁

日本七草之一。春季可以食用，冬季味道更浓郁。适合用于炖煮或煲汤。

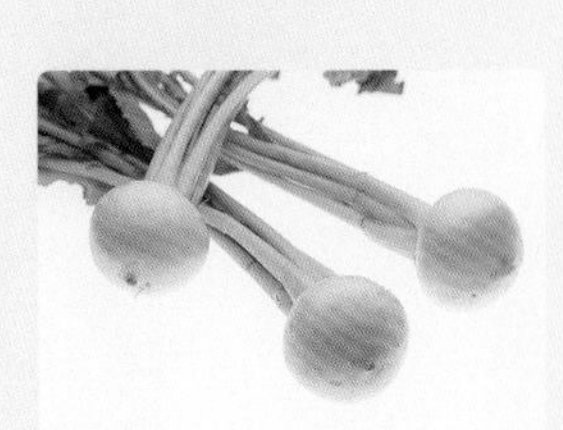

Tenpura

天妇罗

只要留意温度，就能炸出
外酥内软的天妇罗。

天妇罗

材料（2人份）

带头虾…4条（40g）
海鳗…1条（100g）
野菜（荚果蕨、笔头菜、蕨菜、玉簪芽、片栗花、当归、蜂斗叶花茎、刺嫩芽）…适量
油炸用油…适量

千层天妇罗材料

银鱼…50g、鸭儿芹…3根（3g）、花椒芽…适量、面包粉…½小匙

天妇罗面衣材料

鸡蛋…1个、低筋面粉…1杯（100g）、凉水…150ml

天妇罗酱汁材料

浓口酱油…2⅓大匙、
味霖…2大匙、鲣鱼片…2g、
高汤…⅗杯（120ml）、
材料袋…1个
佐料材料（根据个人喜好添加）
海带盐、白萝卜泥、生姜…适量

要点

依照食材调整油炸温度

所需时间
45分钟

01 制作天妇罗酱汁。将味霖放进锅里煮，加入浓口酱油，㊟将鲣鱼片放入材料袋中。

02 煮沸后，放入加入鲣鱼片的材料袋。再次沸腾后撇去浮沫，关火降温备用。

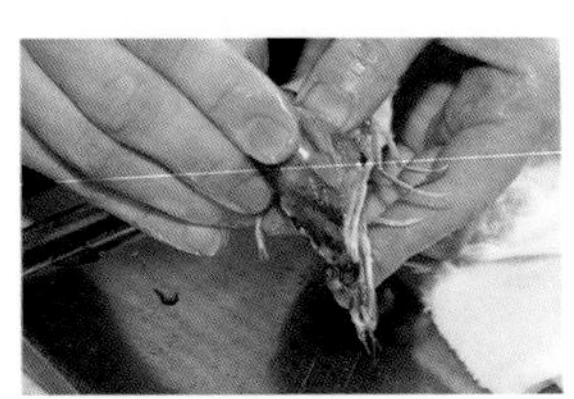

03 一边去除背壳一边打开虾头，去除眼珠等比较坚硬的部分和虾籽。

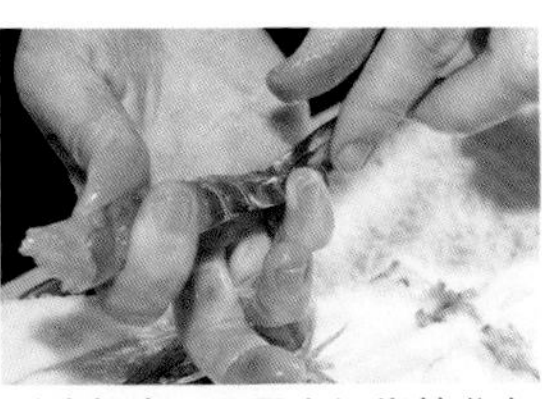

04 剥除虾壳。㊟用小拇指按住虾尾，让虾变直会比较容易剥皮。清洗虾头，沥干水分。

05 在虾的腹部斜着划几刀，让虾变直。㊟让虾的背部贴在案板上，用两根手指压住，比较好切。

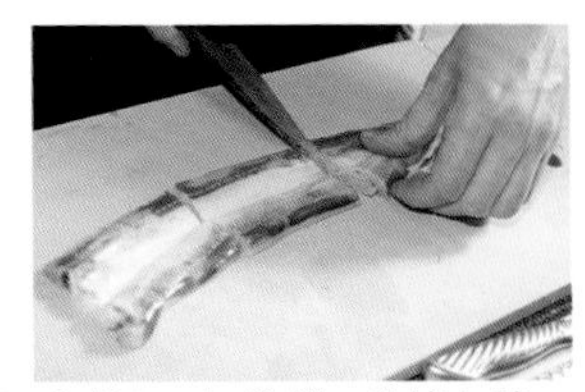

06 参考P25切海鳗。剪掉鱼鳍，用刀背刮去鱼皮，用水清洗，去除黏液，用布擦干水分，切成4等分。

07 参考P38处理荚果蕨、笔头菜、蕨菜。㊟使用前要冷藏，凸显清脆口感。

08 玉簪、片栗花一根根分开，切成长7cm~8cm的小段。

09 当归削皮后滚刀切，用适量醋水（材料表以外）浸泡后去除涩液。

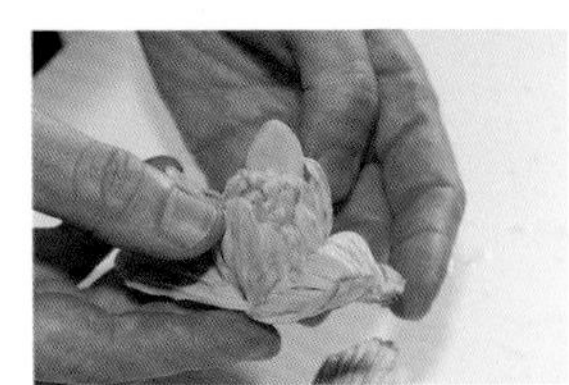

10 剥开蜂斗叶花茎的黑色表皮，一片一片打开花瓣。㊟用水冲洗刺嫩芽。

11 制作千层天妇罗。银鱼用盐水（材料表以外）浸泡后去除腥味，洗净，沥干水分。(准)将鸭儿芹切成长3cm~4cm的小段。

12 把银鱼、鸭儿芹、撕碎的花椒芽、面包粉放进碗里搅拌。(要)大概拌匀即可。

13 在冷藏过的碗内放入鸡蛋和凉水，用两根较粗的筷子或打蛋器拌匀。(要)材料、工具都要冷藏过，在油炸前制作面衣。

14 放入低筋面粉，大概拌匀（留一点低筋面粉）。(要)面衣最好有些泡泡。

15 让材料沾满低筋面粉。(要)比较薄的玉簪芽和片栗花，可以用刷子刷。

16 裹上14中的面衣。(要)比较薄的食材，油炸时间不长，面衣要裹少一点。

17 玉簪芽和片栗花用170度的油油炸，等出现的泡泡变小，或者开始出水就可以取出。

18 油温热到180度，开始炸海鳗、12中的千层天妇罗和其余的野菜。(要)只要用刷子刷上低筋面粉，材料就能裹上面衣。

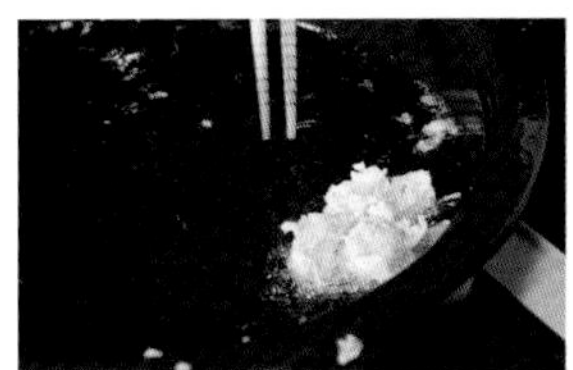

19 蜂斗叶花茎要在开花的状态下沾满低筋面粉、裹面衣。其余野菜也要裹面衣，炸2~3分钟。

20 海鳗粘上低筋面粉后裹上面衣。(要)利用碗的边缘刮掉海鳗上的面衣，就能炸出酥脆的海鳗皮。

21 海鳗比较厚，炸2~3分钟才能熟透。只要炸到金黄色就可以。

22 (要)千层天妇罗的面衣可以另外加一些水（材料表以外），让面衣稀一点。

23 将22放在汤勺上，再放入油里炸，贴着锅边炸2~3分钟，炸至金黄色就可以。从油锅取出时要比放入锅内重量要轻。

24 用180度的油炸虾头。炸虾头时不用裹面衣，直接炸2~3分钟，炸到酥脆。

25 油温升高到200度后再炸虾身。抓住尾巴裹上面衣迅速放进油里炸，炸30秒~1分钟即可。

日本料理的秘诀和要点① 提前处理野菜的方法

提前处理让春季野菜更美味

蕨菜

用小苏打用力搓蕨菜，如果揉搓不够，涩液会有残留，要特别注意。

摆在浅盘上，淋上热水，静置降温，中间不断搅拌和揉搓。

降到常温后用水浸泡一段时间，用水洗净，沥干水分。

荚果蕨

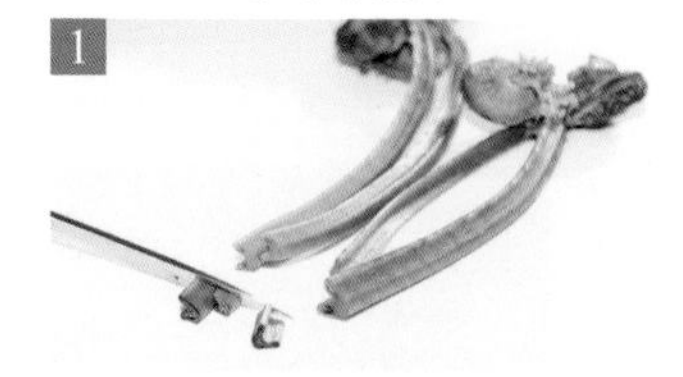

切除根部1cm~2cm。这部分又硬又苦，不能食用。所以一定要切除。

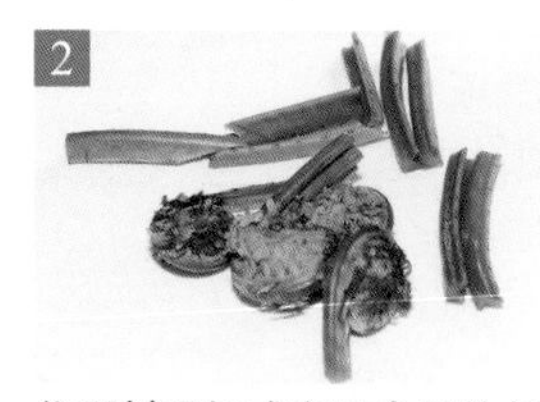

依照料理切成容易食用的长度。先切好会比较容易进行步骤3。

前端黑色的部分含有浓烈的涩液和苦味，要清除干净。如果要用水焯，须用盐水。

笔头菜

切除根部，清除附在茎上面的褶皱。清除时可先用大拇指划一下，这样比较好清除。

用1:1的盐和小苏打磨搓，静置一段时间后洗净，不要太用力。

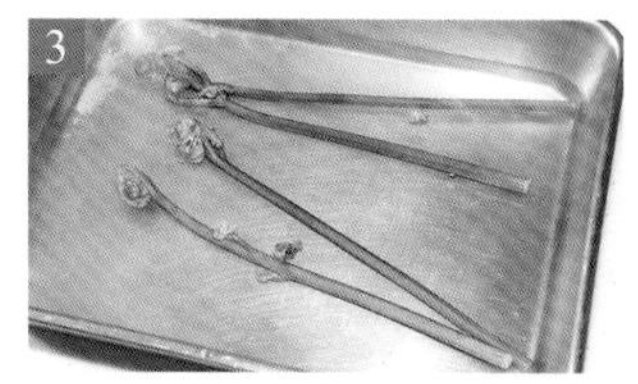

用热水浸泡一段时间，不仅能去除涩味，还会变得柔软。如果不煮直接食用，要用大量热水浸泡。

如果不把涩液去除干净，会让好不容易完成的料理事倍功半

到了春季，商店就会开始出售蜂斗叶花茎、蕨菜、笔头菜、刺嫩芽等野菜。可以用天妇罗、水焯料理、蒸饭来享用这些春季美味。

野菜含有又苦又涩的涩液，有些甚至强烈到没有经过处理就无法食用。把涩液去除干净，就能品尝到野菜原本的美味。此外处理之后，原本比较硬的野菜也会变软。

去除涩液有许多方法，包括用水浸泡、用小苏打磨搓、醋渍等。是否经过处理，味道会出现很大的差异。让我们用合适的方法处理、烹饪野菜，在餐桌上烘托出季节感吧。

Kawariage

创意油炸

享受不同以往的外观和美味

芋头裹坚果

炸蚕豆

扇贝柱裹芝麻

创意油炸

材料（2人份）
蚕豆…12粒（60g）
糯米粉…2大匙
蛋白…½杯（100ml）
低筋面粉…1大匙
芋头…小号4个（80g）
A 高汤…1杯（200ml）
A 砂糖…1大匙
A 薄口酱油…1大匙
开心果…2大匙
杏仁粒…2大匙
扇贝柱…4个（120g）
白芝麻…1大匙
黑芝麻煎饼…3片
盐…1小匙
柠檬…¼个（25g）
油炸用油…适量

要点

依照食材调整油炸温度

所需时间
45分钟

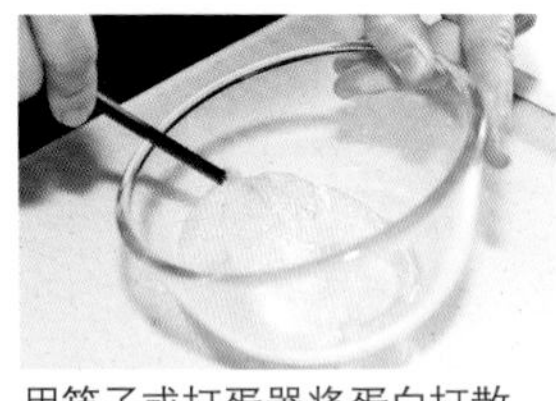

01 用筷子或打蛋器将蛋白打散。

02 低筋面粉过筛。

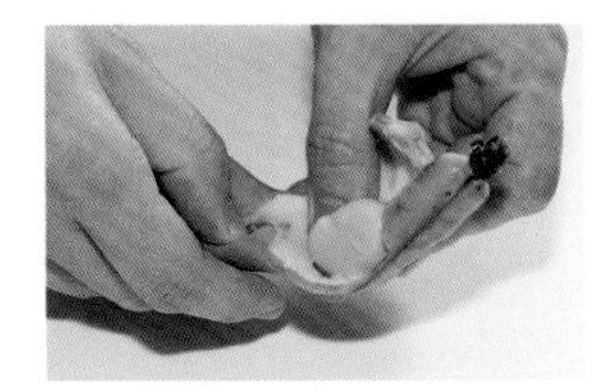

03 从豆荚里取出蚕豆。要选择豆荚鲜绿的蚕豆，变黄表示不新鲜。

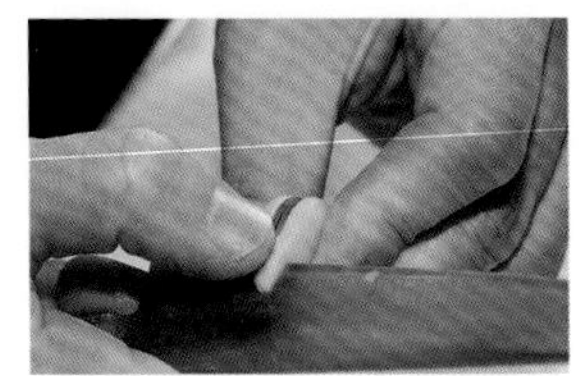

04 用菜刀切除前端，用手指压住蚕豆，去除薄皮。

05 蚕豆前端粘上低筋面粉、蛋白和糯米粉。要如果全部都粘上，炸了以后会看不到蚕豆的绿色。

06 芋头削皮，切成半月形。要芋头湿湿的，容易滑动，清洗擦干后再用。

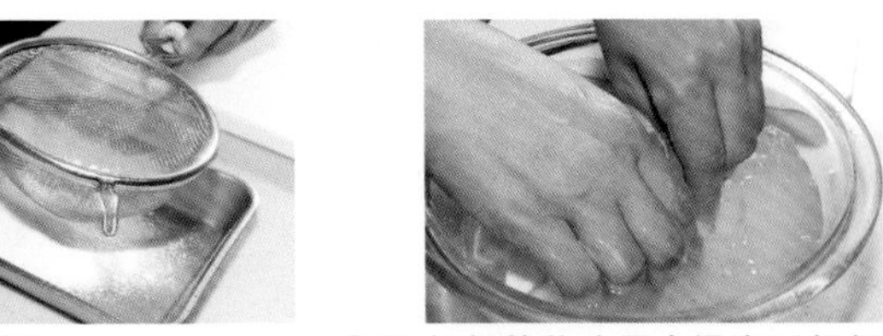

07 切好的芋头用水浸泡后轻轻去除杂质和残留的皮，再浸泡一段时间去除涩液。

08 将A放入锅里，煮沸。

09 加入芋头，煮到竹签可以轻松穿透。要入味后再炸更美味。

10 用布将水分擦干。要如果还有水分，放入油炸时会喷溅，粘粉时也黏黏的。

11 芋头背部用刷子刷上低筋面粉，再粘上蛋白。

12 开心果切粗粒。要使用糕点专用的生开心果，也可以用南瓜籽、核桃或花生代替。

13 一半的芋头裹上开心果。要也可以只裹粘有低筋面粉、蛋白的背部。

14 另外一半裹上杏仁粒。要和13一样，可以只裹背部。

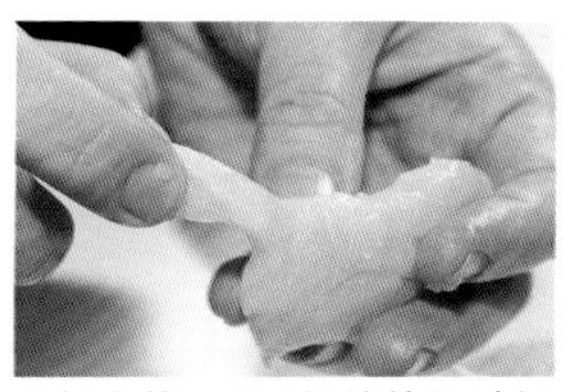

15 贝柱去筋。要贝柱的筋经过加热会变硬，影响口感，所以要去除干净。

16 用适量的盐水浸泡入味，轻轻清洗，去除杂质。要浸泡太久会变咸。

17 擦干水分，用贝柱粘低筋面粉和蛋白。

18 17中一半的贝柱裹上白芝麻。

19 黑芝麻煎饼放进塑料袋里，用研磨棒等工具敲碎。

20 另一半贝柱裹上黑芝麻煎饼的碎屑。

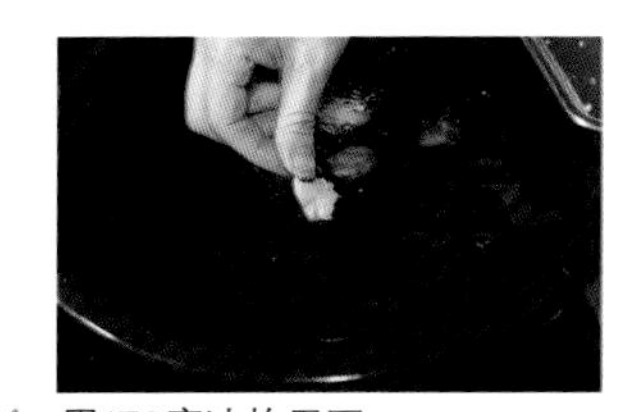

21 用170度油炸蚕豆。

22 炸到糯米粉开始膨胀，呈现鲜艳的绿色即可。油炸时间约2分钟。

23 稍微提高油温，用175度油炸芋头，炸到坚果类变成茶色，芋头也稍微变色即可。

24 再提高油温，用185度油炸贝柱。贝柱受热过度会出水，导致肉质变硬，所以炸1分钟即可。

25 贝柱铺在架好滤网的浅盘里，撒盐。

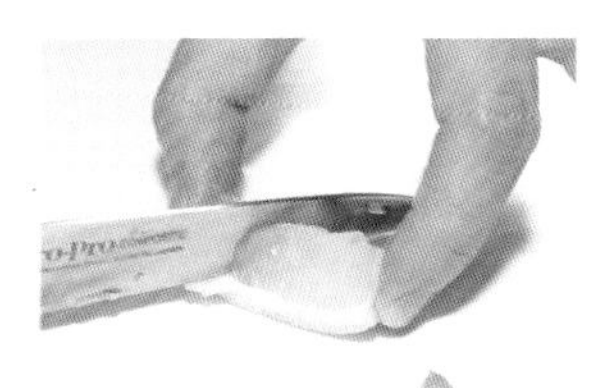

26 柠檬切成半月形后去芯。在果肉上斜着划几刀，用来装饰。

日本料理的秘诀和要点② 锦上添花的装饰叶片

可以铺在容器底部吸收炸天妇罗等料理的多余油脂。

装饰叶片

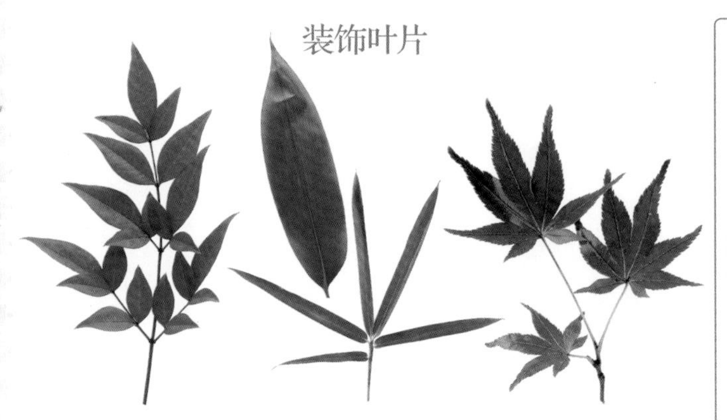

南天竺有杀菌、防腐作用。表面光滑，可放在容器里或者插在料理上作为装饰。

竹叶有防腐作用，可延长食物的保存期限。有山白竹、小竹等种类。

红枫叶是秋季最有代表性的装饰叶片，在春季即将入夏时，也常用绿色的枫叶。

塑料叶片

依照真实叶片制作的塑料叶片，因为真实叶片的水分容易蒸发，也容易破损，有时会用塑料叶片代替。

怀纸的折法

怀纸有一定的折法，现在就让我们来了解如何正确折怀纸。

如果值得庆祝的场合，要把怀纸上方往右下折。而法会、丧事等场合，则反过来从下方往右上折。

一般用餐时，可搭配料理或容器的大小再对半折，做出更漂亮的形状。

随心装饰，尽享装盘乐趣

日本料理具有用眼睛享受料理的概念，所以不只要注重料理的内容，也要强调容器、装盘的装饰。其中最常用的就是装饰叶片。利用当季的叶片来烘托出季节感，或者为简单的容器凸显立体感、增添色彩等。

一般会使用容易取得的叶片来装饰，但最近有庭院的住户减少，大多都是向商店购买。也有人会使用方便的塑料叶片来代替真实叶片。

制作油炸时使用怀纸，就能去除多余的油脂，使料理不会过于油腻。怀纸还有很多用法，比如代替容器来接取食物，遮盖不要的部分。怀纸的颜色和材质很丰富，可以好好利用。

Otsukuri

生鱼片

改变装盘方法，打造豪华生鱼片。

生鱼片材料

材料

鲷鱼、鲣鱼、金枪鱼块、比目鱼、沙丁鱼、墨鱼、竹荚鱼

装饰材料

白萝卜、茗荷、南瓜（参考P47）当归、胡萝卜（参考P47）、黄瓜嫩花、红蓼、青紫苏、青紫苏丝（参考P17）、带穗紫苏、生姜泥、新鲜芥末泥

要点

依照食材调整油炸温度

所需时间
60分钟

鲷鱼

01 参考P21将鱼切成3片，去除鱼皮。从距离鱼尾约1cm处入刀，再从鱼肉和鱼皮中间切开。

02 左手抓住鱼尾的皮，往左拉刀，菜刀前后移动，切掉鱼皮。

03 切成薄片。鱼肉较厚的部分摆在内侧，鱼皮朝下。用左手按住鱼肉，刀身平摆，菜刀大幅度地移动切。

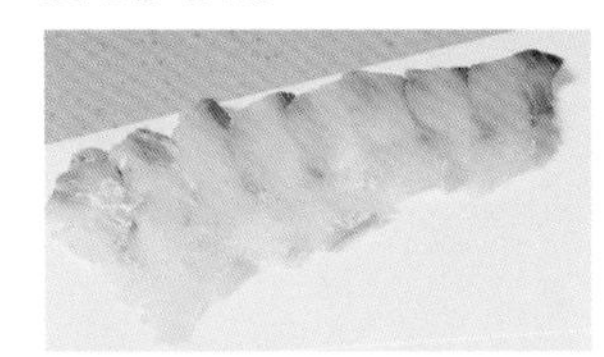

04 鲷鱼的肉质富有弹性，切成2mm~3mm的薄片。薄片从左到右叠放成一排。

05 切成带皮的鱼片。切成3片的鲷鱼摆在案板上，鱼皮朝上，稍微斜放在案板上。

06 布盖在鱼肉上，淋80度的热水。要如果水温高达100度，会使鱼皮紧缩、鱼肉熟透。如果水温太低，无法去除腥味。

07 淋热水直到鱼肉变白、鱼皮弯曲。在碗内装好凉水备用。

08 立刻用大量的凉水浸泡，再用布将水分擦干。要如果不立刻用凉水浸泡，里面的鱼肉就会熟透。

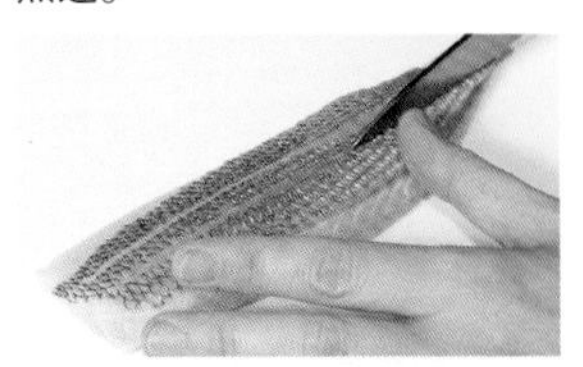

09 为了让卷曲的鱼肉恢复原状，在鱼皮上垂直轻轻划三刀。要如果太用力划到肉，肉容易散开。

10 切成片。鱼皮朝上，鱼肉较薄的部分面向自己。菜刀垂直，刀刃紧贴鱼肉，刀身微微向左倾斜，切下厚约1cm~1.5cm的鱼肉。

鲣鱼

01 参考P22将鱼切成三片，往内拉鱼皮。鱼皮朝下，从鱼尾前端入刀。

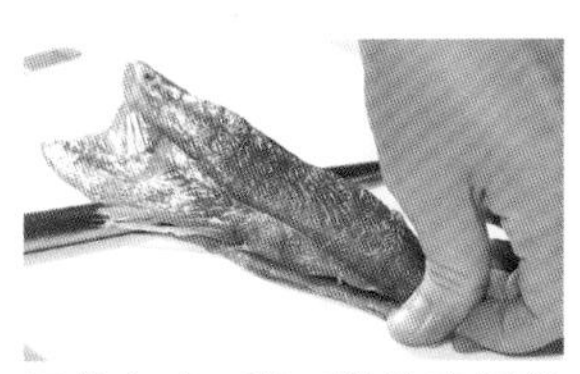

02 压住鱼皮，菜刀沿着案板滑切过去。要因为鲣鱼肉质柔软，如果太过用力，鱼肉会破碎，所以要小心处理。

03 让鱼皮残留厚约7mm的鱼肉，切开鱼皮。因为鱼皮烤过后也能食用，所以鱼皮要保留一定厚度的鱼肉。

04 串起鱼皮，撒上适量的盐，降温后切片，厚约1cm~2cm。

05 为鱼肉修边，让鱼肉看起来更漂亮。

06 鱼肉切成片。鱼尾朝右，原本有皮的那面朝下。菜刀斜着切，每片厚约1cm~1.5cm。

07 菜刀以画弧形的感觉切。要切时记得不时用湿布擦拭菜刀。

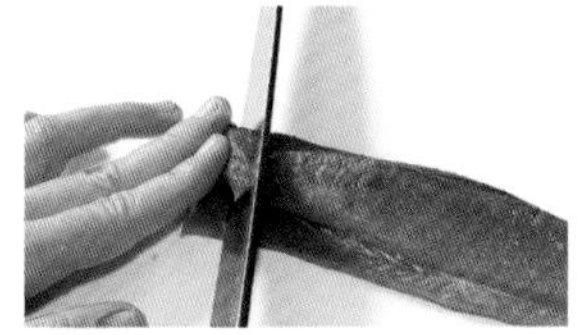

08 切成带皮的鱼片。用左手轻轻压住鱼肉，菜刀微微向右倾斜，从刀尾入刀。

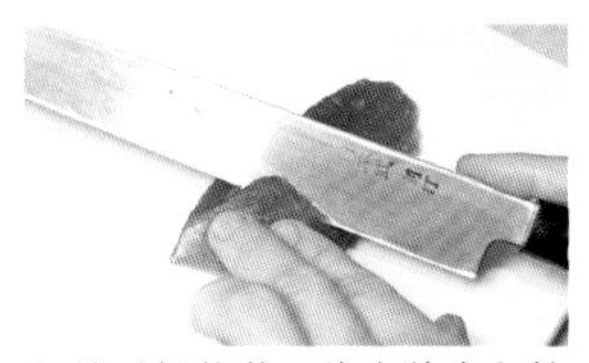

09 切的时候将菜刀往身体方向拉，轻轻滑动。

10 要因为鲣鱼肉质柔软，每片宽约1.5cm，用左手移到左上方。

金枪鱼

01 准备金枪鱼块。如果鱼皮还在，先去除鱼皮。要鱼皮和鱼肉中间的筋较硬，可以切厚一点。

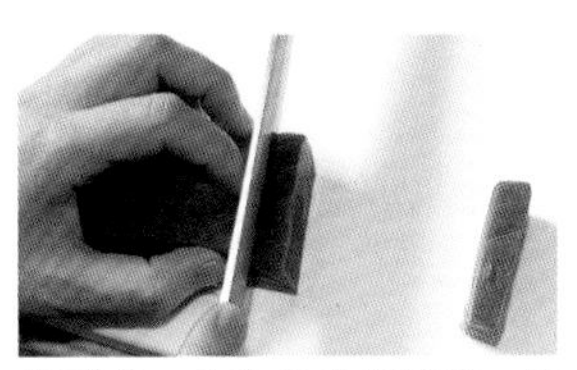

02 切成片。金枪鱼肉质柔软，切的时候动作要快。

03 切下来的鱼肉会黏在刀背上。此时先让菜刀微微向左倾斜，再往右拉，将鱼肉整齐排列在右边。

04 切成块。先将鱼肉切成宽1.5cm的棒状。切的时候，要大幅度移动菜刀。

05 鱼肉切成正方形，切的时候要从刀尾下刀，再往前方移动。

墨鱼

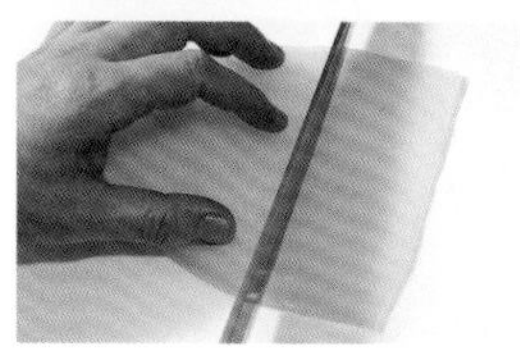

01 切条。参考P15，自墨鱼身体的尾端往上切，切片，宽约5cm。

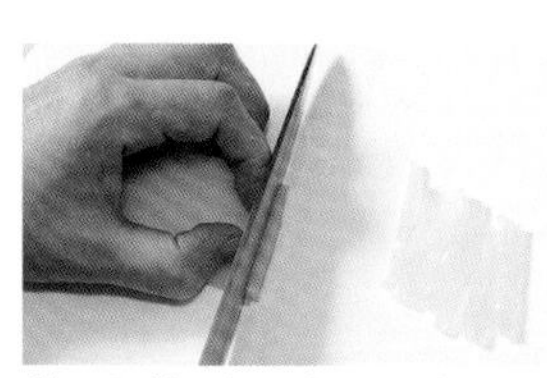

02 菜刀竖放，自刀尖下刀，拉向自己的方向，每条宽2mm。要墨鱼的肉质较硬，切细条会比较容易食用。

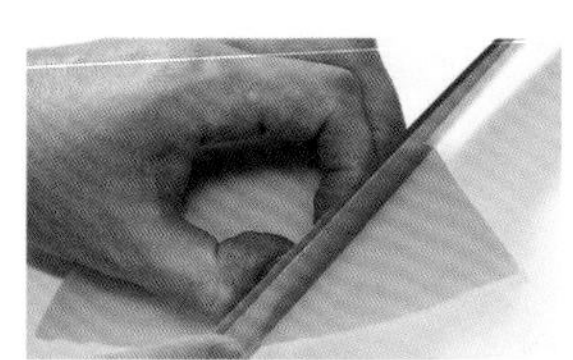

03 切薄片。因为皮很硬，为了容易食用，要斜着划刀。

04 墨鱼转180度，和03交叉划格子纹。

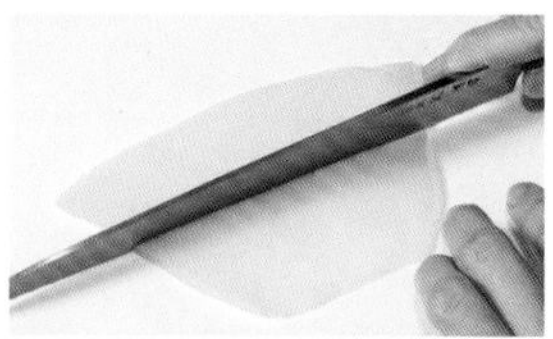

05 墨鱼的身体切片，宽约4cm~5cm。

沙丁鱼

01 切片。参考P24将鱼切成三片，去皮。从鱼尾前端入刀，沿着鱼肉和鱼皮的中间切过去。

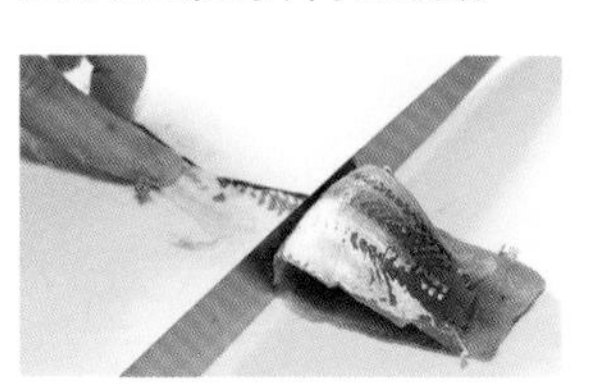

02 刀刃朝上，立起菜刀。用左手按住鱼皮，用刀背向右刮，让鱼肉、鱼皮分离。要鱼皮很薄，所以要用刀背刮。

03 菜刀斜放，划格子纹。这样不仅方便食用，也更漂亮。

04 鱼皮朝上，鱼尾朝右。如图片所示，用大拇指和食指按压鱼肉，菜刀从上往下滑切过去。

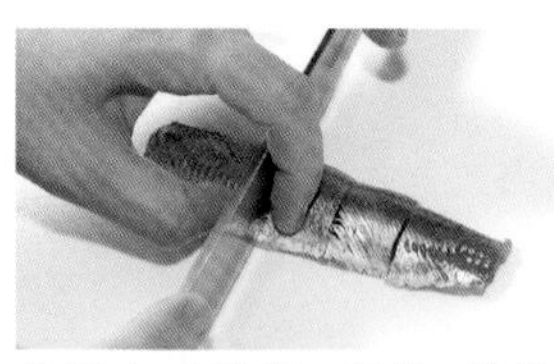

05 从正上方滑切，切片，宽约2cm。

比目鱼

01 参考P23将鱼切成五片，去皮。从鱼尾前端入刀。

02 一边用左手上下晃动拉开鱼皮，一边用菜刀上下滑动，沿着鱼皮切过去。要保留连接鱼肉和鱼鳍骨的部分，使鱼皮、鱼肉分开。

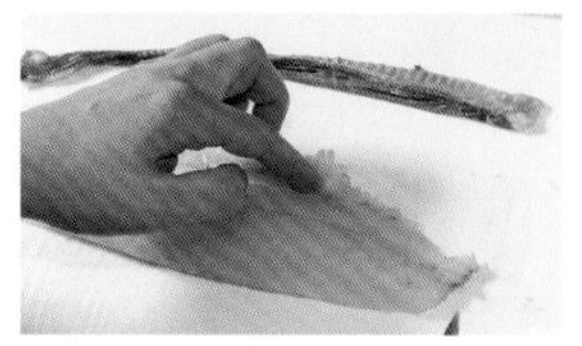

03 用手指将鱼鳍骨和鱼肉分离。要往上提，轻轻分开。

04 鱼鳍尾端切成宽约2cm的大小。

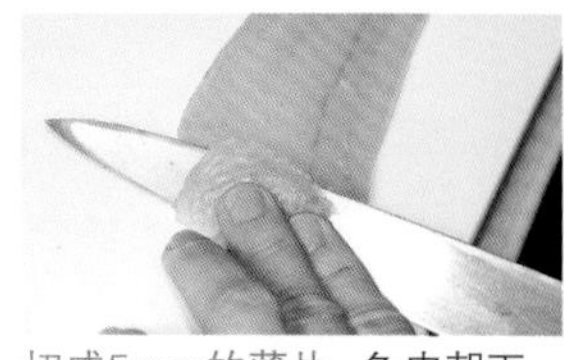

05 切成5mm的薄片。鱼皮朝下，刀身平摆后入刀。在快要切到尾端时，将菜刀稍微立起再切。

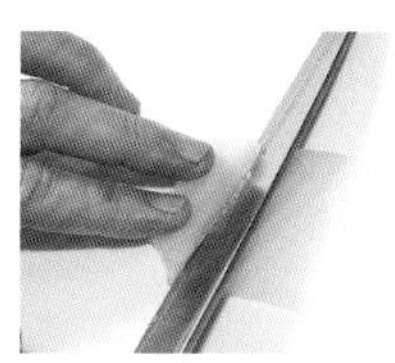

06 左手压住墨鱼的身体，菜刀平放后入刀。要切的时候，从刀尾开始移动菜刀。

07 切的时候，菜刀往自己的方向移动，切成5mm的薄片。薄片叠放在案板上方。

竹荚鱼

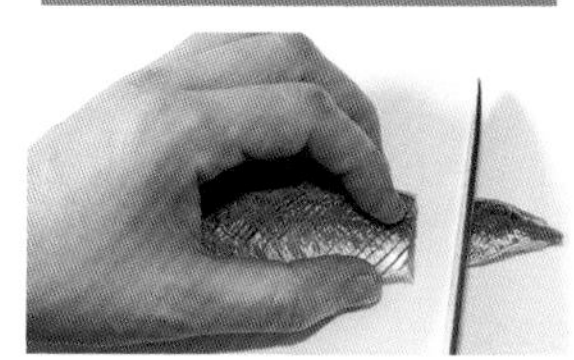

01 切成片。参考P24将鱼切成三片。和沙丁鱼一样去除鱼皮后划格子纹。

02 鱼皮朝上，鱼尾朝右。左手固定鱼身，从正上方切。

03 切的时候，菜刀的动作要大，切片，宽约1cm~2cm。

Let's Try

生鱼片装饰

胖大海

胖大海用凉水或温水浸泡约5~10分钟。

胖大海会慢慢膨胀，泡到胖大海完全膨胀为止。

当胖大海完全膨胀，用大拇指和食指剥开去籽。用筷子和手指轻轻切果肉。

用手挤干胖大海的水分，过筛，塑形后用来装饰料理。※胖大海：柏树的种子干燥而成

萝卜丝

将长约5cm~6cm的萝卜去皮后削成薄片，再把薄片叠在一起。

沿着纤维的方向切丝。用水去除涩味后，放在笊篱上去除水分。

当归

将10cm的当归削片，削厚一点。摊平后斜着切，下刀间距为0.5cm~1cm。

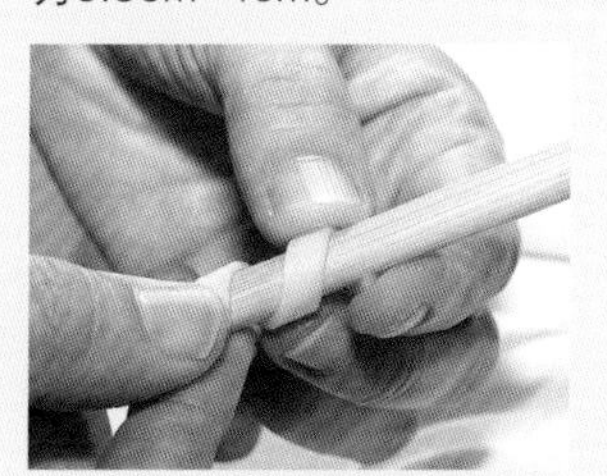

沿着纤维以螺旋状把当归卷在筷子上，静置数秒后放入凉水，使其成型。

日本料理的秘诀和要点③ 成为生鱼片摆盘高手

只要了解摆盘规则，一切轻而易举

只摆一种鱼

重点是前后的高度有些差距，后方摆较厚、较大的食物，前方摆较薄的食物，看起来就会漂亮很多。

后高前低

南天竺有杀菌、防腐的作用。表面光滑，可放在容器里或者插在料理上作为装饰。

堆出高度

如果用比较深的容器盛装，要用蔬菜丝堆成一座小山作底，再放上食材。记得保持平衡，不要垮掉。

左高右低

日本人大多使用右手，左高右低的摆盘方便使用右手拿筷子的人夹取食物。

薄鱼片并排在盘里

将鱼肉偏白的鱼切成薄片后，呈放射状摆在圆盘里。要切成方便食用的厚度。

生鱼片摆盘要遵守原则用心处理

一眼看去，大家可能觉得生鱼片摆盘非常困难，其实不需要刻意为之。只要记住最基本的原则，随心摆盘就很漂亮。

首先，生鱼片摆盘最好是摆3、5、7等奇数种类。最基本的摆盘就是摆得像水从山上流下来一样，后高前低的山水摆盘。肉质柔软的金枪鱼、鲣鱼等切成厚片摆在后方，比较坚硬的河豚、鲷鱼等白肉鱼，切成薄片摆在前方。如果使用切丝的食材或装饰时，记得先决定生鱼片的位置，再适当点缀。

摆盘料理使用的容器，以瓷器、玻璃等感觉比较清凉的容器为宜。如果使用陶器，记得先用水沾湿再使用，以免容器吸收鱼的水分，或使鱼粘在容器上。

Tataki

2种鱼料理

重点是力道、次数等剁鱼的方法。

竹荚鱼松

鲣鱼鱼松

鲣鱼鱼松

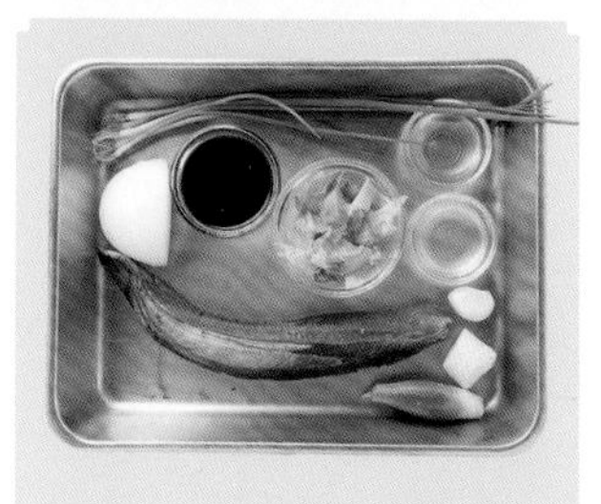

材料（2人份）
鲣鱼…1条（300g）
洋葱…¼个（80g）
茗荷…1个（20g）
蒜…1瓣（10g）
生姜…1段（10g）
小葱…5根（20g）

A
- 浓口酱油…3大匙
- 醋橘汁…1⅓大匙
- 高汤…1大匙
- 鲣鱼片…3g

要点

依照食材调整油炸温度

所需时间
60分钟

※淋在鱼肉上的果醋需静置一晚。

01 制作果醋。A拌匀后冷藏一晚，再用棉布过滤。㊟布要冷藏后再用。

02 沿着纤维将洋葱切片，茗荷、蒜、生姜切细末，小葱切细后用水浸泡。

03 用棉布包住小葱、茗荷、蒜、生姜揉搓清洗，去除水分。

04 用铁签呈扇形串起鲣鱼。为避免鱼肉在烤的时候裂开，鱼皮要朝下。

05 从距离30cm的高处将盐撒在鱼皮上。㊠用手抓一把盐，让盐从指缝间撒落，一边移动位置一边撒盐，使其均匀分布。

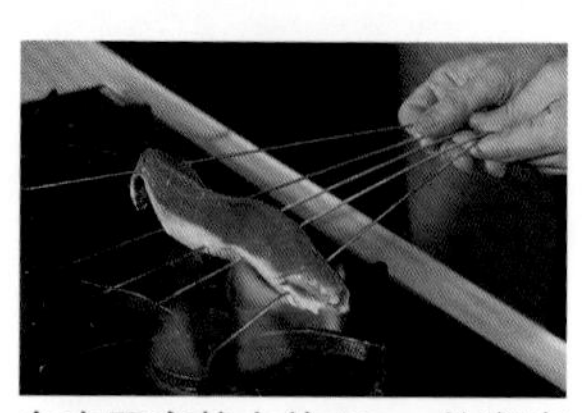

06 鱼在距离炉火约10cm的高度用大火烤，烤到鱼皮呈现金黄色即可。㊠鱼尾的皮比鱼头硬，要烤得久一点。

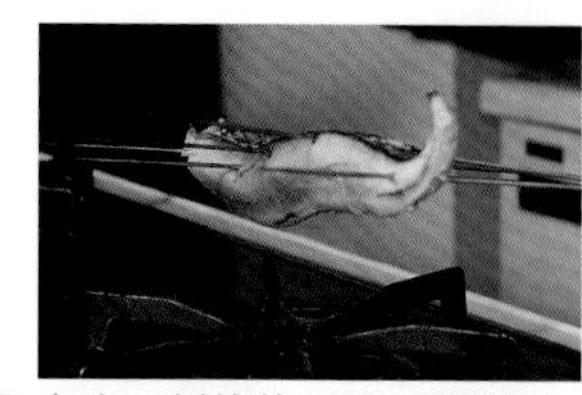

07 鱼肉一侧烤约10秒，烤到颜色稍微变白即可。

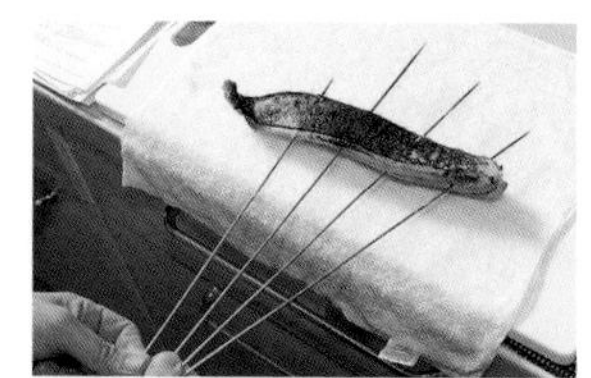

08 烤好的鱼放在用冰水浸湿的布上，慢慢取下铁签，用布包起来冷却，去除鱼皮上的盐。

09 一边翻转鲣鱼一边淋果醋。要用刀子轻拍鱼肉，使果醋入味，冷藏30分钟。

10 划刀后切片。先在7mm～8mm处划刀再切片，每片厚1.5cm。㊠划刀使鱼肉更入味。

11 生姜、蒜、小葱、茗荷等拌匀后撒在鱼皮上。沥干洋葱的水分，堆叠在容器里，装盘。

竹荚鱼松

材料（2人份）

- 生姜…1段（5g）
- 葱…¼根（20g）
- 洋葱…⅓个（80g）
- 青紫苏…2片
- 竹荚鱼…2条（160g）
- 味噌…1大匙

要点

轻剁鱼肉能使其降温，但不能剁得太细。

所需时间 30分钟

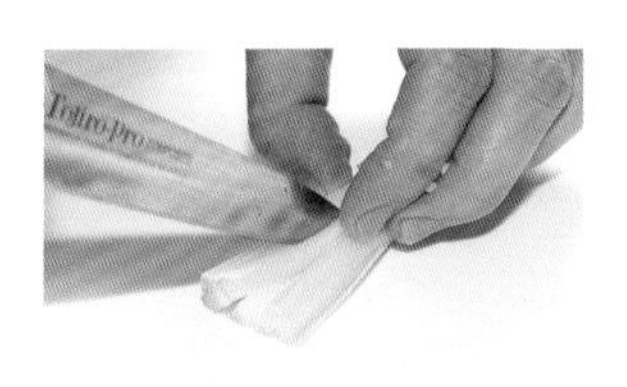

01 葱切细末。要一边旋转一边竖着切，会比较好切。

02 葱横放，切细末。

03 生姜也切细末备用。

04 洋葱切粗末。要如果洋葱很呛，可以用水浸泡一段时间，再沥干水分。

05 参考P17，将一片青紫苏切细末，用水浸泡后沥干水分。

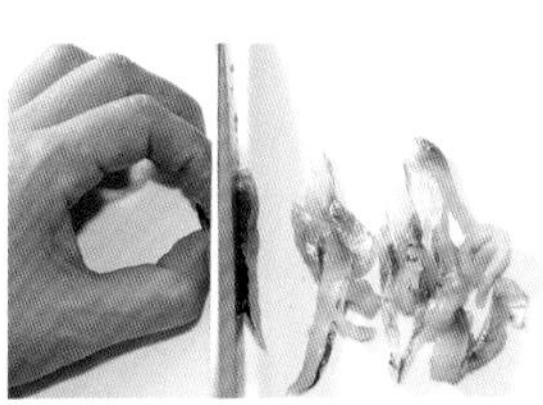

06 参考P24切竹荚鱼，再将去皮的竹荚鱼切成宽约5mm的条状。要使用刀尖，往自己的方向切比较好切。

07 横放切成条的竹荚鱼，切成5mm的小块。

08 在案板上放上切块的竹荚鱼，放上葱、生姜、青紫苏、洋葱和味噌。

09 一次使用两把菜刀剁食材。食材的大小可以依照个人喜好调整。要翻动食材让材料均匀混合。

10 全部材料均匀混合。要菜刀要一边移动一边剁，使材料均匀混合，但不要剁得太细。食材降温后，放在另一片青紫苏上。

错误！

太细让料理看起来一点都不美味

剁太久或剁太细，会让竹荚鱼看起来一点都不美味。保留一点形状，比较有口感，看起来也比较美味。

上图左边的已经看不出形状，就表示切太过了，稍微保留一点食材的形状比较好。

日本料理的秘诀和要点④ 平常要注重保养菜刀

刀锋不利的菜刀要尽快处理

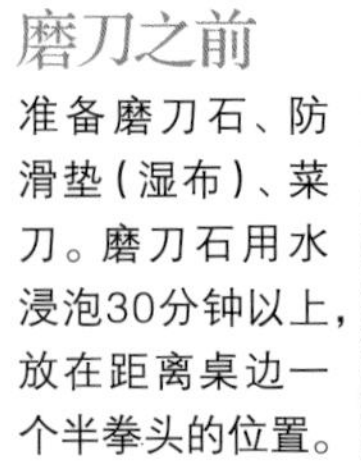

磨刀之前

准备磨刀石、防滑垫（湿布）、菜刀。磨刀石用水浸泡30分钟以上，放在距离桌边一个半拳头的位置。

刀刃朝向自己，倾斜45~60度。让刀刃和磨刀石贴合，右手拿刀柄，左手扶着刀身，将菜刀往前推。

保持菜刀的位置、角度后往前推。要感觉刀刃和磨刀石贴合，慢慢滑动。

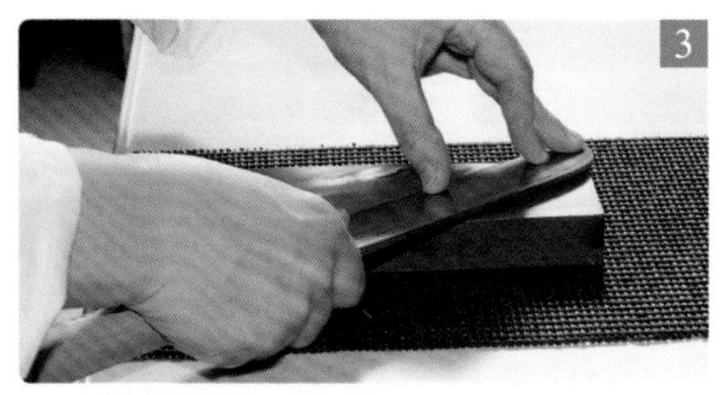

让刀背和磨刀石之间距离大约一枚硬币的高度，从上方稳稳按住菜刀后移动。只要手移动，菜刀就要保持向前倾斜。

和2反方向，慢慢将力量收回，菜刀往自己方向拉回到原本的位置。重复几次相同的动作，直到刀尖出现轻微弯曲。

用刷子和清洁剂清洗菜刀。如果菜刀潮湿容易生锈，记得用布将水分擦干。

磨刀的时间点很重要

只要觉得菜刀切起来的手感不好，就该磨刀了。就像餐厅每天都会磨刀一样，菜刀的保养非常重要。一般家庭就算不每天磨刀，一个礼拜至少要磨一次刀。如果菜刀疏于保养，不仅不好切，食物的涩液还会附在刀上，破坏料理的味道。

有人说制作日本料理的菜刀最好每天都磨，静置一晚。因为日本料理有很多生食，烹饪过程中磨刀会让食材带有铁的味道。但法式料理大多使用不锈钢菜刀，所以烹饪过程中也可以磨刀。

磨刀后一定要用水洗净，清除石屑和刀屑后将水分擦干。

Kaki no dotenabe

味噌牡蛎锅

抹在砂锅锅壁上的味噌让食材更美味

味噌牡蛎锅

材料（2人份）

牡蛎肉…180g
金针菇…½盒（50g）
香菇…2个（50g）
胡萝卜…1/6根（30g）
牛蒡…¼根（40g）
葱…½根（50g）
白萝卜…1/6根（150g）
白菜…2片（150g）
茼蒿…⅓把（60g）
烤豆腐…¼块（80g）
红味噌…4大匙
白味噌…2⅔大匙
砂糖…3大匙
酒…3⅓大匙
海带高汤…2 ½杯（500ml）
海带（5cm正方形）…1片
柚子皮…2片（2g）
材料袋…1个

要点

调整味噌的硬度

所需时间
60分钟

01 切除金针菇的尾端，用手把茎部稍微松开。要不要让茎部完全散开，这样比较容易从锅中取出。

02 切除香菇头，用手刮除表面黑黑的部分，将香菇切成六角形。

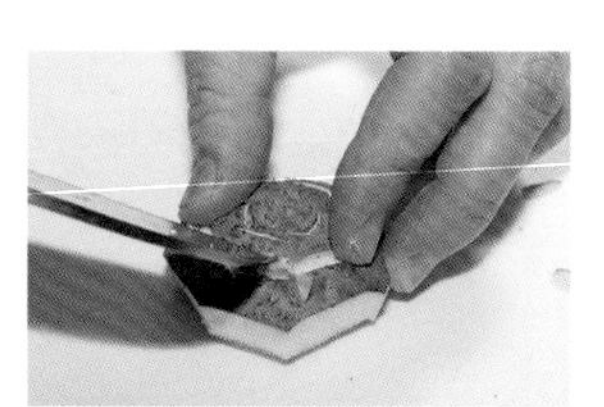

03 在香菇表面划几刀，做出图案，会更漂亮。

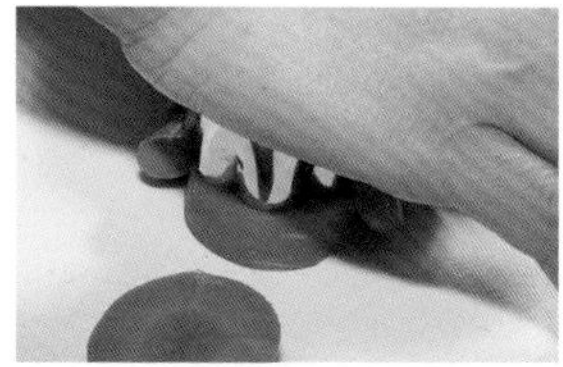

04 胡萝卜切成厚1cm的圆片，用模具压出花瓣。要如果用模具手会痛，可以用布垫一下。

05 参考P18，胡萝卜刻成梅花形状。

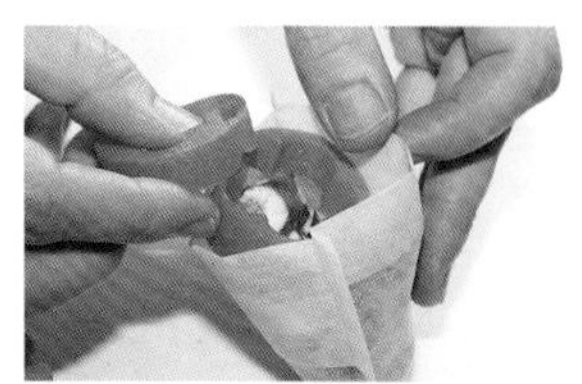

06 将切下来的部分和胡萝卜装在材料袋内，熬成高汤。要切下来的部分和香菇头都不要丢掉。

07 参考P17，牛蒡切成薄片，用适量醋水浸泡后，再用水浸泡。

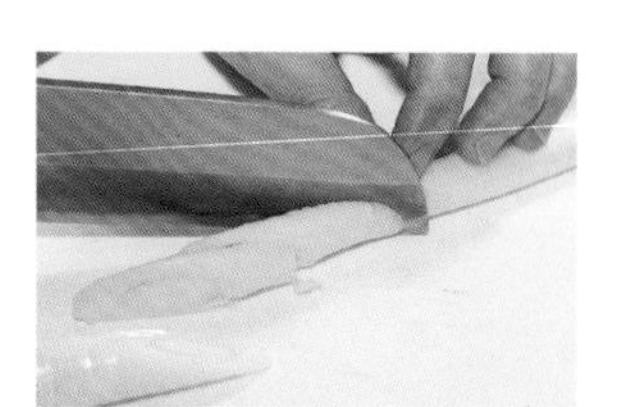

08 在葱的表面轻轻划几刀。要划几刀让食材更入味、更方便食用。

09 用磨泥板磨萝卜泥。萝卜泥用来清洗牡蛎，不削皮也可以。

10 一半的萝卜泥放入碗内，再放入牡蛎肉仔细清洗。要如果萝卜泥变黑，再换新的萝卜泥继续清洗。

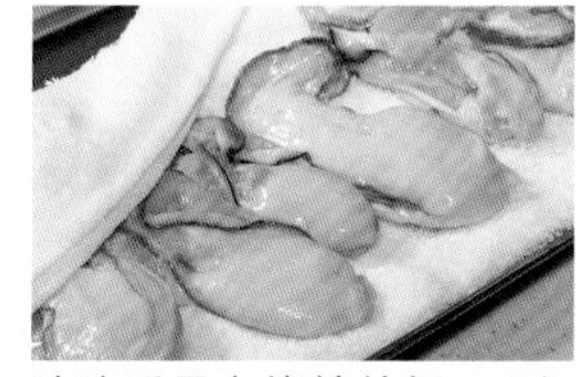

11 冲洗后用布擦拭牡蛎。要如果太用力牡蛎会被压坏，动作要轻柔。

12 制作白菜卷。在沸水里加适量粗盐、白菜和茼蒿，用水焯过后，放进笊篱里用扇子降温。

13 在寿司卷帘铺上12的白菜和茼蒿，卷起卷帘来去除水分（参考P15）。

14 用盐水焯胡萝卜，使胡萝卜变软。

15 白菜卷好固定，切成3cm的小段。烤豆腐切成方便食用的大小，柚子皮切丝。

16 制作抹在砂锅锅壁上的味噌。用打蛋器搅拌红味噌和白味噌。

17 搅拌后慢慢加入砂糖和酒。要搅拌到提起打蛋器，味噌都不会滑落，再停止放酒。

18 做好的味噌抹在砂锅锅壁上。要像是垒堤坝一样，抹上厚厚一层。

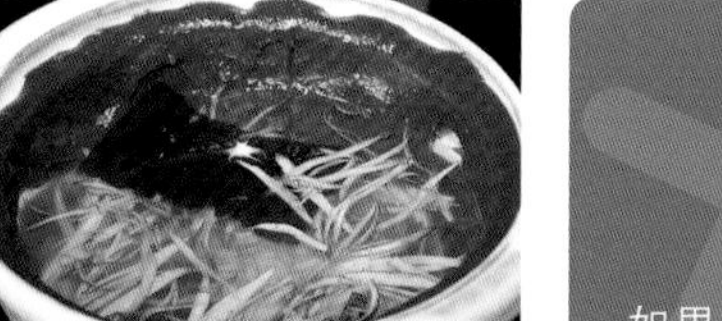

19 沥干水分的牛蒡铺在底部，再放入海带高汤和海带。

20 用大火煮沸，撇去浮沫。

21 转小火，加6的材料袋和17中剩余的酒。

22 放进牡蛎以外的材料，盖上锅盖煮2~3分钟。

23 最后放入牡蛎，牡蛎膨胀后就完成了。用柚子皮点缀即可享用。

错误！

味噌无法抹在砂锅锅壁上

如果放入味噌的酒太多，味噌会变得太稀。提起打蛋器，味噌不会有滑落的状态。如果酒量太少，味噌也很难抹在砂锅锅壁上。

重点是在砂锅锅壁上抹上硬度适中的味噌。

Oden

关东煮

冬季热门的火锅

01 参考P17为白萝卜修边。用适量淘米水将白萝卜煮软。

02 在放满水的锅里放入牛筋炖煮约3个小时。如果使用高压锅，煮30分钟后牛筋就会变软。

03 魔芋表面划格子纹并切成三角形。用盐使魔芋出水，用沸水焯过后降温备用。

04 轻轻用湿布擦拭海带。用B浸泡使其变软。将海带对半竖切后打结。

05 制作豆腐袋。用水将葫芦干泡软。去除多余水分后，用盐揉搓去除葫芦干的异味。

材料（2人份）

白萝卜…2片（200g）、牛筋…100g、魔芋…¼片（60g）、海带…15cm（10g）、马铃薯…小号2个、水煮蛋…2个、炸地瓜…2片（60g）、黄芥末酱…½小匙

豆腐袋材料

葫芦干…2条
油豆皮…1片
年糕…1个

虾丸材料

去壳虾…100g、白肉鱼泥…50g、山药…50g、银杏…2个、百合…2片（14g）、毛豆…10颗（10g）

A［盐……½小匙、酒…2大匙
　 味霖…2大匙、蛋黄…2小匙

汤汁材料

B［高汤…1L、盐…1撮、
　 酒…1小匙、味霖…1小匙
　 薄口酱油…2大匙

所需时间
80分钟

※炖煮牛筋大约需要3个小时

06 豆皮放进沸水里煮5秒，去除油脂。放进笊篱里沥干水分，对半切。

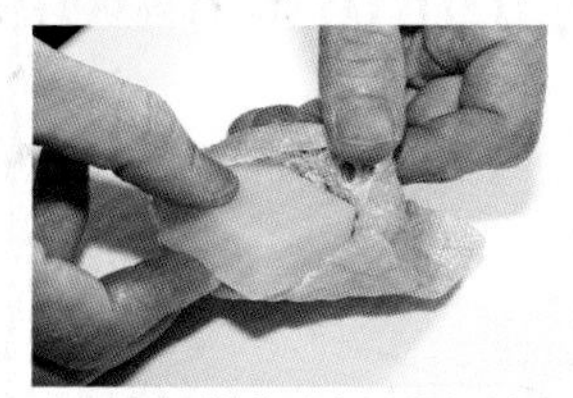

07 在豆皮里放进对半切的年糕。要如果豆皮不好打开，可用刀轻拍豆皮。

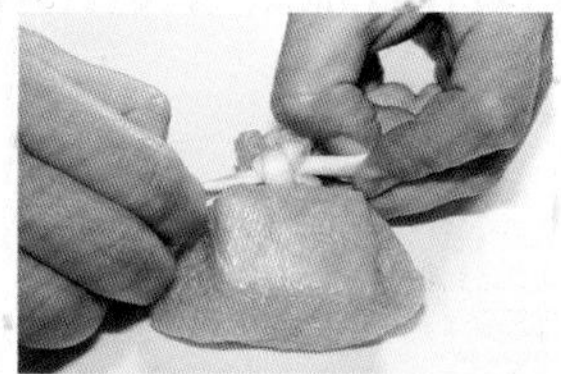

08 用葫芦干打结。如果葫芦干太长，用菜刀切除多余的部分。

09 制作虾丸。用铁槌敲破银杏壳，取出果仁。要压住银杏下方使其固定。

10 银杏放在漏勺上，放入少量热水中，滚动银杏使其外皮脱落。如果外皮没有脱落，可用布擦拭去皮，切成四块。

11 洗净百合杂质，煮软后沥干水分，切块备用。

12 用手去除毛豆薄皮。要如果是当季毛豆，可带壳煮再去皮。

13 去壳虾切成1cm见方的小丁，将其中一半剁成泥，加白鱼肉拌匀。

14 用研磨器将山药磨成泥。磨出黏性后，加A搅拌。

15 放进剩余的去壳虾、百合、银杏和毛豆后充分拌匀。

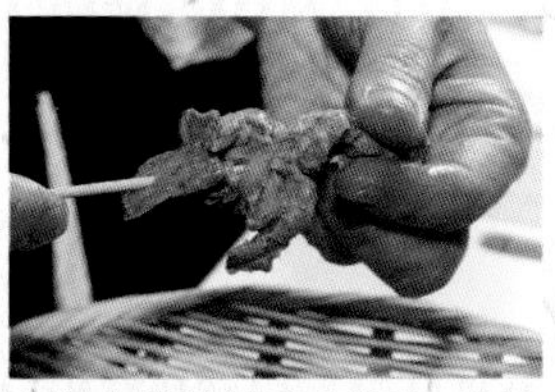

16 02的牛筋放进碗内降温，用竹签串起。要为了避免牛筋煮的时候散开，串的时候要让牛筋稍微弯曲。

17 马铃薯去皮，并切除发芽的部分。水煮蛋剥壳。炸地瓜不需要处理。

18 B放进砂锅里炖煮，再放萝卜、马铃薯、魔芋、炸地瓜、海带和水煮蛋。

19 煮约20分钟后转小火，捞起一半食材，放入虾丸。用两根汤匙将15的虾丸材料攒成圆球再下锅。

20 虾丸微微变色后，放进其他材料与19中捞起的食材，转中火煮透，最后沾黄芥末酱食用。

日本料理的秘诀和要点⑤ 砂锅的使用和保养方法

砂锅是冬季厨房不可或缺的热门厨具！

第一次使用砂锅

1 砂锅里放满水，加1大匙的盐，用大火煮10～15分钟。

2 倒掉1的水，改放淘米水，用大火煮10～15分钟。之后，再煮一次稀饭会更好。

正确存放方法

砂锅洗过后如果没有充分晾干，可能会发霉。记得将砂锅倒放，等完全晾干后再存放起来。

错误用法

↑用清洁球清洗砂锅，会损伤砂锅，损伤处会发霉，所以要用海绵等柔软的工具轻轻清洗。

↑如果砂锅还是烫的就放进凉水里，砂锅会裂开，要静置于常温处慢慢降温。

↑锅底外侧不能是湿的，一定要完全干燥才能使用。

新买的砂锅首次保养很重要

砂锅用泥土制成，属于保温性能很好的锅，适合用于小火慢炖的火锅或者炖煮。不过因为是烧制而成的容器，在还有水分时就开火加热，可能会出现裂痕。还没晾干就收起来，可能会发霉。是保养比较麻烦的锅。

新买的砂锅一定要先处理砂锅的气孔。用新买的砂锅依次煮盐水、淘米水和稀饭，原本附着在砂锅上的味道会消失，微小的气孔也会塞住。如果不这样处理，砂锅原本的味道会让料理变臭。水分跑进气孔会使砂锅容易破损。

砂锅有两种大小，一种是可以煮火锅的大锅，另一种是一人用的小锅，可以准备两种尺寸，烹饪时会更方便。

Tai no arani

酱烧鲷鱼

主角是浓缩美味精华的鱼边肉！

酱烧鲷鱼

材料（2人份）

鲷鱼边肉…1条（300g）
牛蒡…2根（320g）
水…¾杯（150ml）
酒…¾杯（150ml）
砂糖…2大匙
味霖…3大匙
浓口酱油…2大匙
大豆酱油…1小匙
生姜…1块（10g）
花椒芽…适量

要点

烧鱼边肉的锅底要铺上牛蒡

所需时间
60分钟

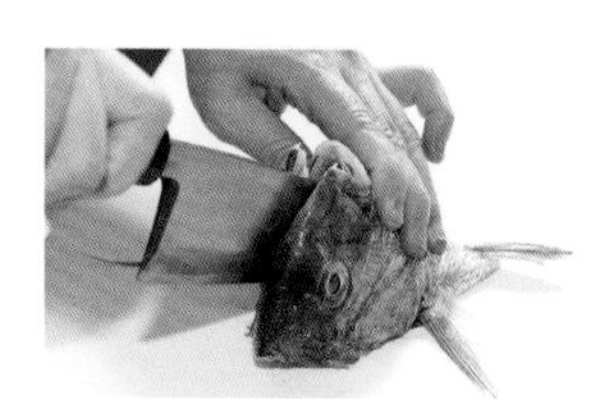

01 从正中间将鲷鱼头对半切。要从两颗前齿之间下刀，刀尾往下压。

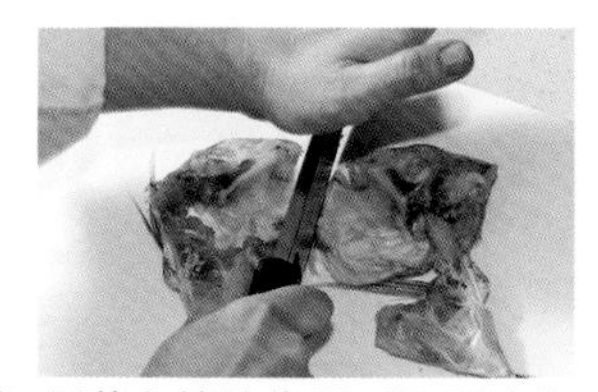

02 调整鱼鳍的位置。要 因为鱼骨很硬，不使用出刃刀，可能会使菜刀损坏。

03 参考P202的4～8切鲷鱼。搭配容器切成合适大小。

04 中骨的尾端要切除，再切成合适大小。要顺着鱼骨的关节切会比较好切。

05 用水稍微清洗切好的鱼边肉，沥干水分，放入碗内。

06 放上落盖。浇淋80度的热水，使用霜降法。如果浇淋100度的热水，鱼皮会破损。

07 一段时间后，用落盖轻轻搅拌食材。如果鱼肉粘在一起，就用落盖分开，让鱼边肉能均匀受热。

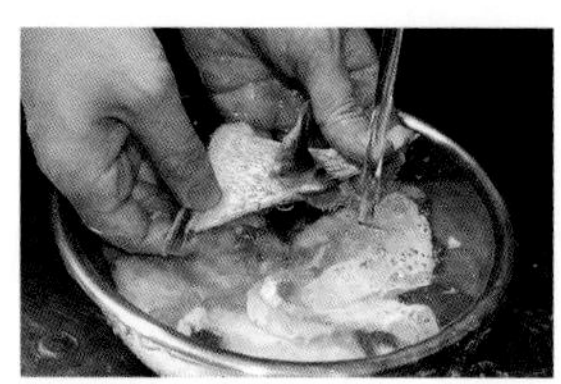

08 鱼边肉变白后放到凉水里。冷却后，清除残留的鱼鳞、涩液和血块。

09 用刷子清洗牛蒡。从上往下将牛蒡竖着对半切，保留5cm不切断。

10 同样的位置交叉再切一次，牛蒡切成4条。切的时候，要让4条牛蒡的粗细都一样。

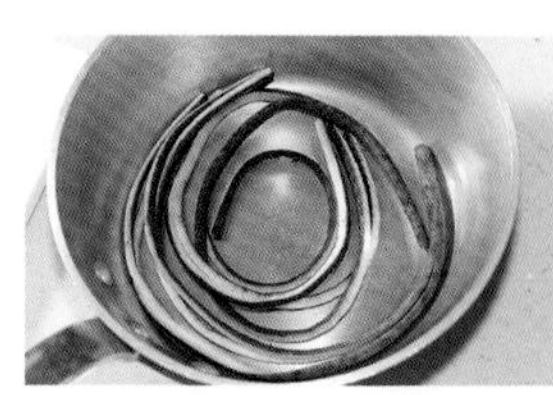

11 为了避免鲷鱼粘在锅底，在锅底铺上摆放成圆圈的牛蒡。

12 在牛蒡上铺满洗好的鱼边肉。要为了让鱼边肉的味道散发出来，从背骨开始放。

13 在12上摆上鱼头，鱼皮朝上。要如果鱼皮朝下，鱼皮容易粘在锅底。

14 鱼眼睛的颜色可以用来确认熟透的程度，所以鱼眼睛要摆在最上方。

15 在已经放入牛蒡和鱼边肉的锅里加入水和酒，盖上落盖，大火煮沸。

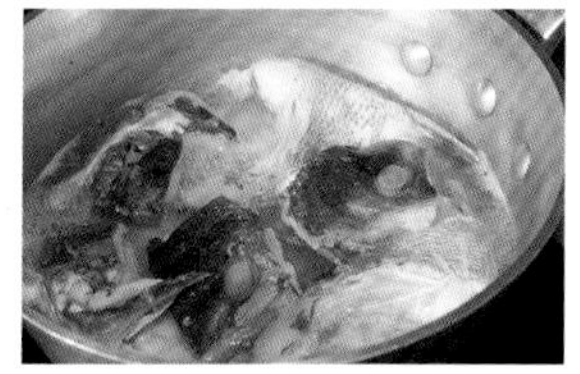

16 沸腾后转中火。要如温度过高，鱼皮可能会脱落，也不能入味。

17 放入砂糖、味霖后轻轻晃动锅，再煮2~3分钟。

18 依照次序加入浓口酱油、大豆酱油再煮5~6分钟。要要先加入浓口酱油，尝过味道后再酌情加入大豆酱油。

19 让锅倾斜，全部的鱼肉浸在酱汁里。要像这样让美味浓缩，食物会更入味，也更有光泽。

20 透明的鱼眼睛变成半透明后，盖上落盖继续炖煮，撇去浮沫。

21 磨生姜泥，用棉布过滤，挤出酱汁。

22 这是刚煮好的状态。慢慢加热收汁。

23 完全收汁后加入姜汁。确认食材都粘上姜汁后关火，从锅里取出食材。

24 牛蒡搭配容器切成合适大小，和鱼边肉一起装盘。浇淋酱汁后，再放上花椒芽。要花椒芽只要用手稍微拍打，香气就会散发出来。

错误！

使用霜降法时鱼皮脱落

使用霜降法时，热水的温度最好是80度。此外，放入凉水中后要充分冷却。如果脂肪还没凝固就碰触，鱼皮会破裂。

使用霜降法时，如果热水的温度在80度以下，会因为温度过低而无法去除腥味。

Buidaikon

油甘鱼萝卜

熟透入味的白萝卜是美味的关键

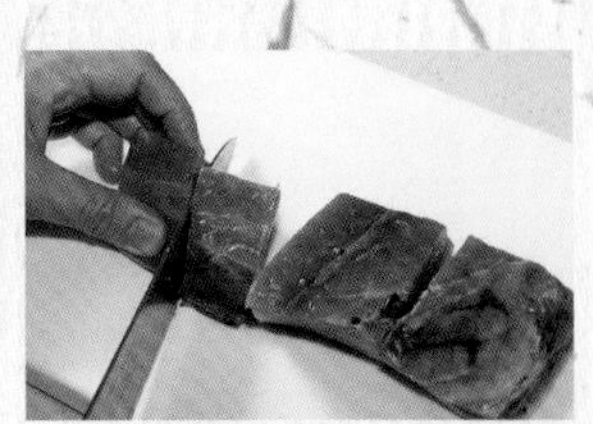

01 油甘鱼根据容器切成合适的大小。

02 撒盐后将浅盘倾斜，去除鱼多余的水分和腥味。

03 削皮后的白萝卜切成半月形后修边（参考P17）。

04 倒入适量淘米水，用小火将白萝卜煮软。要沸腾后盖上落盖，不要把食材煮糊。

05 白萝卜煮软后，不用把落盖拿起，直接冲凉水。要为了去除白萝卜的异味，要用水浸泡30分钟。

材料（2人份）
油甘鱼…1段（300g）
白萝卜…⅓根（400g）
白萝卜叶…1根的量（150g）
八方高汤（参考P86）…½杯（100ml）
高汤…1 ½杯（300ml）
砂糖…3大匙
浓口酱油…2大匙
大豆酱油…1小匙
酒…4大匙
生姜…厚片2片（5g）

所需时间
90分钟

06 沸腾后加入适量粗盐。粗盐含有较多矿物质，料理会更加美味。

07 煮萝卜叶时先放入比较硬的茎，10秒后再全部放进热水里。

08 焯过后从锅里捞起，用凉水冲洗。水冲在落盖上，萝卜叶就不会被冲出来。

09 用寿司卷帘去除水分，切成长约3cm~4cm的小段，用八方高汤浸泡。

10 2的油甘鱼放入碗内，盖上落盖。

11 从落盖的上方浇热水，用霜降法处理。

12 盖上落盖，静置2~3分钟。

13 如果鱼还没冷却就去皮，鱼皮会脱落，要把鱼肉放入凉水中，让鱼肉收缩。

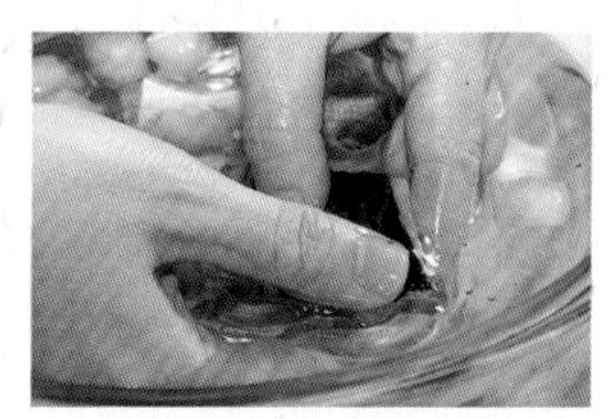

14 鱼肉冷却后，在凉水中清洗鱼鳞和血块。

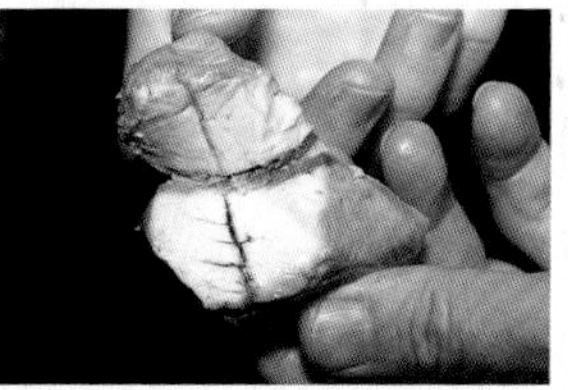

15 明显的鱼骨很危险，要用鱼骨夹拔除鱼骨。

16 在锅里放入高汤、砂糖、浓口酱油、酒、生姜和5的白萝卜。

17 用大火煮沸后，转小火再煮约10分钟。

18 白萝卜入味后，在锅里挪出空间，放入油甘鱼。

19 煮沸后撇去浮沫。转小火。放上落盖，再煮约10分钟。

20 油甘鱼煮熟后，浇上大豆酱油就完成了。㊙最后的大豆酱油会让这道料理更美味。

日本料理的秘诀和要点⑥ 巧妙使用落盖

落盖是制作日餐时必不可少的重要工具

3种基本使用方法

用热水浇淋食材的时候

用霜降法烹饪鱼时，如果直接浇淋热水，高温会让鱼皮脱落或者鱼肉裂开。此时如果隔有一层落盖，就可以在不伤到鱼的情况下使用霜降法。

用凉水冲食材的时候

如果用凉水冲食材，可让水冲在落盖上，食材就不会被流水冲出来。如果落盖较小，要注意凉水冲的位置。

用较少的汤汁炖煮食物

为了让所有食材吸收汤汁，汤汁的量要覆盖所有食材。如果汤汁的量较少，可以盖上落盖用大火煮沸，借由落盖让汤汁覆盖所有食材。

纸制落盖也很方便

一般使用的是木制落盖，如果煮豆子或芋头等柔软、容易破损的食材，可将烘焙纸折成纸制落盖来代替，并用小火炖煮。

煮得好的秘密

火力较大时，锅里的食材会浮动，食材就会受热不均。此时如果使用落盖，就能固定食材，使整体受热均匀。此外也能避免汤汁蒸发，将美味封锁住。

搭配食材和用途活用落盖

制作日本料理时会常用到落盖。最近不只有木制落盖，还有硅胶落盖，是相当方便的烹饪工具。

落盖的尺寸要配合锅的尺寸。一般落盖要比锅小，但如果太小，就不能固定食材，会和食材一起浮动。

新买的落盖要先用淘米水或加入小苏打的水煮过。因为落盖会直接接触到食材甚至汤汁，所以使用前要先消除木头的味道，避免影响料理的味道。而且每次使用前一定要先用水浸湿。如果不先浸湿落盖，落盖会吸收汤汁的水分，汤汁会减少，汤的味道也会附着在落盖上。

Mebaru no nitsuke

酱烧鲉鱼

又甜又辣的汤汁别具风味!

酱烧鲳鱼

材料（2人份）

鲳鱼…小号2条（200g）
水煮竹笋…⅔个（80g）
当归…⅛个（30g）
八方高汤（参考P86）…1杯（200ml）
酒…4大匙
味霖…3⅓大匙
浓口酱油……1⅔大匙
生姜…厚片2片（5g）
花椒芽…适量

要点

在不破坏鱼肉的情况下去除鲳鱼的内脏

所需时间
60分钟

01 当归去皮，去皮时要切厚一点，直到看见里面的纹理。稍微焯过后切成方便食用的大小。用八方高汤浸泡。

02 水煮竹笋切成方便食用的大小，用八方高汤浸泡。

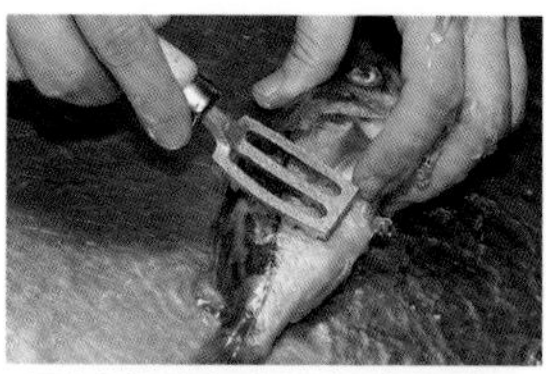

03 用刨鳞器去除鲳鱼的鱼鳞。

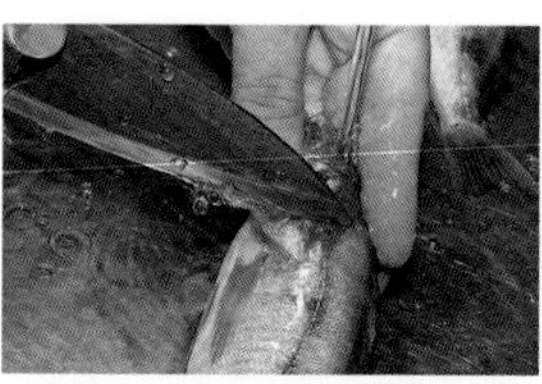

04 用菜刀去除鱼眼睛和鱼鳍附近细小的鳞片。要用菜刀的刀尖或刀尾处理鱼鳍根部，效果会比较好。

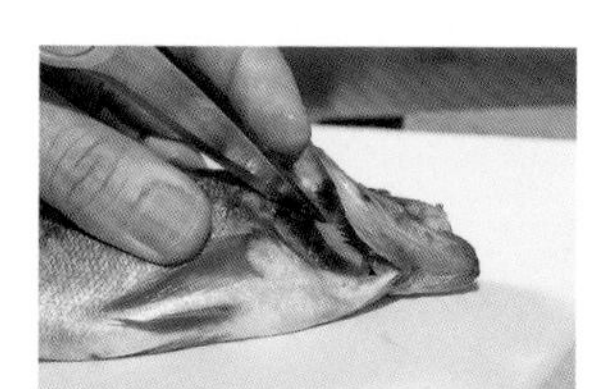

05 去除内脏。手指从鳃盖伸进鱼的身体内，用剪刀剪断内脏和鱼鳃连接的部分。

06 从肛门部分划一刀，长约1cm~2cm。

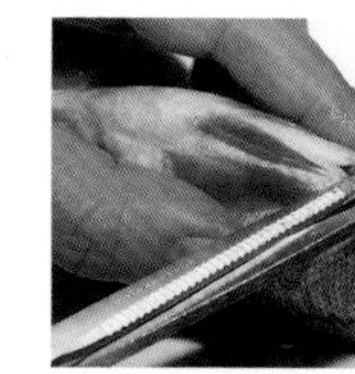

07 拉出肛门和肠子连接的部分后剪断。

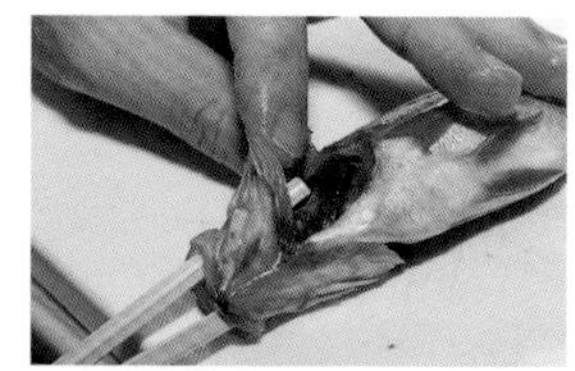

08 像是要把鱼鳃封起来一样，将一根一次性筷子插入鱼身，直到肛门前端。再将另1根一次性筷子用同样的方法插入。

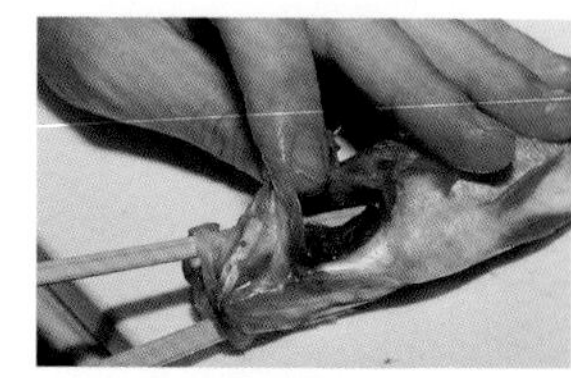

09 确认两根筷子夹住了内脏。

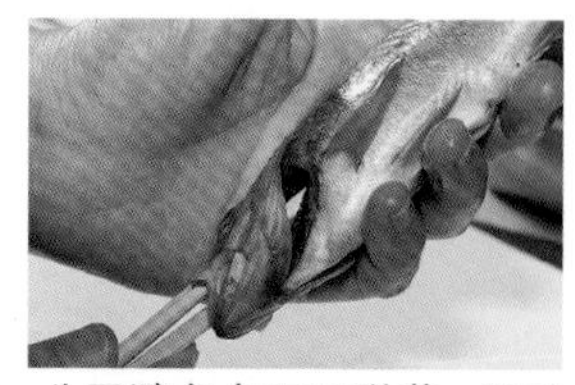

10 为了避免鱼下巴脱落，用手牢牢抓住。反方向拉出筷子和鲳鱼身体。

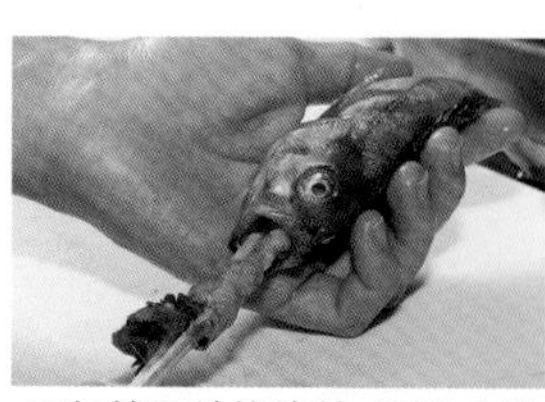

11 两根筷子并拢旋转，取出内脏。

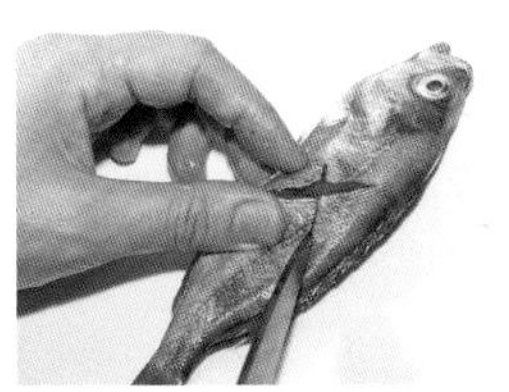

12 鱼装盘的一面划十字纹，另一面用刀划横线，一竖切到鱼骨。

13 酒、味霖、浓口酱油、生姜放进平底锅内后开火。

14 沸腾后，两只鲳鱼装盘的一面朝上，并排放入平底锅，用汤汁浇淋。要鱼头朝左，鱼腹朝向自己，中间不要将鱼翻面。

15 为了让汤汁均匀分布，盖上落盖用中火煮6～7分钟。要保持稍微沸腾的状态。

16 汤汁减少后拿起落盖，将锅倾斜，在鱼肉较厚的部位浇上汤汁，制造光泽。

17 汤汁收到恰到好处时起锅。起锅时用铲子或锅铲装盘，最后加上1的竹笋、当归和花椒芽。

错误！

就算使用落盖，汤汁也不均匀

就算使用落盖，只用小火加热时，汤汁也不会往上跑。为了让汤汁能覆盖所有食材，一定要用中火以上的火力。但如果火力太强，汤汁可能会溢出，要特别留意。

如果只用小火，汤汁就不能覆盖所有食材。

鱼一夹起来就散开

鱼的肉质本来就很柔软，煮过之后更容易散开，如果用筷子等较细的工具夹取，鱼鳃的肉就会散开，要用铲子或锅铲等可以支撑鱼肉重量的工具取出。

如果用筷子夹取，鲳鱼的重量会让鱼肉碎裂，要用锅铲等工具轻轻取出。

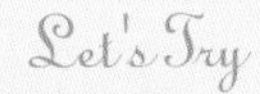

从隐藏缺口去除内脏

隐藏缺口是去除鱼内脏的方法之一。当鱼内脏容易断掉，无法直接去除，或数量较多时间紧的时候，可以使用这个方法。

处理方法

1 在鱼腹背面划一刀。
2 手指伸进划开的缺口，取出鱼内脏。
3 如果内脏中间断掉，就重复一次拉出的动作。
4 如果缺口变大，会连鱼的正面都出现裂痕，所以要轻轻刮除内脏。

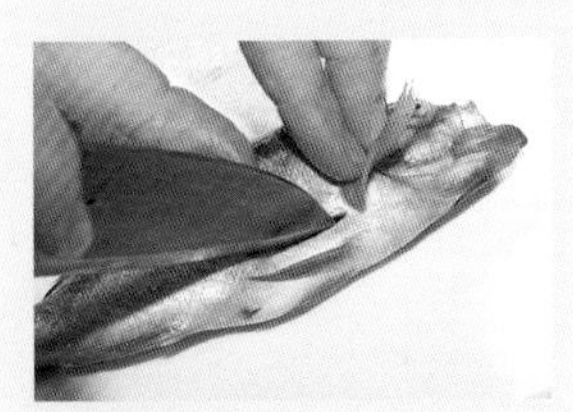

在胸鳍稍微靠后一点的地方，划一道3cm～4cm的缺口。

划一刀后的样子，缺口不能切得太大。

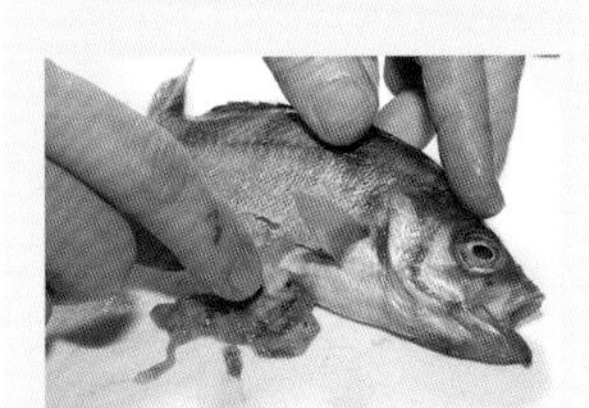

手指从缺口伸进去，取出内脏。因为内脏容易断掉，不要急，慢慢来。

日本料理的秘诀和要点⑦ 巧用方便的烹饪工具

烹饪鱼时事半功倍的工具

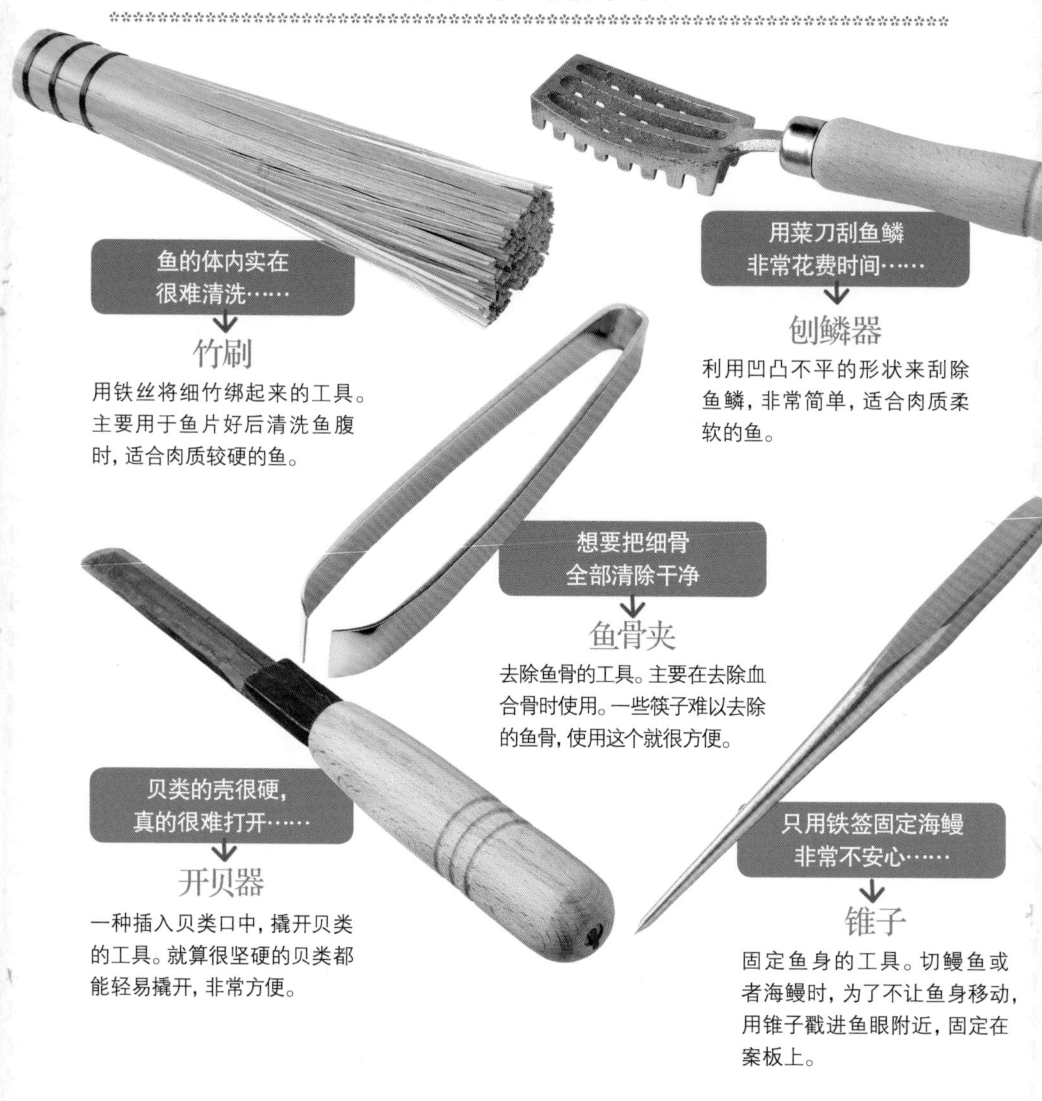

处理鱼相当费事，巧妙利用工具加快速度

处理体积较大、肉质较硬的鱼时，不如用竹刷等工具来代替一次性筷子、手指，大范围地刮除鱼内的杂物，这样也不会伤到鱼肉。另外，用菜刀很难去除坚硬的鱼鳞，使用刨鳞器，就能轻松地将鱼鳞刮除干净。这样工具能加快处理鱼的速度，非常方便。

使用时要留意工具和鱼的比例。一般市售的竹刷较粗，要把铁丝拿掉，取适当的量重新捆绑。另外，市售刨鳞器有各种尺寸，要依照鱼的大小来选择。

当然，这些工具不是非用不可。像锥子可以用铁签代替，鱼骨夹可以用拔毛器代替，开贝器可以用餐刀等日常生活中常用的工具代替。

Saba no misoni

味噌青花鱼

带有浓郁的味噌香气，非常下饭。

味噌青花鱼

材料（2人份）

青花鱼…半条（200g）
生姜…厚片2片（5g）
壬生菜…2株（60g）
八方高汤…1杯（200ml）
葱…½根（50g）
薄口酱油（酱汁用）…1小匙
酒…2大匙
水…1杯（200ml）
砂糖…1大匙
味霖…1大匙
味噌…2大匙
薄口酱油（葱用）…1小匙

要点

在青花鱼的鱼皮上划十字刀纹

所需时间
45分钟

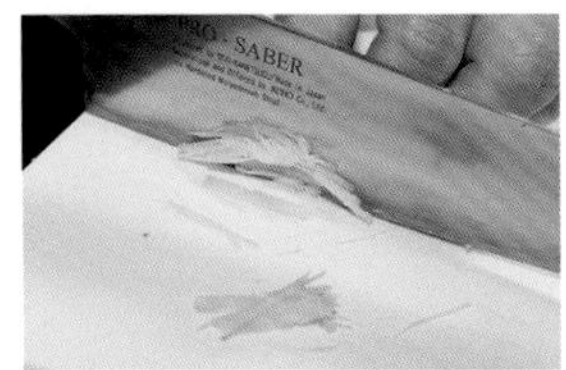

01 一半的生姜切丝，加水去除涩液后沥干水分。其余的生姜对半切。

02 壬生菜用热水焯过。先放进菜根，等菜根变软后再全部放入热水里。焯绿色蔬菜时要加盐，而且一定要等水沸腾后再放进去。

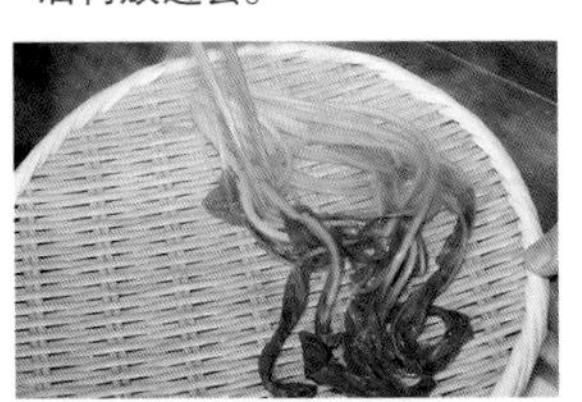

03 焯过放在笊篱上，使其降温。要壬生菜没有涩液，不冲凉水也不要紧。

04 壬生菜充分降温后沥干水分，用八方高汤浸泡。

05 用寿司卷帘轻轻去除水分（参考P15）。去头掐尾后切成长约3cm～4cm的小段。

06 为了让葱熟透，在葱的表面划一刀后，切成长约4cm的小段。

07 葱排在烤鱼架上烤2～3分钟。稍微熟了以后浇上薄口酱油，烤到微焦。

08 青花鱼放入撒了盐的浅盘，从距离30cm的高处撒上适量的盐。

09 将浅盘倾斜，去除多余的水分和盐分。

10 剪断鱼尾的筋，再对半切。

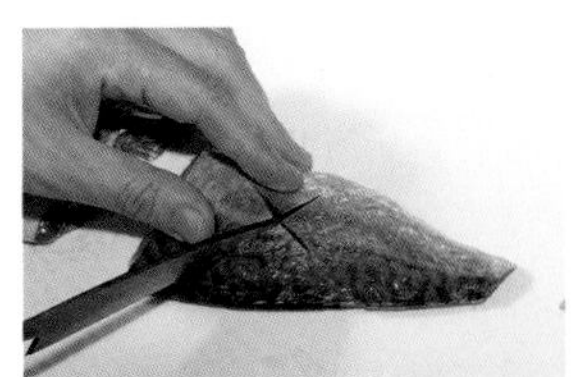

11 用刀在鱼肉上划十字纹。要这样比较容易入味，易熟透，鱼皮也不会破损。

12 鱼皮朝上放在笊篱上，盖上棉布。浇上80度的热水，用霜降法处理。

13 酒、水、生姜放平底锅内，煮沸后加砂糖、味霖。

14 青花鱼的鱼皮朝上，并排放在平底锅内。边煮边将酱汁淋在鱼上。

15 淋酱汁后，盖上落盖让酱汁完全覆盖食材。(要)如果有鱼鳍，盖上落盖后用力按压，将落盖盖紧。

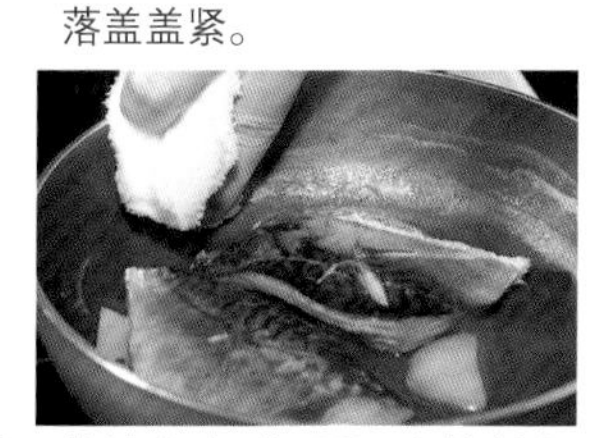

16 酱汁变少时，用湿布擦拭锅周边的浮沫。

17 酱汁内加入薄口酱油。

18 在味噌内加入少许17的煮汁。

19 用打蛋器充分拌匀，让味噌完全溶解。

20 用漏斗型滤网过滤味噌，将味噌淋在青花鱼上。(要)如果味噌煮太久，味道会消失。

21 酱汁变得浓稠就完成了。要如果煮过头，鱼肉会干掉，要在放入青花鱼的7～8分钟内完成料理。

错误！

用笊篱过滤会结块

味噌淋在青花鱼上，要用漏斗型滤网等洞较小的工具仔细过滤。尽量使用洞较小的笊篱。如果味噌结块掉到锅里，要尽快捞起来。

如果笊篱洞太大，味噌的结块、青花鱼的碎屑会掉进锅里，让酱汁变得浑浊。

青花鱼无法吸收味噌

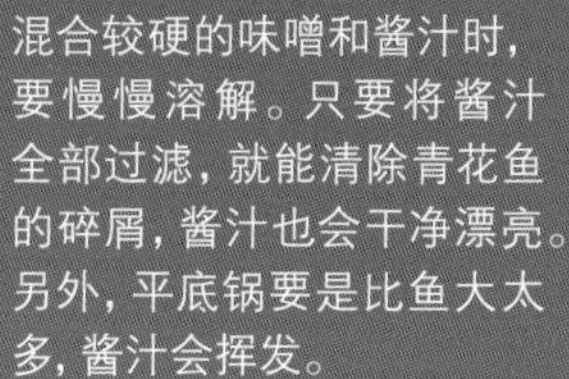

混合较硬的味噌和酱汁时，要慢慢溶解。只要将酱汁全部过滤，就能清除青花鱼的碎屑，酱汁也会干净漂亮。另外，平底锅要是比鱼大太多，酱汁会挥发。

如果酱汁太稀，装盘时酱汁会散开，让味道变淡。

图中左侧的平底锅太大了，最好是尺寸恰到好处的锅。

Misodengaku

味噌串

有着浓郁味噌香味的料理

所需时间
120分钟

材料（2人份）
芋头…4个（60g）
老豆腐…¼块
生面筋材料
高筋面粉…250g
盐…¼小匙
水…1杯（200ml）
糯米粉…15g
芋头…50g
淀粉…1大匙
砂糖…1大匙
艾草粉…¾小匙
松子…25g
八方高汤…1杯（200ml）
白味噌酱・
花椒芽味噌酱材料
A
- 白味噌…50g
- 味醂…1小匙
- 蛋黄…½个
- 酒…1⅓大匙

花椒芽…8片
红味噌酱材料
B
- 红味噌…30g
- 白味噌…15g
- 蛋黄…½个
- 酒…3⅓大匙
- 砂糖…1½大匙
- 味醂…2小匙

味噌肉酱材料
鸡肉馅…50g
酒…2小匙
装饰材料
白罂粟粒…½小匙
芝麻…½小匙
花椒芽…少许

01 制作生面筋。将高筋面粉、盐、水放进碗里揉搓。㊣将松子炒到散发香气。

02 揉出黏性，揉至提起不会滑落的程度，用保鲜膜包起来静置1个小时。

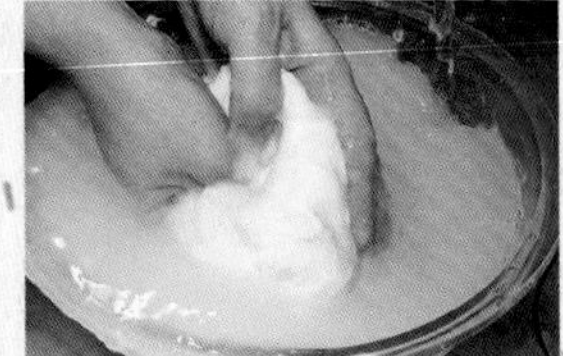

03 用大量的水清洗2，换几次水将淀粉洗出。

04 原本高筋面粉加水有450g，洗到剩下250g即可，不需要洗到水变得透明。

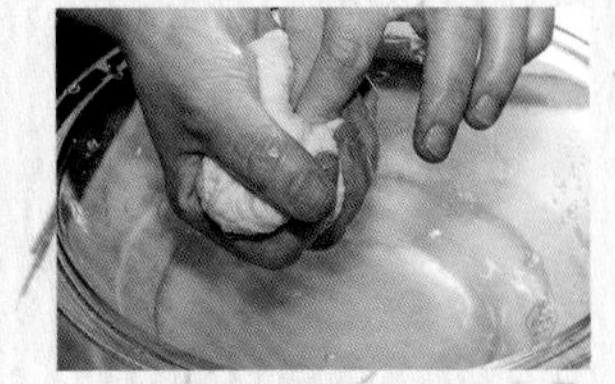

05 沥干面团的水分。㊣洗太多会让材料不易拌匀。

06 用研磨器研磨糯米粉，磨细后加入05的面团，用研磨棒轻轻拌匀。

07 加入磨成泥的芋头、淀粉、砂糖等，搅拌到提起来慢慢滑落的程度。

08 如果使用食物处理器，步骤07只需要1~2分钟就能完成，将面团拌软。

09 08的面团分成2等分，其中一半拌入松子，另一半拌入艾草粉。

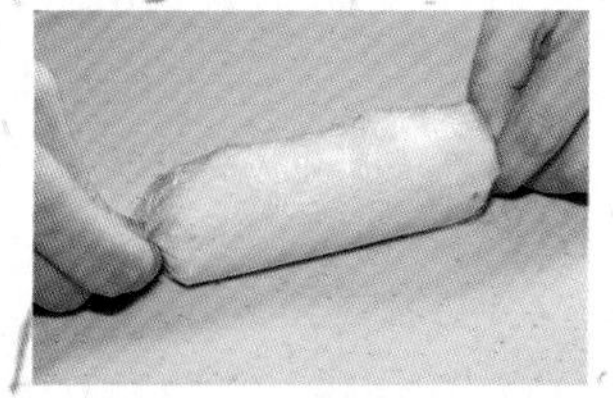

10 把面团放在保鲜膜上，卷成棒状。挤出空气后，用绳子绑住两端。

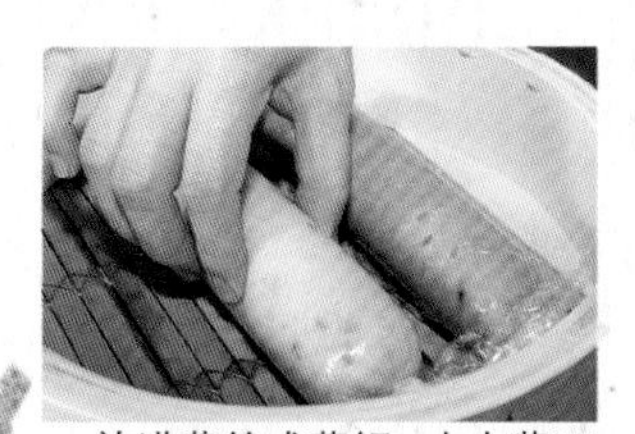

11 放进蒸笼或蒸锅，小火蒸15分钟，关火后不要立刻取出，用余热继续加热10~15分钟。

12 降温后直接切片，每片厚1cm。取下保鲜膜，用八方高汤煮3分钟，沥干水分。

13 制作白味噌酱。将A的白味噌、味霖、蛋黄放入碗里，加少许的酒拌匀，搅拌到黏稠。

14 制作花椒芽味噌。将切细末的花椒芽用研磨器研磨，加一半13的白味噌酱拌匀。

15 将芋头洗净，用蒸锅或微波炉蒸5分钟后去皮。去皮后先划刀，只去除上半部分的皮。

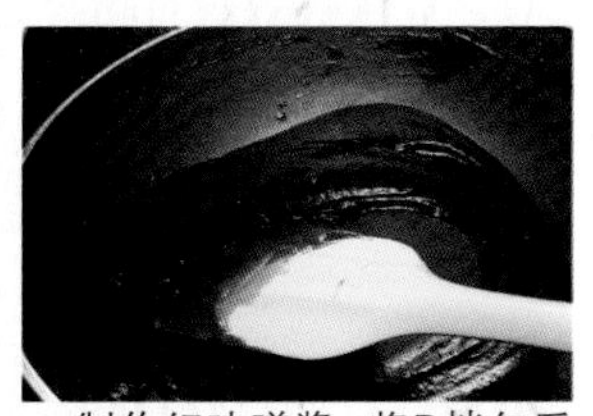

16 制作红味噌酱。将B拌匀后，小火加热，让味噌恢复原本的硬度。

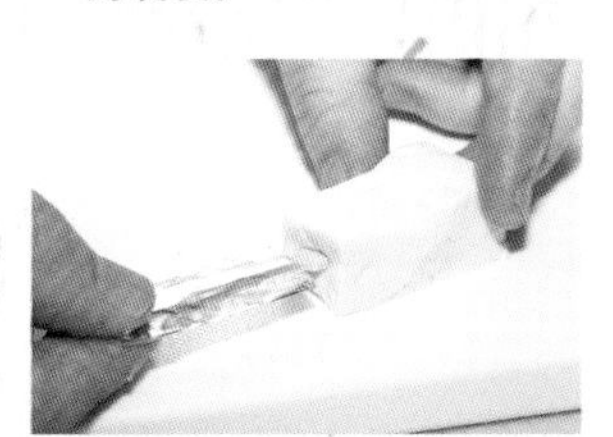

17 用竹签将沥干水分的老豆腐串起来。要因为竹签容易烧焦，要提前用锡纸包裹起来。

18 制作味噌肉酱。用平底锅拌炒鸡肉馅，加一半16的红味噌酱，加酒拌匀。

19 白味噌酱抹在艾草面筋上，花椒芽味噌酱搭配松子面筋，味噌肉酱抹在豆腐上。

20 在烤箱里烤到变色后，白罂粟粒搭配松子面筋，花椒芽搭配艾草面筋和老豆腐，黑芝麻搭配芋头。

日本料理的秘诀和要点⑧ 巧用各种味噌

用原料、味道和颜色来分辨日本各地的味噌

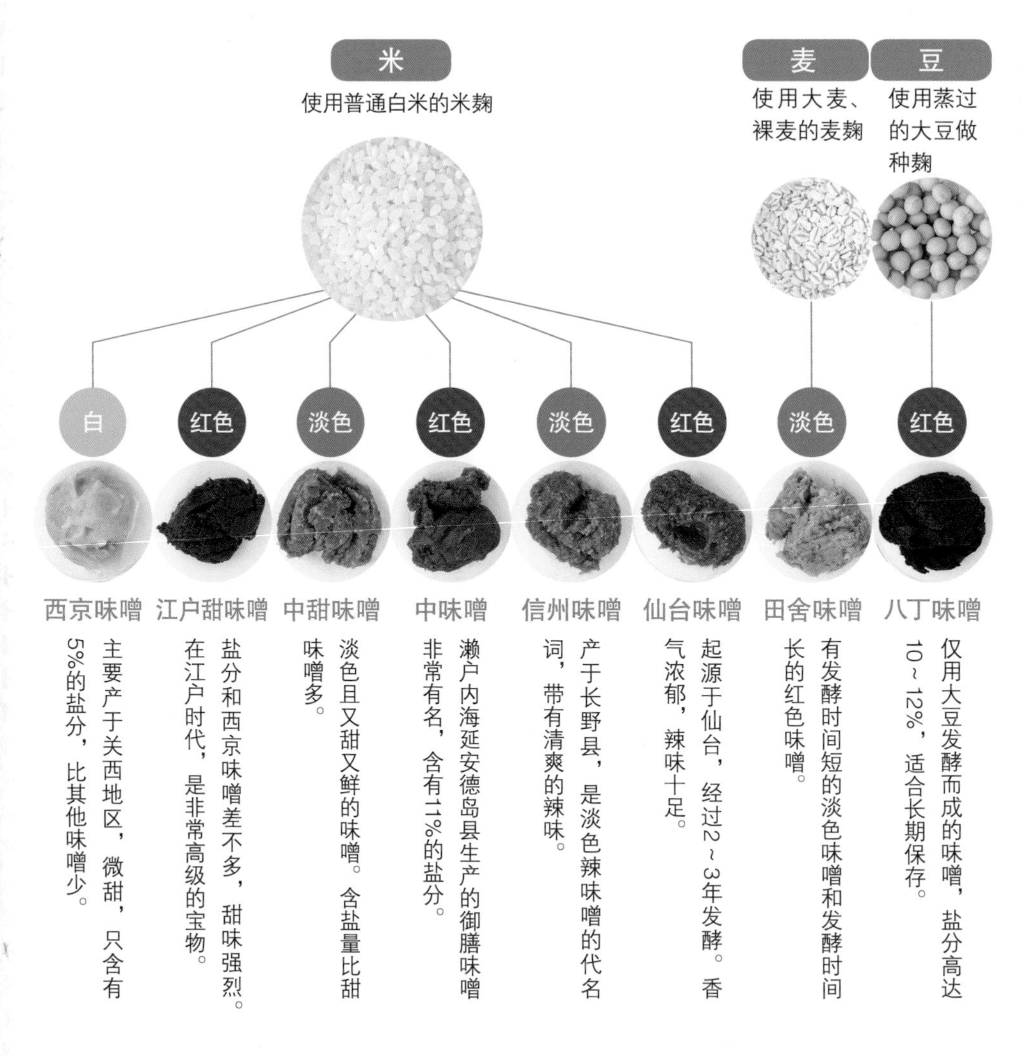

不仅具有丰富的香气，还可以除臭、保鲜

味噌是用煮过的大豆、盐、麹发酵而成的食材。原料使用的麹有米麹、麦麹和种麹3种，颜色有红色、淡色、白色3种，味道有甜、微甜、辣3种。味噌会因为使用的麹、盐量与发酵时间而有所不同。

味噌可以消除食材的异味，比如说用味噌腌渍秋刀鱼等带有强烈腥味的鱼，味道就很美味。此外，盐分高达10%以上的辣味噌有杀菌的作用，用来腌渍肉、菜，可以长期保存。

使用味噌时，火不能太大，如果煮太久，味噌的香气会消失，味道也会受到影响，所以烹饪时要特别注意。

Yakizakana

3种烤鱼

当季的鱼还是烤着吃最美味。

盐烤香鱼

柚子烤马鲛鱼

烤秋刀鱼

盐烤香鱼

材料（2人份）

香鱼…4条（200g）

青蓼…½把（60g）

米饭…½大匙

盐…½小匙

煮过的酒…1大匙

用中火加热，让酒精挥发。加热到就算将锅倾斜也不会烧起来的程度。煮过的味霖也是如此。

醋…3⅓大匙

醋渍生姜（参考P212）…适量

要点

用铁签串起香鱼
固定形状

所需时间
30分钟

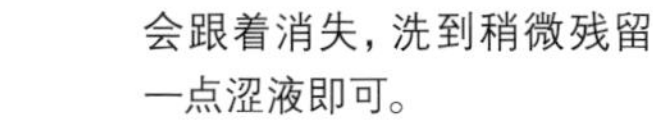

01 用水冲洗香鱼，去除涩液。如果洗过头，香鱼的香气也会跟着消失，洗到稍微残留一点涩液即可。

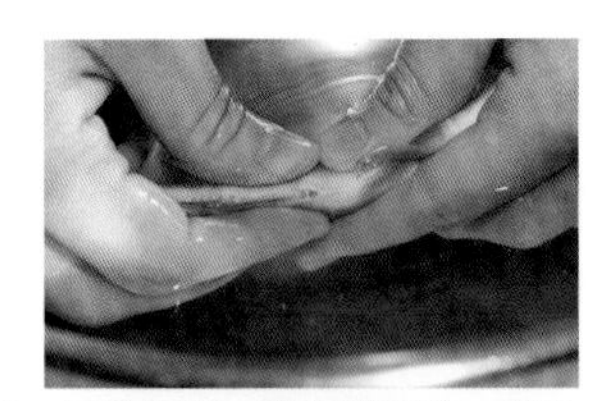

02 压住肛门，挤出排泄物。用毛巾将鱼的水分擦干。

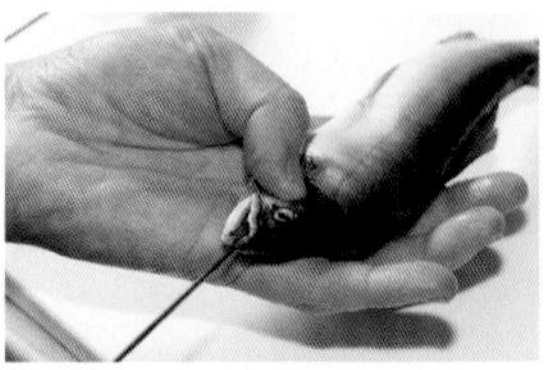

03 铁签从嘴巴插入，把鱼串起来。

04 串鱼时把鱼弄弯，让铁签从3处穿过。要如果鱼不够新鲜，一弯曲鱼肉就会散开，让铁签直接贯穿鱼身即可。

05 插入辅助签。要用一根竹签当作辅助串起数条鱼，这样烤鱼时不会乱转。

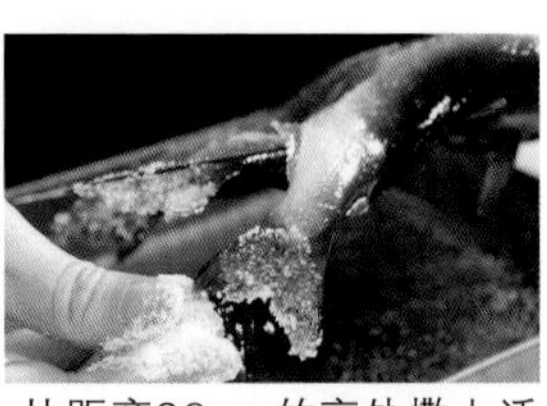

06 从距离30cm的高处撒上适量的盐，正反面都要。背鳍、尾鳍容易烤焦，要用指尖抓把盐，均匀抹在鱼鳍上。

07 加上铁架（参考P5），用大火烤，正面烤6～7分钟，背面烤2分钟。如果用烤鱼架，两面各烤5～6分钟即可。

08 边用扇子扇边烤，烤到大部分水分蒸发就完成了。要如果水分完全蒸发，就变成鱼干了。

09 制作蓼醋。清洗青蓼叶后沥干水分，切成合适大小。

10 用研磨器研磨青蓼叶，加米饭、盐、煮过的酒拌匀，过筛。要用粗的研磨棒会比较方便。

11 食用前再加醋。要如果加醋太早，青蓼叶的颜色会消失。最后和腌渍生姜一起装盘。

柚子烤马鲛鱼

材料（2人份）
马鲛鱼…2块（200g）
酒…3大匙
味霖…3大匙
浓口酱油…3大匙
柚子圆片…1片
黄芥末拌油菜花…适量

要点

要在加热后的
马鲛鱼上淋柚子酱

所需时间
60分钟

01 在浅盘上撒上适量的盐，马鲛鱼的鱼皮朝下放入浅盘。再撒上足够的盐，静置30分钟。

02 这是马鲛鱼出水的状态。撒盐可以消除腥味。

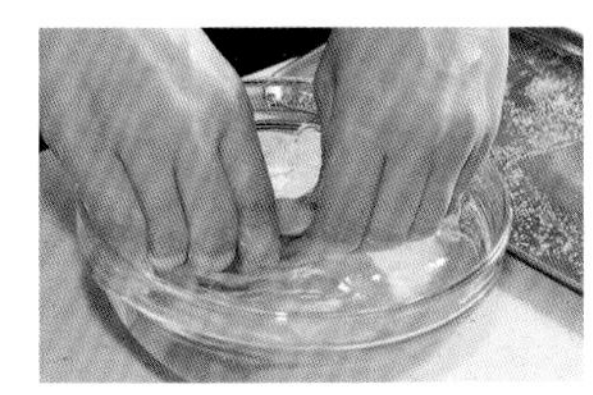

03 鱼肉紧缩后，清除盐分，将水分擦干。

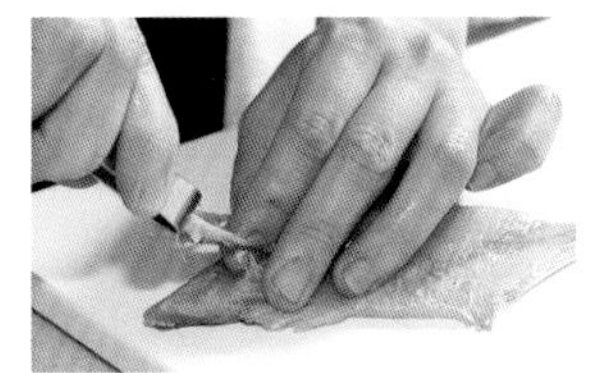

04 大的鱼骨会刺伤嘴巴，记得用鱼骨夹拔出。

05 制作柚子酱。将酒、味霖、浓口酱油、柚子圆片拌匀。

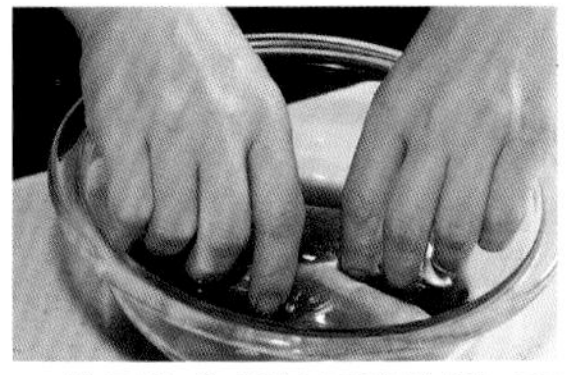

06 3的马鲛鱼用柚子酱腌渍，覆上保鲜膜，静置15分钟后翻面，再放15分钟。

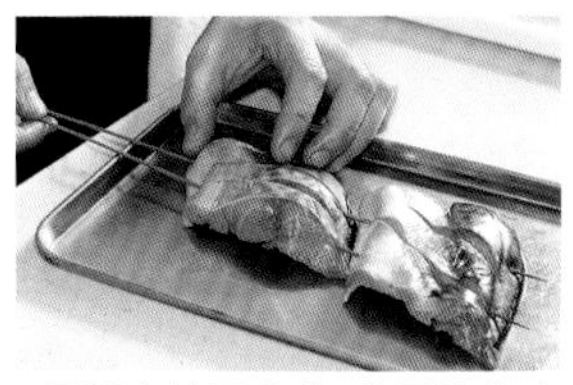

07 用纸巾擦干水分，为了让鱼肉更容易熟，表面划两道，插入两根铁签。

08 架上铁架，鱼皮朝下，大火烤8分钟。要虽然一般都用远距离大火来烤鱼，但不方便架高的话，也可以用中火烤。

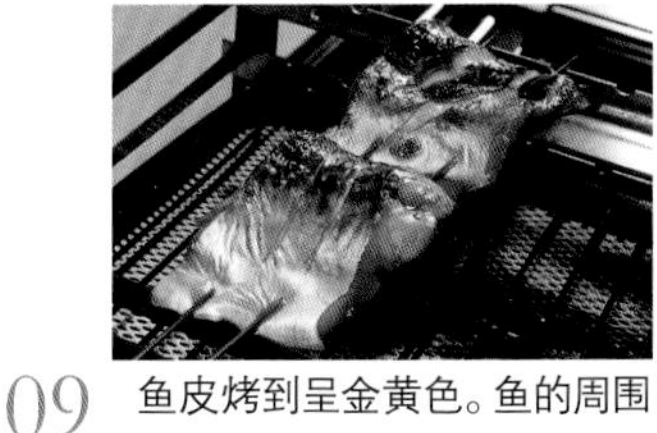

09 鱼皮烤到呈金黄色。鱼的周围变白后翻面再烤约5分钟。

10 两面都烤好后，要淋2~3次柚子酱，再烤一下收汁，制造光泽。

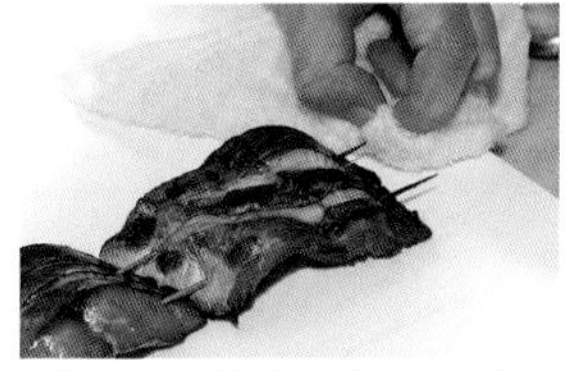

11 在鱼肉完整的状态下，去除铁签前端酱汁焦掉的部分，旋转去除铁签。最后和黄芥茉拌油菜一起装盘。

12 如果用烤鱼架就不需要串。鱼皮烤5~8分钟，翻面后再烤5分钟。熟透后加上柚子酱，稍微收汁即可。

烤秋刀鱼

材料（2人份）

秋刀鱼…2条
蛋黄…1个
浓口酱油…2大匙
酒…2大匙
味霖…2大匙
芜菁刻成的菊花
（参考P212）…适量

纸卡：归拢过筛或切成碎末的食材时使用

要点

秋刀鱼的肠子要剁碎

所需时间
60分钟

01 用菜刀刮除秋刀鱼的鱼鳞。
要新鲜的秋刀鱼鱼鳞很多，只要抓住鱼尾把鱼立起来，鱼鳞也会跟着翻起。

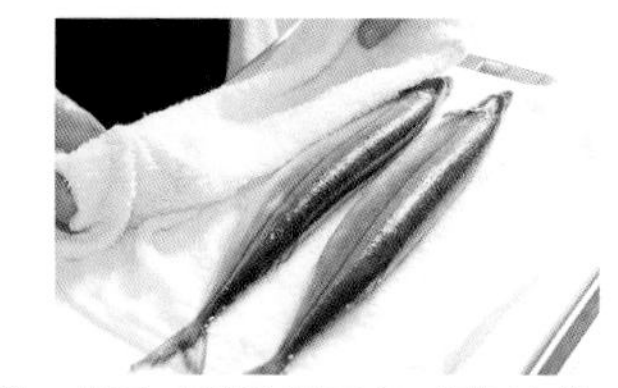

02 用凉水清洗秋刀鱼，沥干水分。

03 去头去尾。将筷子戳进秋刀鱼筒状的体内，拉出肠子。

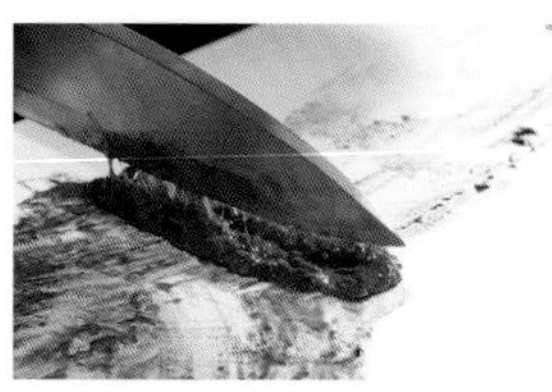

04 用刀轻剁肠子。

05 剁好的肠子过筛。过筛时要用纸卡，清除残留在体内的鱼鳞。

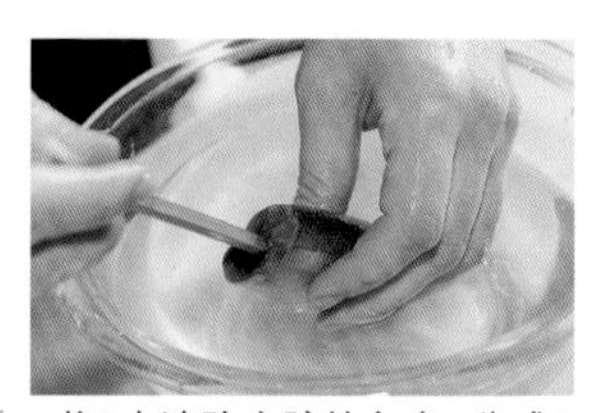

06 将3中清除内脏的鱼身，分成2等分。把筷子插入清除内脏的体内，用水冲洗。把鱼竖立在布上，将体内的水分清除干净。

07 蛋黄、浓口酱油加入5内慢慢搅拌，再加酒和味霖。

08 秋刀鱼用7浸泡15分钟，翻面再腌15分钟。腌的时候要覆上保鲜膜。

09 在鱼肉表面划几刀，插入3根铁签。架上铁架，用中火、大火之间的火力烤5分钟，翻面再烤3分钟。

10 鱼烤好后淋酱汁，烤到表面呈金黄色。去除铁签上的杂质，拔出铁签。最后和芜菁刻成的菊花一起装盘。

11 如果用烤鱼架就不需要串，两面各烤5分钟。烤到表面呈现金黄色后刷上酱汁，再烤到完全收汁即可。

酒粕渍烤三文鱼

Sakana no tsukeyaki

3种盐渍烤鱼

极为入味的上等味觉盛宴。

甘鲷味噌

西京味噌鳕鱼

酒粕渍烤三文鱼

材料（2人份）
三文鱼…2块（240g）
酒粕…300g
味霖…¾杯（150ml）
煮过的酒（参考P76）…3大匙
砂糖…1大匙
盐…2小匙
醋渍藕片（参考P212）…适量

要点

烤鱼的火力一定是
远距离的大火

所需时间
60分钟

腌渍鱼要1天以上

01 从距离30cm的高处撒上适量的盐，在常温下静置30分钟。要鱼皮腥味重，要撒多一点盐。

02 用水清除盐分后沥干水分。要放进凉水里轻轻洗，避免鱼肉碎裂。

03 制作酒粕腌料。在研磨器内一边磨一遍加入酒粕、味霖和煮过的酒。加入砂糖、盐，再继续磨。

04 如果使用食物处理器，味霖、煮过的酒要分几次加。要处理较硬的材料要慢慢加入液体比较好。

05 磨到提起来有粘稠的感觉。要如果想缩短腌渍时间，可增加味霖和煮过的酒的量，使其更光滑。

06 ⅓的酒粕放进保鲜盒或浅盘内，刮平。

07 铺上纱布后放鱼，鱼皮朝上，鱼肉不能叠加，再盖上纱布，将其余的酒粕放进去刮平。

08 盖上保鲜膜后冷藏。要希望味道淡一点就腌一天，或腌三天让味道重一点。

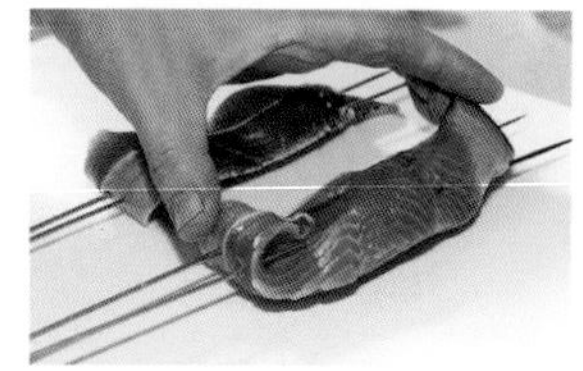

09 从酒粕中取出三文鱼，稍微擦拭后插入两根铁签。要酒粕只要去除水分，再加一点盐，就能重复使用。

10 鱼皮朝下摆在架高的铁架上，用大火烘烤8分钟，翻面再烤4分钟。最后和醋渍藕片一起装盘。

11 如果用烤鱼架就不需要串，只要两面各烤5分钟，表面呈金黄色即可。

甘鲷味噌

材料（2人份）
甘鲷…2块（160g）
酒…140ml
味霖…90ml
薄口酱油…2大匙
浓口酱油…2大匙
西京味噌…60g
柚子…圆片1片
醋渍茗荷（参考P212）…适量

要点

味噌容易烤焦，
要减弱火力

所需时间
60分钟

腌渍鱼需要3小时以上

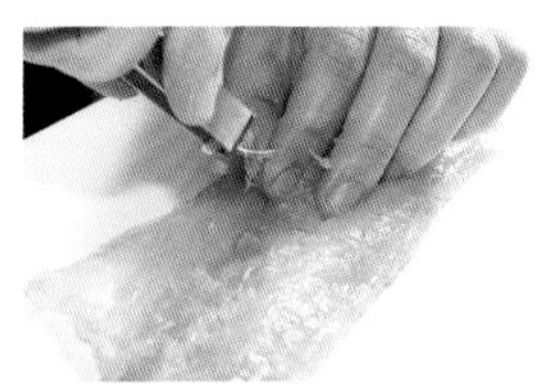

01 参考P21将甘鲷切成三片，用鱼骨夹去骨。要鱼骨较粗，要仔细拔除。

02 切成2等分。要这里的2等分是指重量而不是体积。撒上适量的盐，静置30分钟后沥干多余水分。

03 制作柚子味噌。把酒、味霖、浓口酱油、薄口酱油放入锅里开火煮沸。

04 倒入盆内一边搅拌一边用隔水冷却。

05 味噌放入碗内，加4溶解。

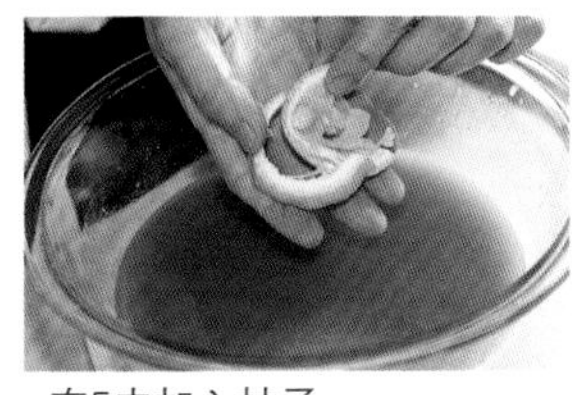

06 在5内加入柚子。

07 甘鲷放入6里腌制，常温静置3小时，如果冷藏需要腌制半天。

08 腌制时记得用保鲜膜盖紧。

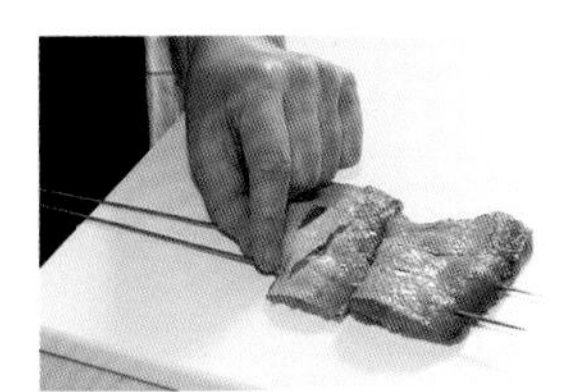

09 取出鱼后清除柚子味噌，在表面划2刀后，直接用铁签串起。

10 架上铁架，鱼皮朝下，中火烤8分钟后翻面再烤2分钟，最后和醋渍茗荷一起装盘。

11 如果用烤鱼架就不需要串，鱼皮那一面烤10分钟，翻面烤5分钟即可。

西京味噌鳕鱼

材料（2人份）
银鳕鱼…2片（200g）
西京味噌…300g
甜酒…2大匙
味霖…1大匙
煮过的酒（参考P76）…2大匙
甜醋渍当归（参考P212）…适量

要 点

调味料依照个人
喜好调整

所需时间
60分钟

腌制鱼要一天以上

01 (准)给银鳕鱼撒上适量的盐，鱼皮朝上，放在倾斜的浅盘中，静置30分钟。

02 浊水是多余的水分，要等到流出透明的水，清洗后用毛巾将水分擦干。

03 味噌放进碗内，一边用刮刀搅拌一边加甜酒、味霖和煮过的酒。

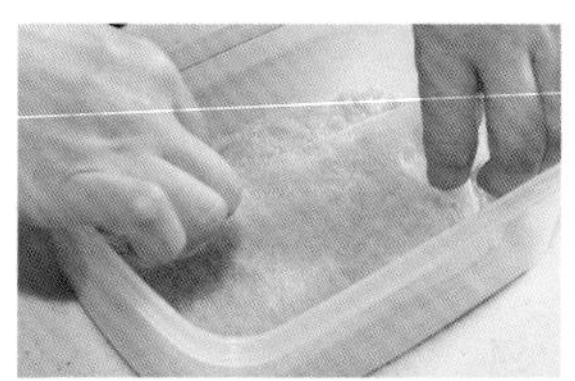

04 ⅓的味噌放入保鲜盒里，铺上纱布。(要)铺上纱布，取出鱼时就不会弄脏手了。

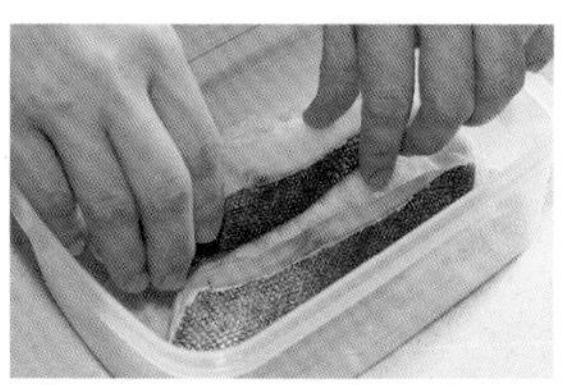

05 放入去除水分的银鳕鱼，鱼肉不要重叠。

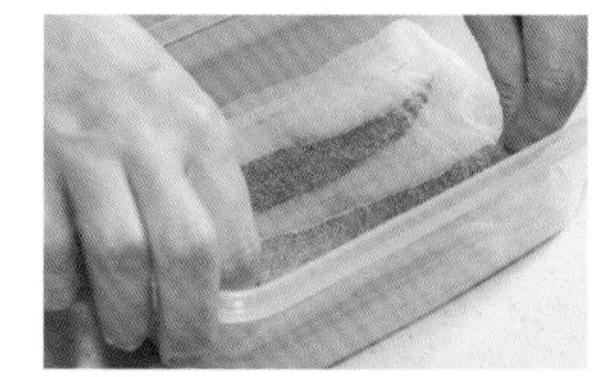

06 再盖一层纱布。(要)使用没有味道的纱布，而且使用前要清洗干净、拧干。

07 其余的味噌铺满后刮平。

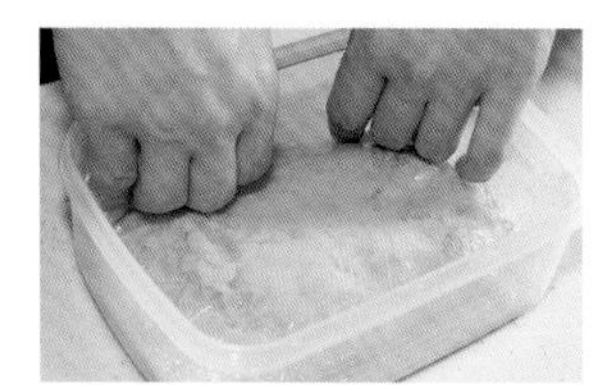

08 用保鲜膜盖紧后冷藏一天。(要)只要增加味霖、甜酒的量，让味噌更光滑，2~3小时后即可烹饪。

09 稍微擦拭后将鱼串起来，加上铁架，鱼皮朝下，中火烤6分钟，翻面再烤4分钟。只要中间熟透就可以了。

10 去除铁签上的杂质，压住鱼肉，旋转拔出铁签。最后和甜醋渍当归一起装盘。

11 如果用烤鱼架，两面各烤5~6分钟，等鱼肉出现烤痕，鱼皮呈现金黄色就做好了。

Teriyaki

2种照烧料理

用光泽和酱汁让食材看起来闪闪动人的烹饪方法。

照烧油甘鱼

材料（2人份）
藕…⅓节（50g）
甜醋（参考P212）…1杯（200ml）
红辣椒…2根
芜菁…1个（100g）
柚子…¼个（10g）
油甘鱼…2片（180g）
低筋面粉…3大匙
酒…2大匙
味霖…2大匙
浓口酱油…2大匙
生姜（切片）…1块（10g）
色拉油…1小匙

要点

用力拍除油甘鱼上的面粉

所需时间
60分钟

01 制作石笼藕片。藕用水焯过，降温后去皮。

02 切成2cm宽，从有洞的那面开始切薄片。加去籽的红辣椒，用甜醋腌制30分钟，切成宽1mm的薄片。

03 制作芜菁泥。将芜菁磨碎，用寿司卷帘拧干水分，和磨碎的柚子皮一起拌匀。

04 处理油甘鱼。撒盐的油甘鱼放入碗内，盖上落盖。从上方浇80度的热水，用霜降法处理。

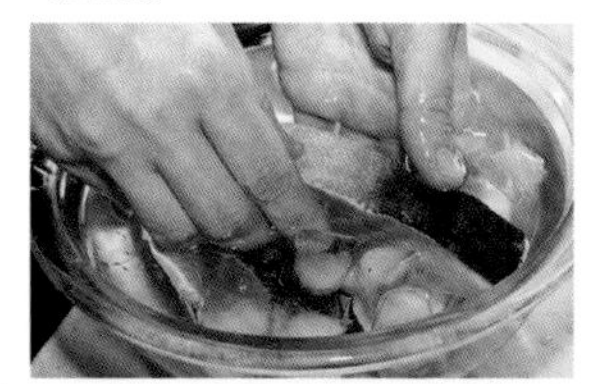

05 油甘鱼放入凉水中冷却，冷却后用手清除鱼鳞和鱼血。

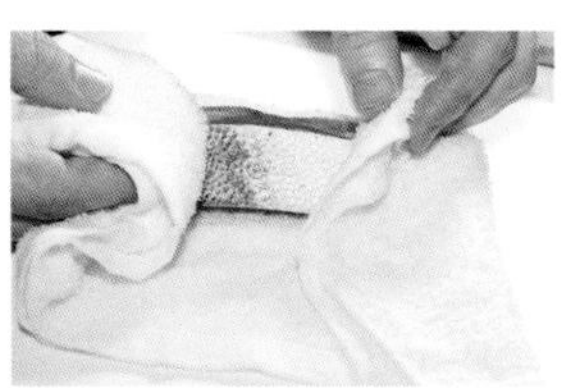

06 用干布或叠加的纸巾用力擦干水分。要如果鱼表面还有水分就裹粉，会变得黏黏的。

07 撒上低筋面粉，拍除多余的面粉。要如果面粉太厚，口感会变差。

08 油甘鱼放入平底锅，大火烤5分钟，直到鱼皮微焦。要烤到侧面都变色才算熟透。

09 烤到表面呈现金黄色，八分熟时用纸巾擦拭多余的油脂。

10 一边旋转鱼一边淋酒、味霖、浓口酱油和生姜。

11 等油甘鱼均匀入味，熟透后就完成了，和2、3一起装盘。

照烧鸡肉

材料（2人份）

新鲜山葵…1条（适量）
鸡肉…300g
酒…3⅓大匙
味霖…2小匙
砂糖…2小匙
浓口酱油…2大匙
山药豆…10粒（30g）
紫甘蓝…10g
盐…½小匙

要点

鸡肉和酱汁
要融为一体

所需时间
30分钟

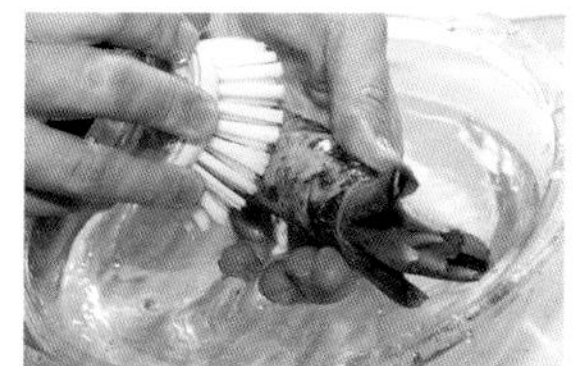

01 用刷子清洗山葵，以削铅笔的方式斜着切山葵根部。

02 用鲨鱼皮制成的磨菜板将新鲜芥末磨成泥。(要)用画圆的感觉磨，更能凸显味道。

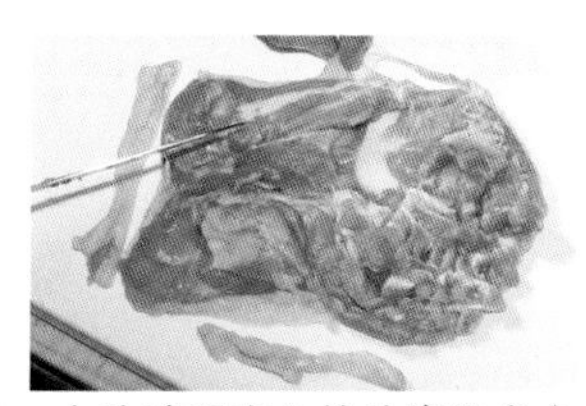

03 去除鸡腿肉上的油脂和多余的皮，切断鸡腿前方（图片右侧）的筋。

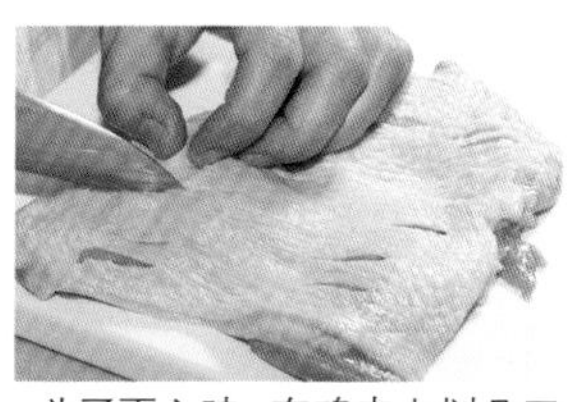

04 为了更入味，在鸡皮上划几刀。(要)这样能让鸡分泌出油脂，肉比较容易熟，也容易入味。

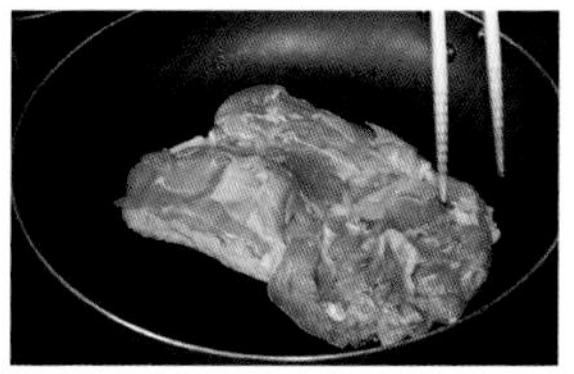

05 鸡皮朝下，将鸡肉放进平底锅，用大火煎到表面呈金黄色。(要)因为鸡肉会收缩、弯曲，要不时往下压，使其均匀受热。

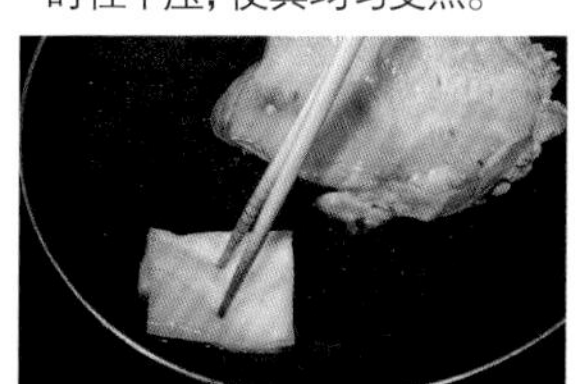

06 表面呈金黄色后就可以翻面，擦拭多余的油脂。(要)另一面也呈金黄色后，倾斜平底锅，擦拭多余的油脂。

07 酒、味霖、砂糖、浓口酱油放进平底锅内溶解，不要直接淋在鸡肉上，让酱汁慢慢裹住鸡肉。

08 用汤勺把酱汁淋在鸡肉上直到熟透。(要)要不时翻面，让整体均匀受热。

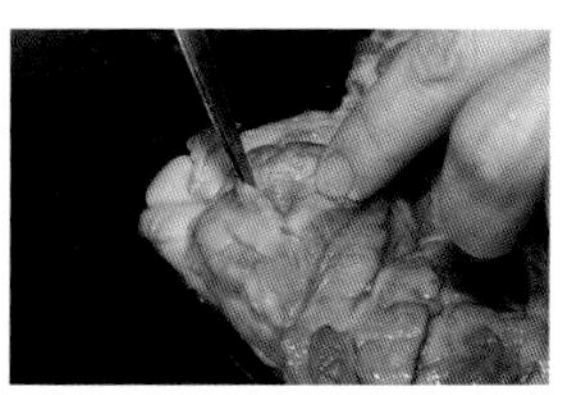

09 划刀确认鸡肉是否熟透。(要)如果太熟，肉质会变得干涩。

10 清洗山药豆，直接用160度油低温慢炸。

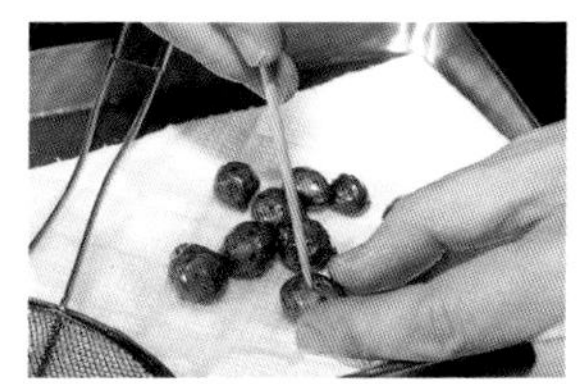

11 炸到竹签可以轻松穿透后捞起，放在纸巾上，撒盐。鸡肉切好装盘，淋酱汁，最后放上紫甘蓝、新鲜芥末。

日本料理的秘诀和要点⑨ 6种万能酱汁

巧用轻松制成的酱汁

三杯醋

材料

醋…3大匙
高汤…2大匙
砂糖…1大匙
薄口酱油…1大匙

制作方法

将薄口酱油和砂糖放入锅内，煮到砂糖溶解，关火加高汤和醋。

适合料理

醋拌料理、凉拌、石花凉粉、加入鲣鱼片的土佐醋等。

味噌酱

材料

白味噌…4大匙
砂糖…2大匙
味霖…2大匙
酒…2大匙

制作方法

将所有材料放入锅内，煮到味噌恢复原本的硬度即可。

适合料理

柚子味噌、酱烤魔芋、凉拌等。

腌鱼酱汁

材料

酱油…2大匙
味霖…2大匙
酒…2大匙

制作方法

将所有材料放入碗内充分混合即可。

适合料理

酱渍烤鱼、酱渍烤肉等。

日式调味汁

材料

高汤…2杯
砂糖…2大匙
酒…2大匙
味霖…2大匙
薄口酱油…2大匙
盐…½小匙

制作方法

将所有材料放入碗内，搅拌均匀即可。

适合料理

南瓜、芋头、油豆腐、关东煮的汤头等。

日式芝麻酱

材料

熟芝麻…6大匙
砂糖…1大匙
味霖…1大匙
酱油…3大匙
高汤…1大匙

制作方法

将磨好的芝麻、砂糖、味霖、酱油、高汤拌匀即可。

适合料理

凉拌蔬菜、年糕、乌龙面的蘸酱等。

八方高汤

材料

一次高汤…8大匙
薄口酱油…1大匙
味霖…1大匙

制作方法

将薄口酱油、味霖放入一次高汤里拌匀即可。

适合料理

茶碗蒸、乌龙面的汤头、腌渍食材的酱料等。

每天烹饪都会用到的秘密武器，让你不再烦恼如何调味

日本料理使用的高汤、酱汁非常方便，只要事先做好，就能应用在各种料理上。比如，高汤、味霖、酱油以8：1：1的比例混合而成的八方高汤，正如其名，可以用在四面八方的料理上，可以用于凉拌、炖煮等各式各样的料理。如果稍加改变，高汤、味霖、盐或者酱油、砂糖的比例改为5：1：1：1，可以当作盖浇饭的酱汁。另外，比八方高汤更浓稠的八方汤底，可作为煲汤的主要食材调味。

只要稍微调整酱汁的比例，就能享受各种美妙的变化。只要多做一点，不知道该如何调味时就能派上用场。不过，酱汁最好不要放太久。即使冷藏，最好也在3天内用完。

茶壶蒸海螺

Kairui no sakamushi

3种酒蒸贝类

贝类柔软的口感让人欲罢不能。

碗蒸蛤蜊

鲍鱼佐鱼肝酱油

茶壶蒸海螺

材料（2人份）
海螺…2个（200g）
胡萝卜…½0根（10g）
水煮竹笋…1/10根（10g）
香菇…2个（30g）
鸭儿芹…4根（4g）
酒…4大匙
味霖…4小匙
高汤…1杯（200ml）
薄口酱油…2小匙

要点

去除海螺的口腔、内脏等不能食用的部分

所需时间
30分钟

01 用刷子清洗海螺。放入热水中煮1～2分钟，直到壳变热。要此时海螺口盖会变松，比较容易剥开。

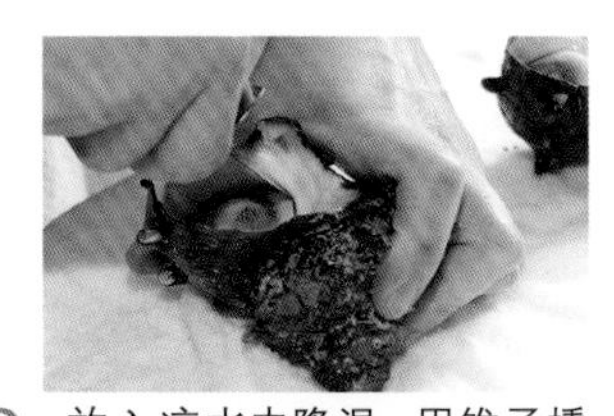

02 放入凉水中降温，用锥子撬开口盖。要如果没有锥子，可用刀或者汤匙。

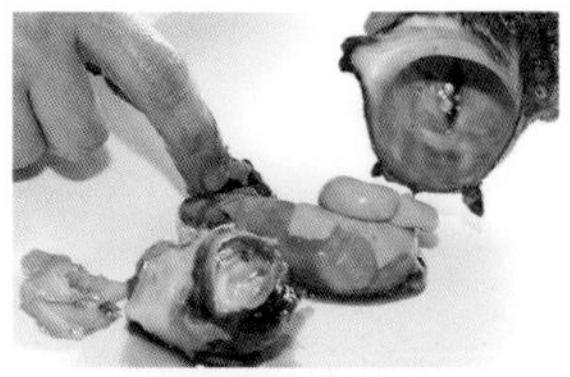

03 用叉子旋转取出螺肉。再用手指拉出肠子。

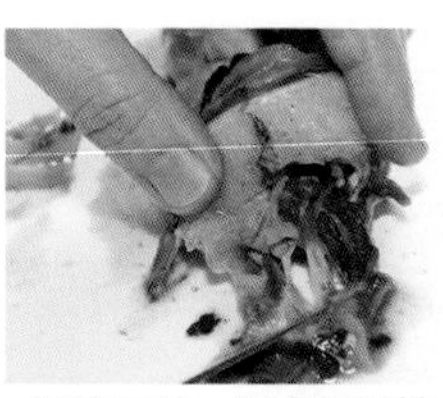

04 切除口腔、内脏和褶皱。红色的部分是口腔。海螺除了身体和肠子，其他都不能食用，记得要切除。

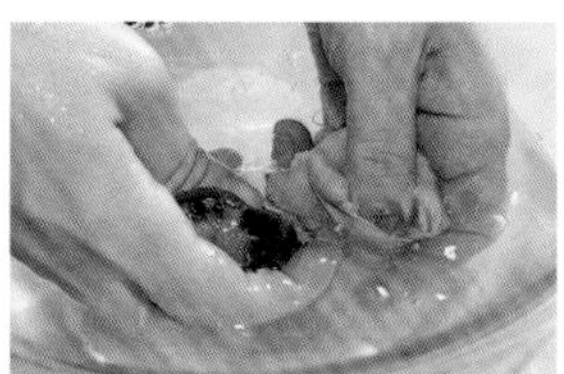

05 用凉水冲洗。因为较硬的地方会残留在嘴里，要先去除。用毛巾将水分擦干。

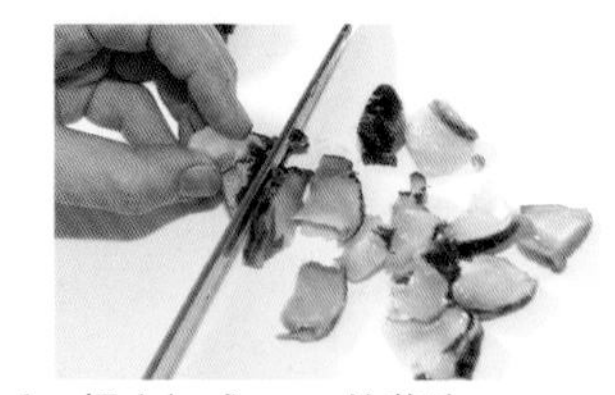

06 螺肉切成5mm的薄片。

07 肠子切成容易食用的大小。要海螺的肠子有白色和深绿色的部分，白色部分口感比较顺滑，可依照个人喜好使用。

08 胡萝卜、鸭儿芹切成长3cm的小段，竹笋、香菇切成3mm的薄片。

09 酒、味霖放入锅内煮沸，放入高汤、薄口酱油再煮沸，依次放入胡萝卜、竹笋、香菇炖煮。

10 蔬菜煮软后和汤汁一起放入海螺壳内。放入满满的螺肉、肠头和鸭儿芹。

11 海螺放入蒸笼或者蒸锅里，用中火蒸2～3分钟。用手触摸螺肉，柔软有弹性即告完成。要不要蒸过头。

碗蒸蛤蜊

材料（2人份）

海带高汤…2杯（400ml）
蛤蜊…大的4个（200g）
蟹味菇…¼个（25g）
金针菇…¼个（25g）
鸭儿芹…4根（4g）
盐…⅕小匙
味霖…1小匙
薄口酱油…2小匙
鸡蛋…1个
柚子…少许

要点

过滤煮蛤蜊的汤汁内的沙子

所需时间
30分钟

让蛤蜊吐沙需要一晚的时间

01 蛤蜊用盐水浸泡一晚。放入海带高汤后，用大火煮，煮沸后转小火。蛤蜊口打开后取出，汤汁留存备用。

02 蛤蜊降温后，连同贝柱一起将肉挖出。切除前端黑色的部分。如果蛤蜊肉较大，可切成2~3等分。

03 切除蟹味菇尾端，用手松开。用手散开金针菇，对半切。鸭儿芹切成长4cm的小段。

04 适量的盐加入沸水中，将蟹味菇和金针菇煮软，放入笊篱里降温。

05 用棉布过滤1煮出的汤汁，锅放入凉水里降温。

06 5的汤汁取300ml，倒入盐、味霖、薄口酱油拌匀，隔水冷却。

07 制作蛋液。在蛋液里加入6的汤汁，用粉筛过滤。

08 在碗里放入4个蛤蜊，蛋液约八分满。㊙倒太快会产生泡沫，要慢慢倒。

09 放入蒸锅中，大火蒸2分钟。表面颜色变白后，转小火蒸15分钟。将柚子皮磨碎，撒在上面。

错误！

蒸的时候，容器会积水

如果容器有盖子，而且盖子边缘在容器内侧，水分就会流入容器内。这时不要盖上盖子，用布盖起来再用保鲜膜包上蒸。

如果盖子边缘盖在容器外侧，也可以盖上盖子蒸，但需要时间较长。

鲍鱼佐鱼肝酱油

材料（2人份）
鲍鱼…1个（100g）
酒…3大匙
浓口酱油…1大匙
煮过的酒（参考P76）…1大匙
醋橘…½个（5g）
新鲜芥末泥…½小匙

要点

鲍鱼要先淋砂糖
后再清洗

所需时间
40分钟

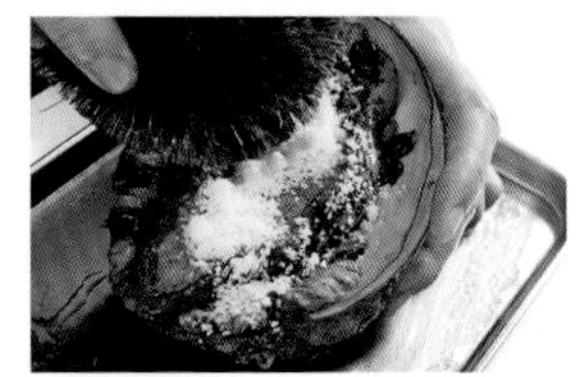

01 鲍鱼撒上适量砂糖后用刷子摩擦洗净。要如果用盐摩擦，鲍鱼会变硬。

02 鲍鱼淋酒，壳朝下放进蒸笼里，盖上盖子用大火蒸。冒出水蒸气后转中火，再蒸15分钟。

03 蒸到竹签可以轻松穿透整个鲍鱼，而且鲍鱼的肉、贝柱脱离外壳开始收缩即告完成。要如果想要软一点，可以小火蒸3个小时。

04 从蒸笼里取出，将手指伸进鱼肉和壳的中间，取出鲍鱼的身体和肝。

05 用扇子降温。

06 去除身体上的肝。只要在口腔较黑的部分短短划一刀，就可以轻松用手去除。

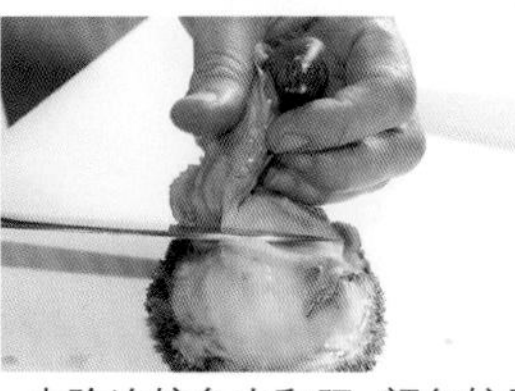

07 去除连接鱼肉和肝，颜色较黑的部分。

08 一半的肝切成5mm见方的小丁。

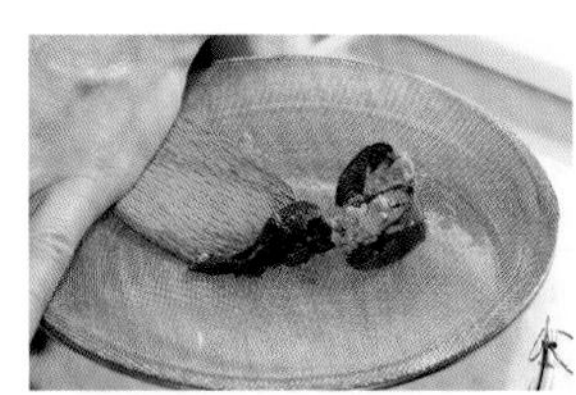

09 其余的肝过筛。要木铲平放，用手掌往下压，黏在筛网背面的也能用。

10 把8、9中的小块鱼肝和过筛的鱼肝放入碗内，分几次加浓口酱油、煮过的酒搅拌，做成鱼肝酱油。

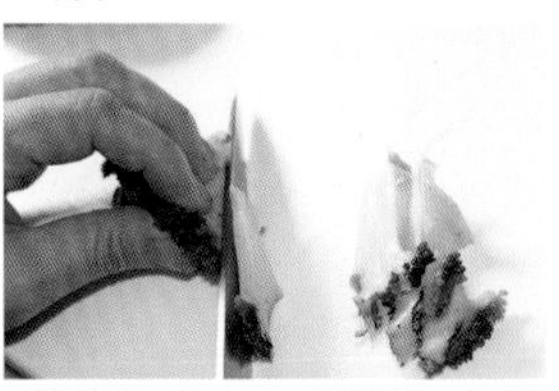

11 鲍鱼切成5mm的薄片。如果想切厚一点，可划刀使其容易入味。

12 切醋橘。去籽后切成2mm~3mm的薄片。和鲍鱼、鱼肝酱油、新鲜芥末泥一起装盘。

Buta no kakuni

红烧肉

关键在于去除多余的油脂。

红烧肉

材料（2人份）

油菜…1株（60g）
八方高汤…1杯（200ml）
猪五花肉…400g
葱叶…1~2根（50g）
生姜…1块（10g）
高汤…2 ½杯（500ml）
酒…5大匙
味霖…2大匙
砂糖…1大匙
浓口酱油…3大匙
黄芥末酱…1小匙
色拉油…1大匙

要点

用淘米水
炖煮猪肉更柔软

所需时间
240分钟

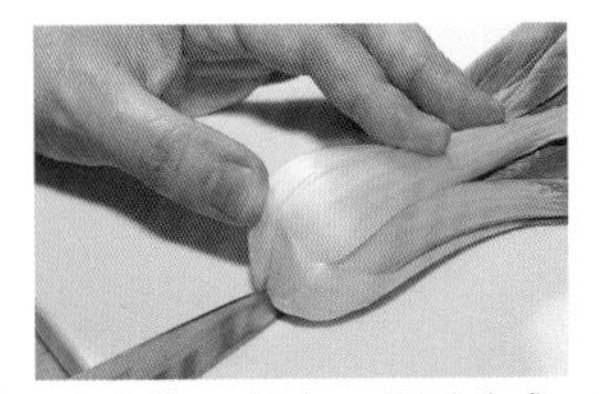

01 在油菜尾端划刀，用手分成4等分。

02 油菜尾端放入煮沸的盐水中，等尾端变软再全部放入煮1~2分钟，直到油菜变软。

03 煮好的油菜放在笸箩上，用扇子降温。

04 降温的油菜用八方高汤浸泡，让油菜入味。要如果放在燃气灶附近等高温的地方，油菜会变色，要特别注意。

05 色拉油放入平底锅内加热。猪五花肉放入锅里，猪皮朝下，用大火煎到微焦。

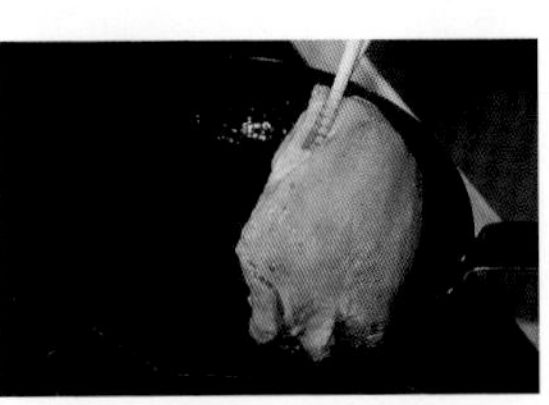

06 表面呈金黄色后翻面继续煎。用大火煎到两面都呈现金黄色。

07 表面全部煎得恰到好处后，将猪肉放进适量淘米水中。

08 葱叶对半切。生姜不去皮，直接切成薄片。

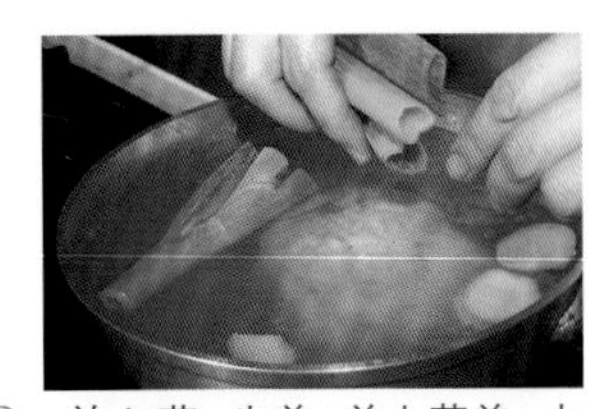

09 放入葱、生姜，盖上落盖，大火煮沸。煮沸转小火再煮2个小时。要如果使用高压锅，20分钟就能煮熟。

10 因为猪肉会分泌油脂，中间要撇去浮油。要 浮油不能直接倒入水槽，要先装在罐子等容器里，用布或者报纸吸油后再丢弃。

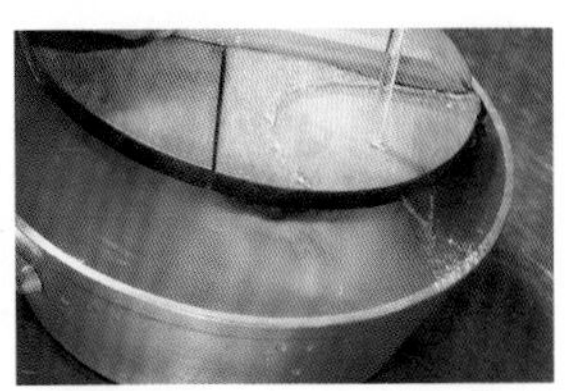

11 猪肉煮软后，不要掀起落盖，直接倒凉水。

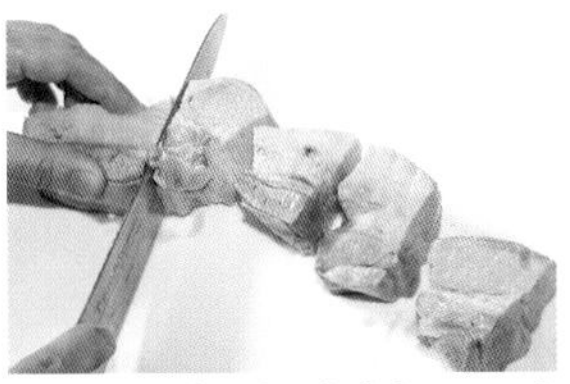

12 冷却的猪肉切成边长4cm或5cm的块状。要如果煮之前就切，会破坏肉的形状，所以要煮之后再切。

13 用布将水分擦干。

14 高汤、酒、味霖、砂糖加入锅内，大火煮沸。

15 猪肉加入14，中火煮到肉质变软，中间要撇去浮油。

16 煮到竹签可以轻松穿透，夹起来会立刻滑落的程度，加浓口酱油2大匙。

17 不盖落盖煮30分钟，煮到汤汁剩下大约一半。

18 盖上落盖再继续煮。等完全入味后，拿开落盖，煮到汤汁变得浓稠。

19 等汤汁变得浓稠，倒入剩余的浓口酱油调味，就完成了。和沥干水分的4、黄芥末酱一起装盘。

错误！

猪肉变硬了……

如果在放猪肉前，就先在汤汁中倒入酱油，肉质就会收缩、变硬。要先将猪肉煮到软嫩以后再加酱油。

酱油所含盐分相当高，会使肉质紧缩，一定要最后再加。

One More Recipe

红烧肉佐葱丝

材料（2人份）

红烧肉…8块（400g）
葱…¼根（25g）
汤汁材料
高汤…½杯
薄口酱油…1小匙
味霖…1小匙
盐…少许
淀粉…½大匙

制作方法

1 红烧肉用烤鱼架烤到表面呈现金黄色。
2 制作酱汁。将高汤、薄口酱油、味霖、盐放入锅内用小火煮，慢慢勾芡。
3 葱切丝。
4 烤好的肉淋上酱汁，放上葱丝点缀。

用烤鱼架，烤到表面呈现金黄色。

使用刮刀搅拌酱汁，一边观察酱汁一边调整芡水的量。

趁热淋上酱汁，用葱丝点缀。

日本料理的秘诀和要点⑩ 搭配菜单，选择青菜

青菜不只营养成分高，也能当作装饰

鸭儿芹

鸭儿芹还有分根鸭儿芹、线鸭儿芹、切鸭儿芹等，虽然都是鸭儿芹，但其实有许多种类。鸭儿芹的季节是12月到次年2月的冬季，当季食用最美味。

适合料理

可用于水焯、凉拌、茶碗蒸、煲汤的装饰等，也可以切细或打结当作装饰。

水菜

特点是口感清脆，可用在凸显口感的料理中。涩液较弱，只要稍微焯过就能食用，也能生吃。

适合料理

因为可以凸显口感，所以常用于沙拉或者水量多的火锅，也用于水焯、凉拌。

茼蒿

茼蒿在日本关东以北的地方被称为春菊，在关西地区被称为菊菜。含有丰富的胡萝卜素和铁质，11月到3约是盛产期。味道很香，而且有温暖身体的效果。

适合料理

是搭配火锅的首选，也可以用来水焯、凉拌和烧烤。

小松菜

因为口感很好，叶子厚实，经常用于火锅，是冬季最具代表性的蔬菜。冬季时的营养是夏季的3倍，最适合用来预防感冒。

适合料理

可用于凉拌、水焯或拌炒。如果用于火锅、汤类等冬季料理，可以让身体变得温暖。

只要加点青菜，餐桌就能色彩缤纷

日本料理使用的青菜很多。现在因为可以用温室栽培，几乎一年四季都可以吃到各种青菜。但青菜还是当季食用的营养价值最高，味道也最棒，比如春季吃油菜花，冬季吃小松菜。使用当季蔬菜还可以烘托出季节感。

此外，青菜还有为料理增添色彩的作用。日本料理往往比较朴素，其实只要加一点青菜的绿色，就能给人留下华丽的印象。和其他食材比较起来，青菜比较能够搭配各种料理，不管作为装饰还是小菜，都用得非常频繁。

菠菜等涩液强烈的蔬菜，要先用盐水焯过再用凉水冲洗，而水菜等涩液较弱的青菜，只要稍微焯过，放在笊篱上降温即可。但值得留意的是，过度冲洗会影响蔬菜的味道。

Toriniku no tatsutaage

炸鸡

秘诀是裹了面衣后尽快下锅。

炸鸡

材料（2人份）

鸡腿肉…300g
红椒…¼个（10g）
黄椒…¼个（10g）
醋橘…1个（30g）
油炸用油…适量

腌渍材料

酒…2大匙
浓口酱油…2大匙
味霖…1大匙

面衣材料

蛋白…2个（4大匙）
酒…1小匙
青葱…2根（10g）
浓口酱油…½小匙
味霖…2小匙
淀粉…4大匙
盐…¼小匙

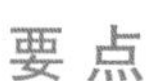

要点

食材提前腌制入味

所需时间
60分钟

01 青葱切粗末。

02 用水果刀去除红椒和黄椒内侧较硬的部分和皮。

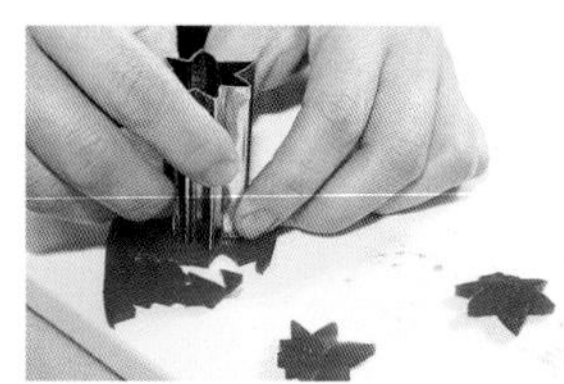

03 去皮面朝下，用模具压出形状后修整。

04 醋橘对半切，去籽。

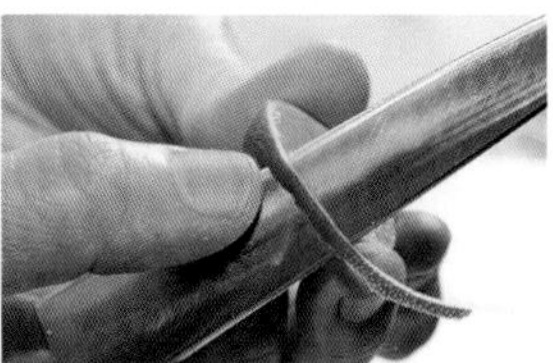

05 修边。这样外观美丽，也容易榨汁。

06 鸡腿肉在案板上摊开，去除多余的油脂和腿筋。

07 为了避免鸡肉收缩、鸡皮破裂，要用刀叉在鸡皮上戳出小洞。

08 鸡肉切成3cm大小的肉块。

09 把酒、浓口酱油、味霖放入碗内，腌制鸡腿肉。

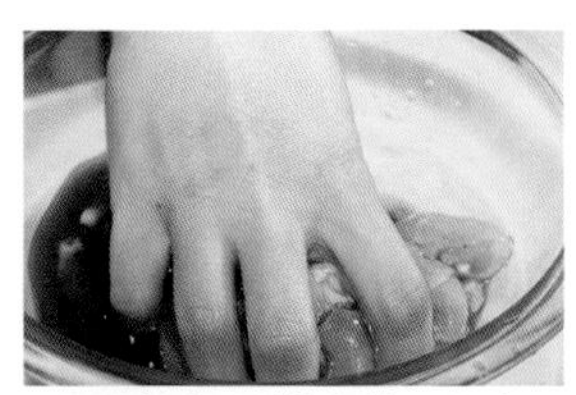

10 用手轻轻揉搓肉块，让鸡腿肉入味。

11 盖上保鲜膜后静置30分钟。要如果放置30分钟以上就要冷藏，但如果立刻要用则不需要冷藏。

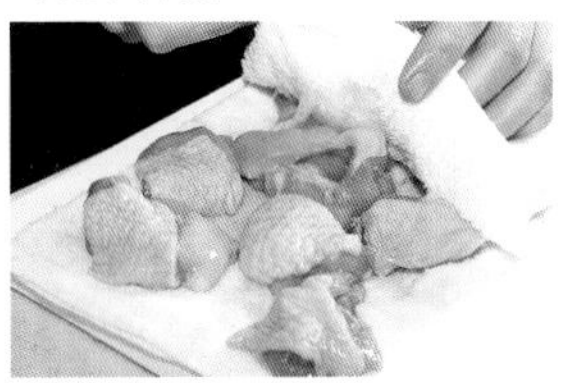

12 取出鸡腿肉，用干布擦去多余的水分。

13 蛋白加盐打发到发泡。要如果蛋白没有发泡，炸起来会黏黏的。

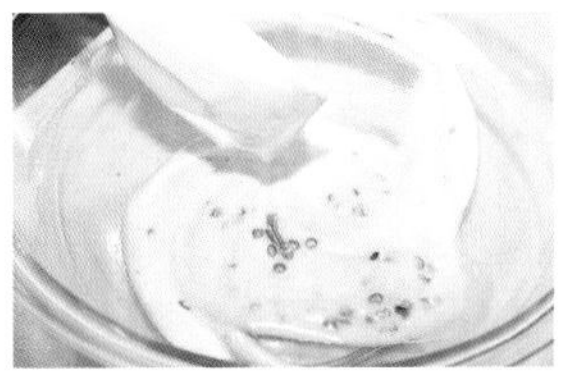

14 蛋白打发到发泡后，放入酒、浓口酱油、味霖、1大勺淀粉，拌匀。

15 其余的淀粉抹在鸡肉上。

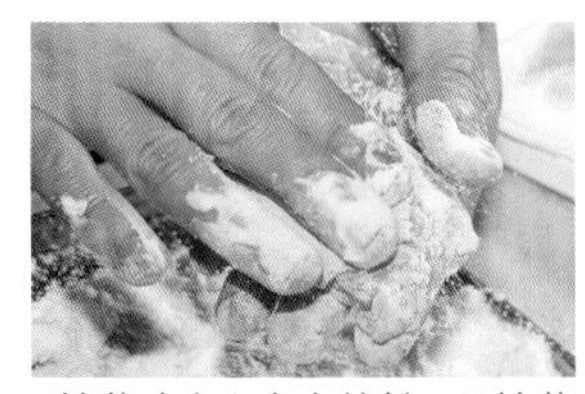

16 拍落鸡肉上多余的粉。要拍落后再裹面衣，面衣不容易脱落。

17 抹上淀粉的鸡腿肉放入14中，让鸡腿肉整体粘上面衣。

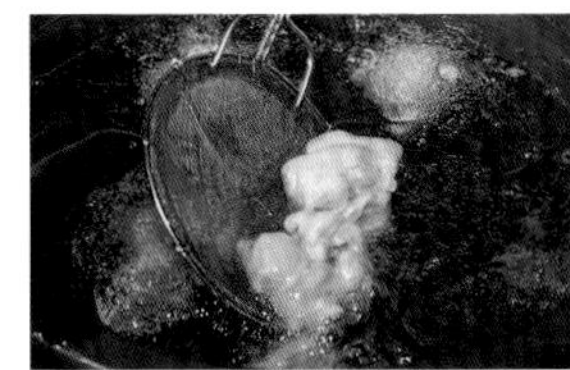

18 用160度低温慢炸，油炸时要用筷子轻轻搅拌。油炸时间大约5分钟。

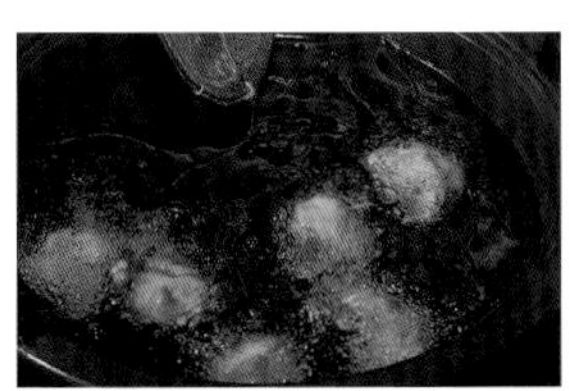

19 鸡肉变色后，将油温提高到180度。要因为加了酱油，很快就会变色。

20 如果用铁签刺会流出透明的液体，而且表面呈金黄色，表示可以起锅了。

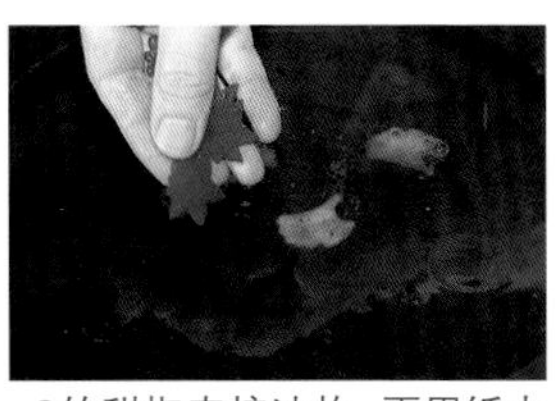

21 3的甜椒直接油炸，再用纸巾去除多余油脂。撒上适量的盐，和炸鸡、醋橘一起装盘。

错误！

一放进油锅，食物就变色了……

如果油锅的温度超过200度，会导致鸡肉还没熟透，外面就炸焦了。先用低温慢炸，再将油温提高到180度，就能炸出外酥里嫩的鸡肉了。

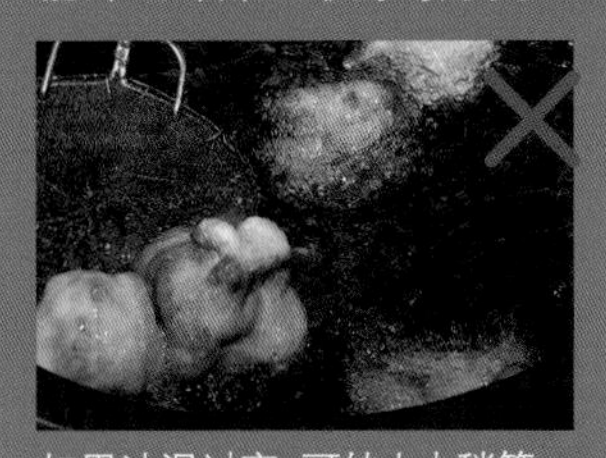

如果油温过高，可转小火稍等，或者加入新油降温。

破裂或者炸焦都不美味

如果一开始油温很高就会炸焦。相反，如果从头到尾用低温油炸会吸收过多油脂，让料理变得油腻。另外，如果形状还没固定就去翻动，面衣会裂开。

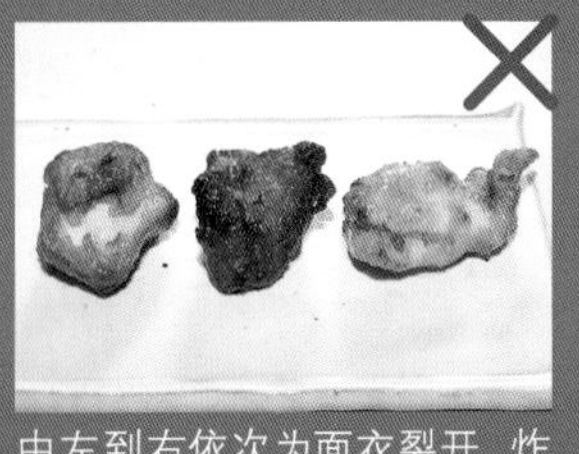

由左到右依次为面衣裂开、炸焦、吸收过多油脂的失败品。

日本料理的秘诀和要点⑪ 解决有关油炸的疑问

在家里做油炸真的很难吗？

Q1 需要准备的工具？

油炸锅、长筷、滤网、浅盘、滤油网等。锅、筷子要使用铜制、不锈钢制等油炸专用工具。滤油网可以用纸巾代替，滤网用来捞起锅里的杂质。

Q2 要用多少油？

油炸用油的量要能够盖过所有油炸物，而且要再多一些。因为食物熟透会浮起来，最好使用食物重量1.5倍的油来炸。如果油量过少，食物就不能均匀受热。

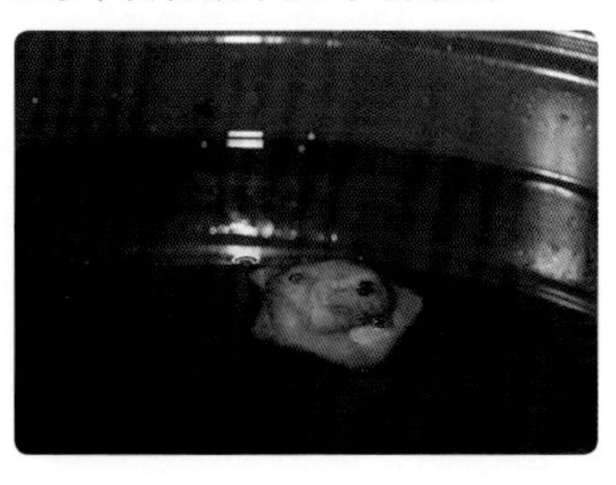

Q3 用完的油应该如何处理？

完成油炸后，在滤油网上铺上纸巾过滤，去除油里的杂质，将油保存在阴凉处。重复使用时，回锅油和新油的比例应为1∶1。油放1个月以上就会氧化，要特别注意。

Q1 如何分辨油温？

滴一滴面衣进入油锅，如果面衣沉入锅底再也没有浮起来，大约是160度的低温。如果面衣沉入锅底后立刻浮起来，大约是180度的中温。最后，如果面衣不会下沉直接在油面散开，则是200度的高温。

克服心理障碍，挑战油炸

对一些还不习惯的人来说，油炸可能非常困难。要准备的工具很多，还要用大量的油。但只要有滤油网这种方便的工具，就能轻松处理使用过的油。

虽然我们要依照家人人数来选择油炸锅的大小，最好选择能放进充足油量的锅。此外，虽然使用普通的筷子也不要紧，但还是最好使用金属制的烹饪筷，不会烧起来，不会焦掉，味道也不会残留在筷子上，非常方便。油炸网和滤油网并非不可或缺，可以用漏勺、纸巾等来代替，可酌情购买。

重复使用几次的回锅油不能直接倒入水槽。要先用布或者纸巾去除多余油脂才能丢掉，或者用市售的凝固剂让油炸用油凝固后，当作可燃垃圾丢弃。

Yawatamaki

2种八幡卷

各种食材互为烘托，才是绝妙的组合。

海鳗八幡卷

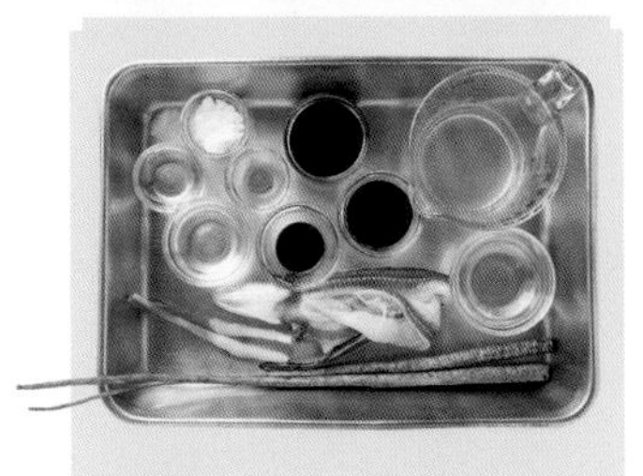

材料（2人份）
牛蒡（细）…2根（320g）

A
- 高汤…2杯（400ml）
- 味霖…2大匙
- 薄口酱油…2大匙

海鳗…1条（100g）

B
- 酒…2大匙
- 味霖…2大匙
- 薄口酱油…2大匙
- 大豆酱油…1小匙
- 砂糖…1大匙

山椒粉…1撮

甜醋渍生姜根（参考P212）…适量

要点

海鳗卷在牛蒡上

所需时间
90分钟

01 用刷子清洗牛蒡，较粗的部分竖切2~4刀。要不要切断，保留约5cm。

02 用适量醋水将牛蒡煮软，用水浸泡。用A煮10分钟让牛蒡入味，放在笊篱上降温。

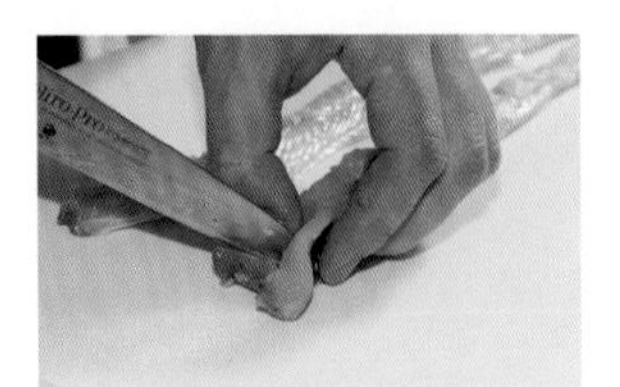

03 参考P25切海鳗。在海鳗四角开洞，洞的大小要让牛蒡可以穿过。用菜刀刮除鱼皮上的黏液，冲洗后对半竖切。

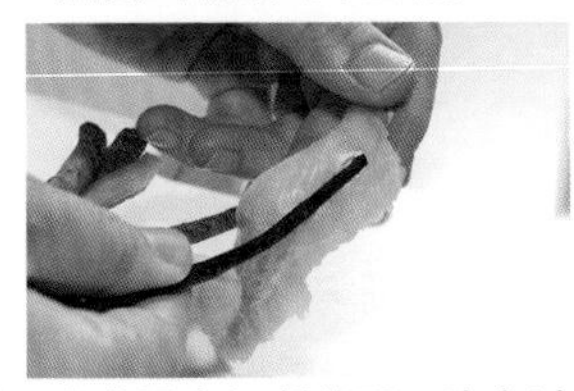

04 牛蒡没有切断的那一边穿过3的洞。

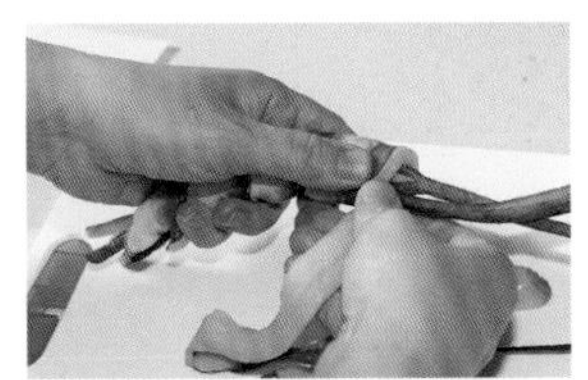

05 海鳗的鱼皮朝外，斜着卷在牛蒡上。要要用力压住避免散开。卷的时候往自己的方向用力拉紧。

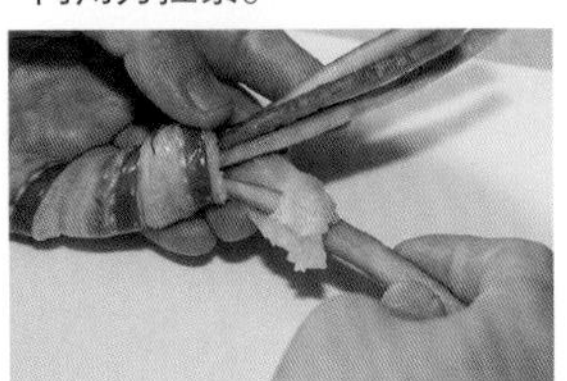

06 1根竖切的牛蒡穿过3的洞后固定，重复相同的动作，再固定1根牛蒡。

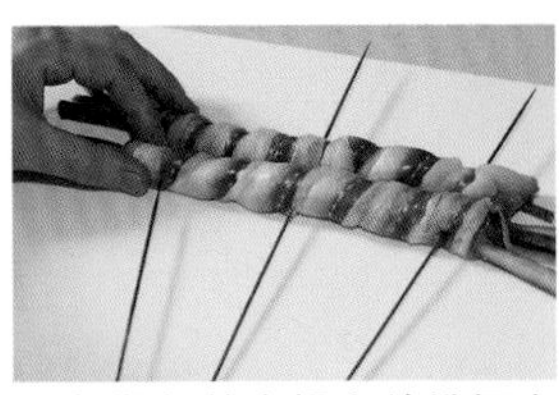

07 2条做好的海鳗卷并排摆在一起，在前中后段插入铁签，形成扇形。切除多余的牛蒡，为了不阻碍热的传导，两条海鳗卷中间要留一些空间。

08 制作海鳗的酱汁。将B倒入锅内煮到粘稠。

09 架上铁架，用大火烤。烤到表面呈现金黄色后离火。如果没有铁架，可以靠近火炉，用大火烤。

10 架高铁架，在海鳗上淋上8的酱汁，用中火烤到酱汁变干。重复此步骤3次。如果用火炉烤，食物要距离火焰10cm。

11 去除铁签前端的杂质，旋转着拔出铁签。去头去尾后切成1口大小。撒上山椒粉，再放上甜醋渍生姜根。

牛肉八幡卷

材料（2人份）

切片牛肩肉…120g
盐…½小匙
胡椒…½小匙
四季豆…4根（32g）
胡萝卜…四季豆大小4条
棉线或风筝线…适量

A
- 酒…1⅔大匙
- 味霖…3⅓大匙
- 浓口酱油…1⅔大匙
- 大豆酱油…1小匙

甜醋渍茗荷（参考P212）…适量
色拉油…1大匙

要点

不留缝隙卷起来

所需时间
30分钟

01 在保鲜膜上放满牛肉，从距离30cm的高处撒上盐和胡椒。要如果牛肉中间有缝隙，就不能漂亮地卷起来了。

02 胡萝卜和四季豆排列在牛肉上。搭配肉的宽度调整长度，用力卷起固定。

03 全部卷完后，用保鲜膜固定，保鲜膜两端也要包紧。要定型后，煎的时候不会散开。

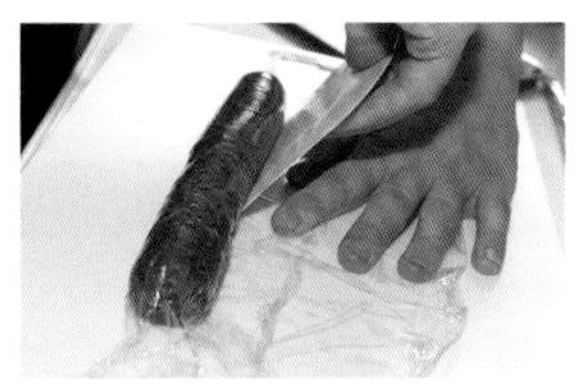

04 稍微定型后摊开保鲜膜，用纸卡去除空气，再用保鲜膜牢牢包起来。

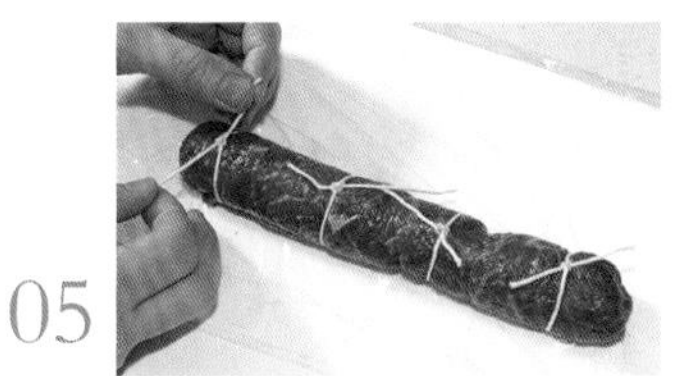

05 定型后摊开保鲜膜，用棉线或者风筝线固定。打死结固定，避免牛肉卷散开。

06 色拉油放入平底锅内加热，中火煎牛肉卷，煎的时候要用筷子翻转，使其均匀变色。记得一边煎一边用纸巾擦拭多余的油脂。

07 熟透后起锅，擦拭多余的油脂。不要关火，直接煮A。

08 煮沸后放牛肉卷，用锅铲让酱汁裹紧牛肉卷。

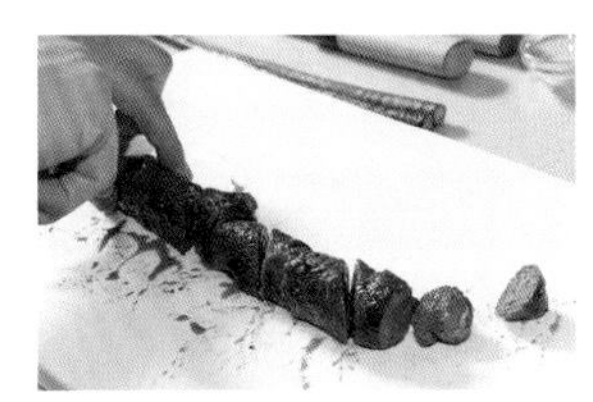

09 完成后剪开绳，去头去尾，切成方便食用的大小，和甜醋渍茗荷一起装盘。

错误！

牛肉一直散开……

摆在保鲜膜上的牛肉如果有缝隙，蔬菜就会从缝隙中跑出来，导致牛肉卷一直散开。因此摆放牛肉时不能有缝隙。

如果肉片破裂，可以用其他肉片代替，或者增加肉片数量。

日本料理的秘诀和要点⑫ 新鲜食材一定要经过处理

食材是否经过处理结果大有不同

去除蔬菜的涩液

浸泡

蔬菜用水、盐水或醋水浸泡，可以去除涩液。如果用醋水浸泡，浸泡过后别忘了用水冲洗，清除醋的酸味。

去除鱼的腥味

淋热水

淋热水可以去除鱼鳞、杂质和腥味。但热水的温度如果太高，会让鱼肉受热过度，鱼肉可能会碎裂。

去除蔬菜的涩液

水焯

在加盐、醋或者小苏打的热水中焯过后，蔬菜的纤维会软化，颜色也看起来更鲜艳。

去除鱼肉多余的水分

撒盐

从距离30cm的高处撒盐，鱼就会出水，浅盘要稍微倾斜。依照鱼的大小和种类，盐量和放置时间有所不同。

足以左右料理的味道，最重要的烹饪步骤

日本料理经常会生吃鱼肉或者蔬菜，所以必须提前去除食材的异味、苦味。造成异味、苦味的主要原因就是涩液。如果没有好好提前处理，料理的味道会差很多。此外，留在食材上的涩液和空气接触后会氧化，导致食材变色。比如牛蒡、藕、苹果等食材，因为涩液才会变色。

蔬菜去皮后就要去除涩液。比如牛蒡切开后很快就会变色，所以要立刻用醋水浸泡。鱼的腥味大多附着在鱼皮或者鱼骨上，所以提前处理要以鱼皮为主。

然而，涩液也有营养和鲜味，如果去除干净，食材就会变得没有味道。重点是依照食材特点，适当去除涩液。

第3章 配菜

四季海产一览

四面临海的日本，拥有丰富的海产

尝试在家里挑战丰富多样的鱼料理

海产种类繁多，有鱼、贝类、章鱼、墨鱼等。可以生吃、炖煮或者烧烤，烹饪方法千变万化。特别是生鱼片、寿司这种直接使用生吃的料理，可以说是日本独有的烹饪方法。日本料理在国外也备受瞩目，在许多国家都能吃到日本料理的鱼料理。

各位是不是因为提前准备工作很复杂，而选择购买切片或者冷冻的鱼肉呢？其实未经加工的当季食材最新鲜。而且一条鱼从鱼骨和鱼肉全部都能使用，不仅烹饪范围广泛，餐桌上也会变得华丽。

刚捕捞上岸的鱼，鱼鳞和内脏都未经处理，一定要好好处理才能开始烹饪。

春

蛤蜊

带壳的海产，要选择外观鲜明的。烹饪前要先用盐水浸泡，让其吐沙，再开始烹饪。

文蛤

要选择壳上有光泽，互相敲打后声音清脆的。可用于酒蒸料理或者煲汤。

夏

竹荚鱼

有宽竹荚鱼、马氏圆鲹鱼等许多种类。鱼身上覆盖着被称为棱鳞的鱼鳞，是非常好切的鱼。

海胆

要选择含有适量水份、颗粒分明的海胆。另外，也有盐渍海胆、海胆酱等加工成品。

秋

秋刀鱼

秋季的代表鱼类。鱼肉上覆盖着厚厚一层脂肪，里面含有蛋白质等许多营养。

鲣鱼

春季是初鲣，秋季是返乡鲣，含有脂肪的鱼肉可以做成鲣鱼鱼松或者生鱼片。

冬

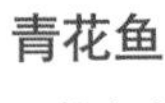

青花鱼

一般家庭常吃的鱼。肉质柔软。鱼肉容易刮伤，所以烹饪速度要快。

螃蟹

有津和井蟹、毛蟹、雪蟹等。可以享用蟹黄或者蟹壳煮成的高汤。

Chikuzenni

筑前煮

加入大量根茎类蔬菜的炖煮

筑前煮

材料（2人份）

干香菇…2片（8g）
牛蒡…¼根（40g）
胡萝卜…⅕根（40g）
水煮竹笋…⅔根（80g）
魔芋…¼片（50g）
四季豆…4根（32g）
鸡腿肉…130g
高汤…2杯（400ml）
味霖…3⅓大匙
砂糖…3大匙
浓口酱油…2⅔大匙
色拉油…适量

要点

将材料煮软后
再加酱油

所需时间
45分钟

将香菇泡软需要半天的时间

01 用水浸泡干香菇半天。覆上保鲜膜，将全部香菇泡软。

01 竹笋滚刀切成和牛蒡、胡萝卜差不多大小。

02 香菇泡软后清除水分，切除香菇头，再切成容易食用的大小。

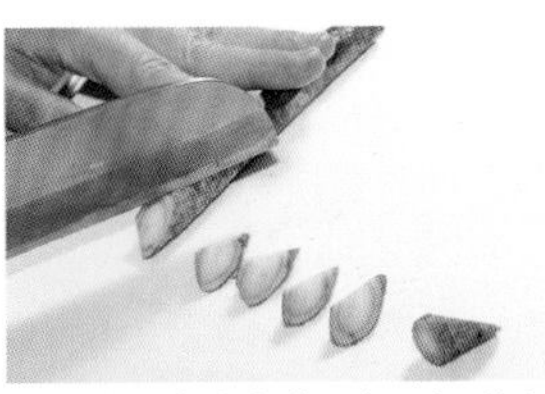

03 用刷子清洗牛蒡，滚刀切成容易食用的大小。

04 迅速用适量醋水浸泡，去除涩液。用水清洗后沥干水分。

05 胡萝卜削皮，配合牛蒡滚刀切成方便食用的大小。

06 竹笋煮好后斜切。

08 魔芋撒上适量的盐后静置，出水后用沸水烫3~4分钟，降温备用。

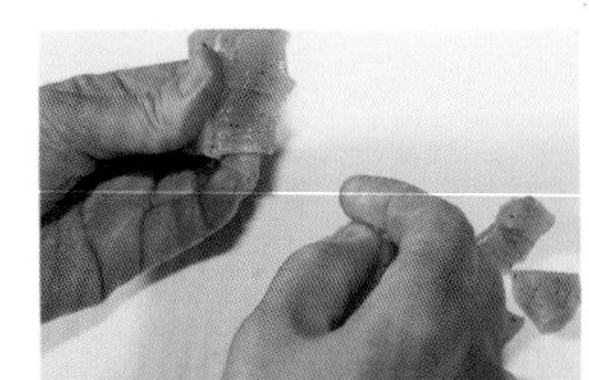

09 用手将魔芋撕成方便食用的大小。粗糙的边缘比较容易入味，所以不用刀切。

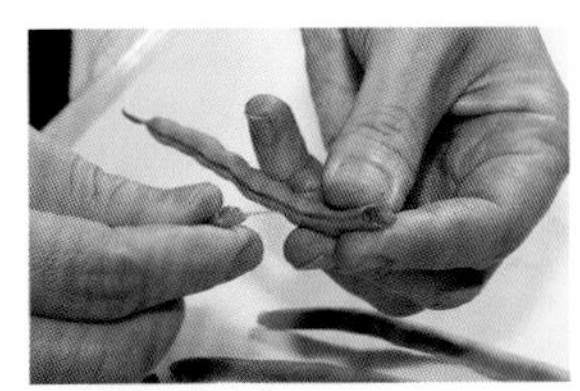

10 四季豆去老梗。

11 用盐水焯1~2分钟，放在笊篱上降温，对半切。

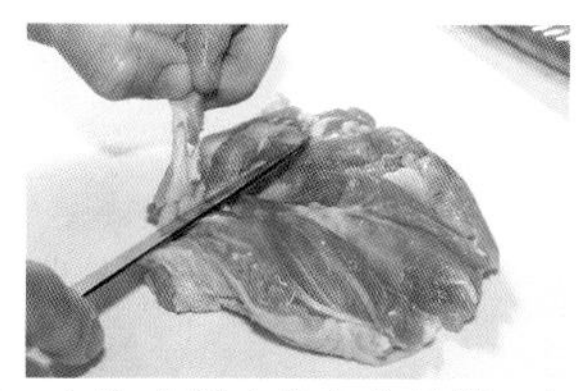

12 去除鸡腿肉多余的油脂，去筋后切成边长3cm的块状。

13 热锅后让色拉油均匀分布，鸡皮朝下用中火煎。要不要翻动鸡肉，先让鸡皮熟透。

14 等油脂溢出后，用纸巾吸去油。要去除带有腥味的鸡油。

15 等鸡皮稍微变色，没有油脂溢出即可翻动。要只要轻轻用木铲推，鸡肉就不会黏锅。

16 胡萝卜、牛蒡放入锅内轻轻拌炒。要从不易炒熟的根茎类蔬菜开始放入。

17 竹笋、魔芋、干香菇放入锅内，将全部食材炒软。要如果粘锅，可以放一点高汤。

18 高汤、味霖、砂糖放入锅内，煮20分钟，让汤汁收到能看见材料。

19 撇去浮沫。因为汤汁是精华所在，所以把浮沫撇掉后，汤汁要倒回锅内。

20 煮到竹签可以轻松穿过，均匀淋上浓口酱油。

21 用布擦拭锅壁。一边让汤汁均匀分布，一边收汁。

22 味道均匀分布，完全收汁至出现光泽后即完成。最后和10一起装盘。

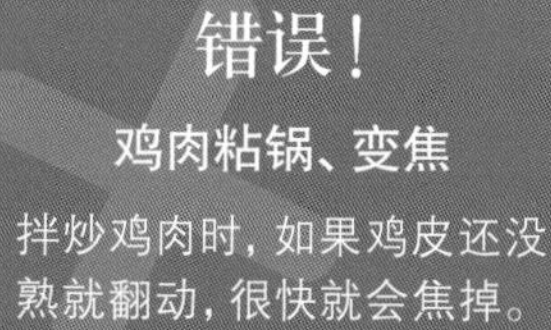

错误！

鸡肉粘锅、变焦

拌炒鸡肉时，如果鸡皮还没熟就翻动，很快就会焦掉。在鸡皮熟透前不要翻动。

鸡皮熟透后用木铲翻动，避免鸡肉粘锅。

上菜！

切法会影响整体美观

招待客人时，可以用四季豆尾端点缀其他材料，看起来会很漂亮。切小块拌匀，不仅容易食用，看起来也很可爱。

不只是四季豆，绿色蔬菜都可以用来装饰料理。

日本料理的秘诀和要点⑬ 日本春节时不可或缺的重箱

记住重箱的正确使用规则

一重

末广

将主菜盛装在中间小盘或竹筒等容器里，四周用其他料理将主菜包起来

盛装黑豆、日本鳀鱼、碟鱼子等节日料理，红白鱼板、伊达煎蛋等适合作为前菜的料理。

隅切

将重箱用塑料叶片隔成四角的三角形和中间的四方形。中间的四方形盛主菜。

在一重下面，以清爽的醋渍食物为中心。盛装红白萝卜丝、青花鱼、鲷鱼等。使用色彩鲜艳的蔬菜，非常华丽。

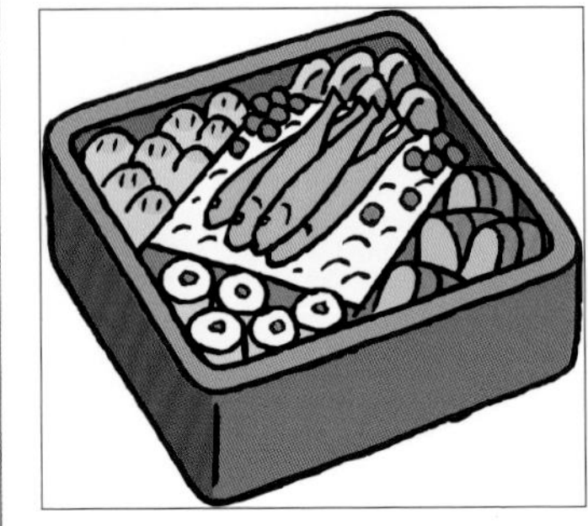

三重

段取

将料理盛装呈横纹，相同的排成一排，这样不仅好拿，看起来也很清爽。

用龙虾、鲷鱼等烧烤为主，平常会使用鳜鱼、春季当季的马鲛鱼等寓意好的食材。

四重

手网

将料理盛装成斜纹，就像马的缰绳，每排宽度不一也不要紧。

炖煮料理为主。胡萝卜做成梅花花瓣，香菇切成龟壳等，用形状和外观来呈现华丽感。

享用充满新年新希望的年菜

年菜是利用重箱盛装的代表料理。主妇们为了在正月一日至三日休息，所以提前做好大量料理，装在传统的五段重里。五段重，从上到下称为一重、二重、三重、四重、五重。五重又称为控重，用来整理吃剩的料理，或者摆放多做可以加以补充的料理。

年菜料理多和新年新希望有关系。比如祈求自己认真工作、认真生活的黑豆，用来祈求多子多孙的鲱鱼籽以及寓意可喜可贺的烤鲷鱼。

一般家庭的年菜没有太多限制，也可以随意使用大盘、浅盘、二段重、三段重来盛装。

炖煮豆腐丸

豆腐丸先炸后煮，是一道素食料理

炖煮豆腐丸

材料（2人份）

老豆腐…1块（300g）
百合…约3片（12g）
干木耳…3g
银杏…6个
黑芝麻…½大匙
大和芋…½个（15g）

A
- 盐…1撮
- 砂糖…1大匙
- 薄口酱油…1小匙

蛋…¼个
菠菜…¼把（50g）
八方高汤…1杯（200ml）
油炸用油…适量

汤汁材料

酒…1大匙
味霖…1大匙
高汤…1杯（200ml）
浓口酱油…2小匙
薄口酱油…2小匙
砂糖…1小匙

要点

豆腐要沥干水分才能和材料混合

所需时间
60分钟

沥干豆腐水分需要30分钟

01 沥干豆腐水分。老豆腐横切一半。

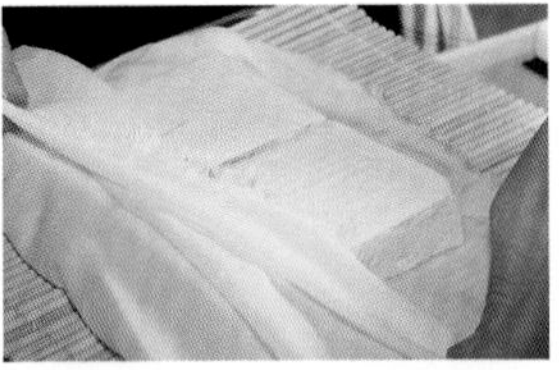

02 切面朝下，放在铺了棉布的寿司卷帘上，上面也要盖棉布。

03 加了水的浅盘放在上面，利用浅盘的重量沥干水分。(要)放30分钟以上，将原本重300g的豆腐压到剩240g，沥干水分。

04 百合切片，宽约1cm，用盐水焯过后降温，用一半的八方高汤浸泡备用。

05 菠菜用盐水焯过，去除水分后用其余的八方高汤浸泡。

06 干木耳用水浸泡15分钟。泡软后去除较硬的部分，切丝用水焯过。

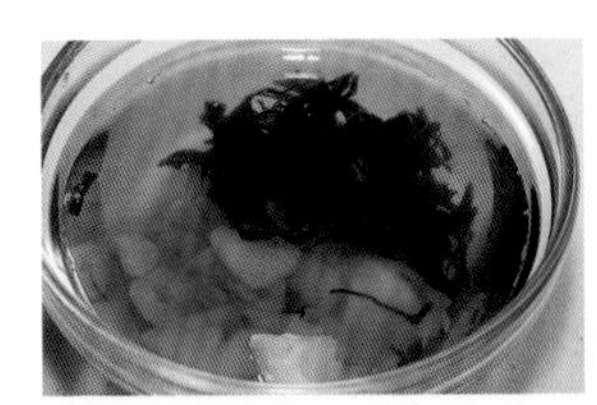

07 沥干水分后和百合一起用八方高汤浸泡。

08 银杏放入微沸的热水，在汤勺里滚动、去皮。降温后对半切，用7的八方高汤浸泡。

09 黑芝麻用中火炒到散发香气。(要)一边移动锅一边煎，让芝麻受热均匀。

10 豆腐沥干水分后过筛。(要)黏在筛网背面的也可以使用。

11 用研磨器研磨大和芋，加入过筛后的豆腐。㊙大和芋涩液强烈，皮肤敏感的人要戴手套。

12 豆腐和大和芋磨到会从研磨棒上慢慢滑落。㊙加入大和芋会比较有弹性。

13 加A继续磨，分几次加入蛋液调整硬度。㊙如果变得太软就不要再加了。

14 沥干水分的木耳、百合、银杏、黑芝麻加入研磨器里拌匀。

15 两只汤匙沾油，利用汤匙做成圆球状。如直接用手做，手会因大和芋的涩液感觉发痒，要特别注意。

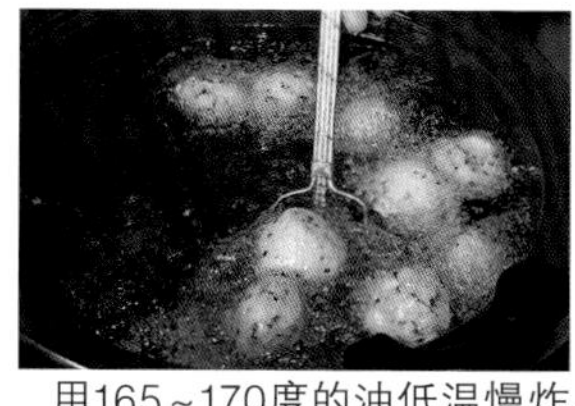

16 用165~170度的油低温慢炸，炸到浮起来并呈现黄色或茶色后就可以起锅了。

17 一边炸一边用滤网翻动，就能均匀受热。力度过大丸子会破掉，要特别注意。

18 炸好的豆腐球放入沸水中去除多余的油脂，放在笊篱上降温。

19 制作汤汁。味霖、酒放入锅内煮沸，加入高汤、浓口酱油、薄口酱油、砂糖再煮沸。

20 豆腐球放入19的汤汁里，盖上落盖用小火煮10分钟。沥干5菠菜的水分，切成3cm~4cm的小段后装盘。

炸豆腐丸

材料（2人份）

老豆腐…1块（300g）
百合…约3片（12g）
干木耳…5g
银杏…6个
黑芝麻…½大匙
大和芋…½个（15g）
盐…1撮
砂糖…1大匙
薄口酱油…1小匙
蛋…¼个
虾仁…100g
蛋白、淀粉…适量
青辣椒…2根
果醋、辣椒萝卜泥、油炸用油…适量

制作方法

1 前面的步骤和炖煮豆腐丸1~14相同。
2 清洗后沥干水分的虾仁、蛋白、淀粉放入碗内，用手轻轻揉搓、冲洗。
3 沥干虾仁的水分，切成宽约1cm的小丁。
4 把虾仁加入14.
5 用沾油的汤匙做成圆球状，用180度油炸到呈现金黄色。
6 变色、浮起后即可起锅。
7 和直接油炸的青辣椒、辣椒萝卜泥、果醋一起装盘。

虾仁用蛋白、淀粉仔细揉搓，比用水冲洗更能去除腥味。

如果油炸后不煮要直接吃，就用高温炸到呈现金黄色。

日本料理的秘诀和要点⑭ 挑战私家手工豆腐

要十分注意力度、份量和搅拌程度等细节

豆腐

材料（2人份）

大豆…1杯（200ml）

盐卤…1大匙

制作方法

1 大豆清洗后用两倍的水浸泡一晚。
2 1的大豆和100ml的水放入食物处理器内搅碎。
3 倒入锅内，一边搅拌一边用小火煮10分钟。
4 静置降温。
5 豆浆放入棉布袋中，分成豆渣和豆浆。
6 将120ml的水、1.2g的盐卤各分成2份。
7 制作嫩豆腐。将5一半的豆浆和6其中之一拌匀后，放入容器内，用汤匙清除表面的气泡。放入蒸锅内，用小火蒸15分钟。
8 制作老豆腐。5其余的豆浆加热到75～80度，一边用木铲慢慢搅拌一边加6，使其凝固。等豆腐四周的水变得透明，放在笊篱上沥干水分，修成圆形。

1 制作豆浆。用食物处理器将大豆打碎。

2 用力拧干水分。如果用棉布袋过滤，豆浆的口感会比较细腻。

3 用一半的豆浆制成嫩豆腐，另一半制成老豆腐。豆渣可以用于其他料理。

用葱、茗荷、生姜等装饰。

嫩豆腐

气泡受热后会形成空洞，倒豆浆的动作要轻，避免出现气泡。

老豆腐

做出圆形后，绑起来静置。用重物去除水分。

使用市售豆浆，制作起来就很轻松

制作豆腐时，火力、搅拌程度以及盐卤的量都很重要，必须谨慎调整。虽然很难，但日本料理中使用豆腐的菜品非常多，大家最好尝试一下。

其中最重要的是，大豆一定要用水浸泡一晚，泡软。如果大豆还是很硬，就算使用食物处理器也无法打碎，就不能制作豆浆。另外，盐卤的量也很重要，比例是盐卤：水=1∶100。如果盐卤太多，做出来的豆腐会太硬，还带有苦味。反之，如果盐卤太少，豆腐就无法凝固。

制作老豆腐时，如果豆浆煮沸，口感会变差，要特别留意。

如果觉得很费时间，可以使用市售豆浆，制作起来就很轻松。

Kanbutsu no nimono

3种炖煮干货

掌握方便而美味的干货料理法。

车麸荷兰煮

羊栖菜五目煮

夹馅高野豆腐

车麸荷兰煮

材料（2人份）
车麸…2个
胡萝卜…⅓根（70g）
茄子…1根（50g）
南瓜…1/15个（80g）
豌豆…4个（8g）

A
- 高汤…2杯（400ml）
- 浓口酱油…2大匙
- 味霖…3大匙
- 砂糖…1小匙

油炸用油…适量
荷兰煮就是先炸再煮，详情参考P124。

要点

南瓜要先用别的锅煮软

所需时间
40分钟

将车麸泡软需要20分钟

01 将车麸泡软。覆上保鲜膜，用大量的水浸泡约20分钟。

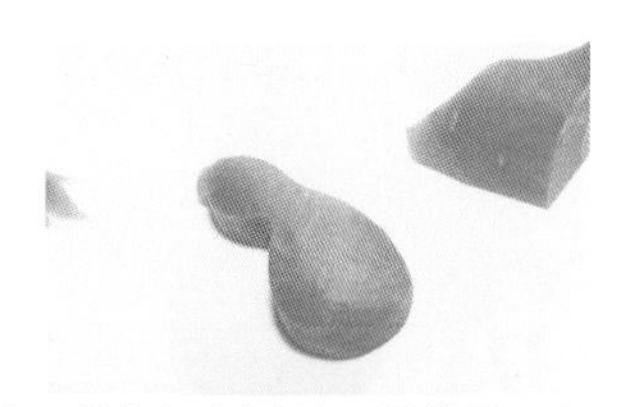

02 胡萝卜对半竖切，用模具压出图案，用菜刀修整形状。

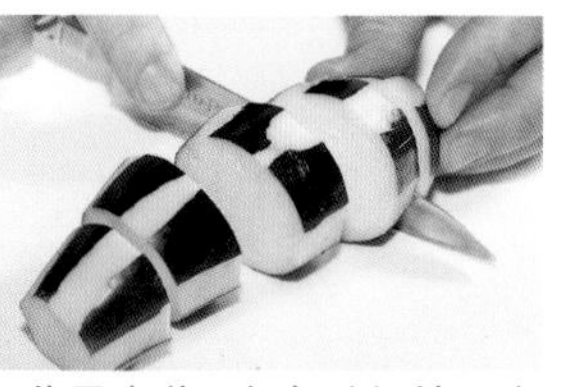

03 茄子去蒂，去皮时保持一定的间隔。切片后用水浸泡。

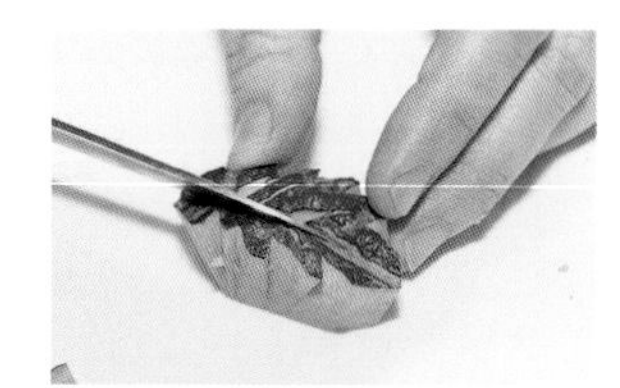

04 南瓜切成合适的大小后，切成叶片的形状。

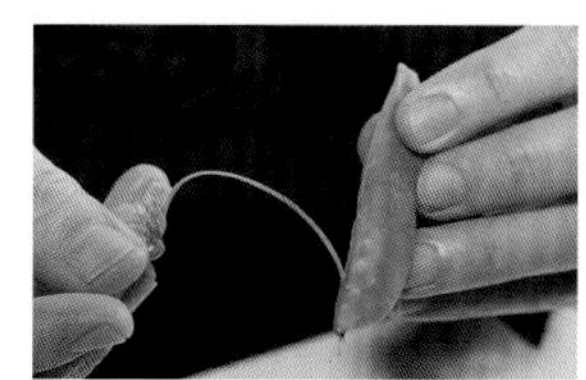

05 豌豆去老梗，用盐水焯过。

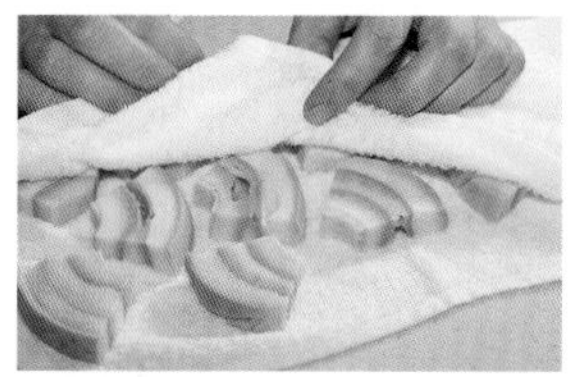

06 泡软的车麸分成4等分，用干布擦干水分。

07 用180度的油炸1分钟，炸到变色后起锅。

08 用200度的油炸车麸，放入热水中去除多余的油脂。

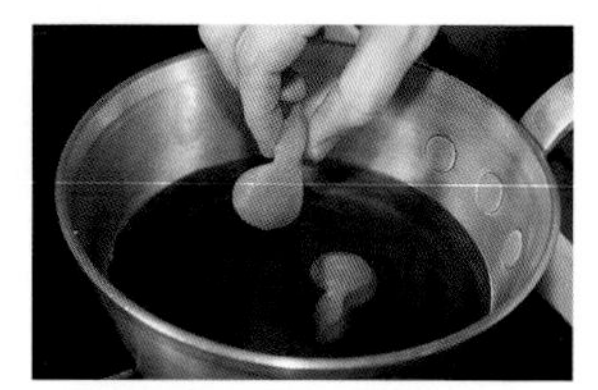

09 A倒进锅里，放胡萝卜煮软。

10 因为南瓜会碎，所以要用别的锅煮软。

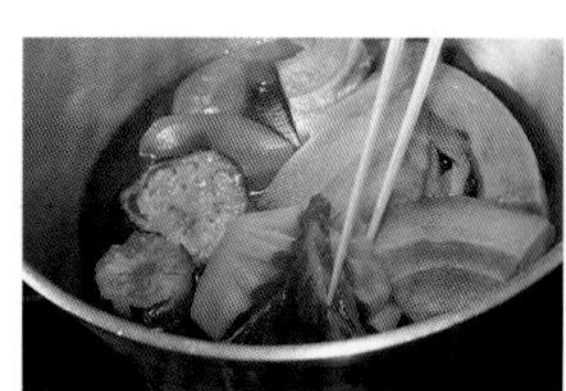

11 车麸、茄子放入9，一边加汤汁一边煮，煮到入味。关火前5～6分钟再放南瓜。最后和5一起装盘。

夹馅高野豆腐

材料（2人份）

高野豆腐…2片
虾…10只（80g）
味霖…2小匙
蛋白…2小匙
盐…1撮

A
- 高汤…2杯（400ml）
- 砂糖…1大匙
- 味霖…2大匙
- 薄口酱油…2大匙
- 盐…⅕小匙
- 鲣鱼片…3g

芜菁…1个（100g）
胡萝卜、四季豆（2mm×10cm的条状）…各2根

要点

调整虾泥的量

所需时间
45分钟

将高野豆腐泡软需要30分钟

01 将大量温水放入浅盘中，放高野豆腐。浸泡15分钟后翻面，再浸泡15分钟。

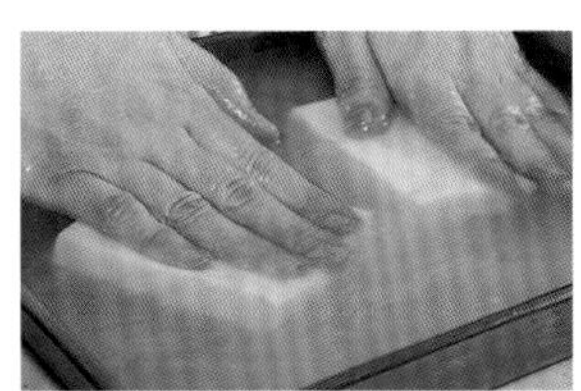

02 完全泡软后加水，用手按压清洗。不断重复相同的动作，直到水变得透明。用手去除水分后，切成4等分。

03 制作虾泥。虾剥壳后切细末，用研磨器磨成泥，加味霖、蛋白、盐后拌匀。

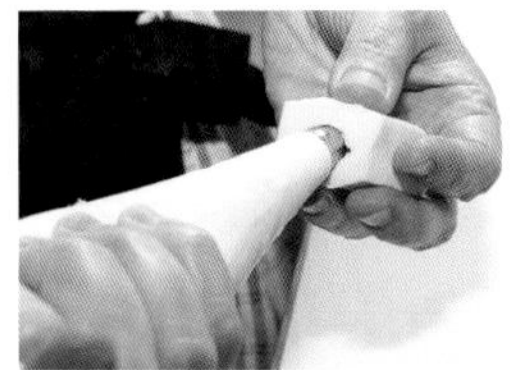

04 在高野豆腐上划一刀。将3放入裱花袋里挤入高野豆腐。仔细调整份量，如果夹太多，高野豆腐会裂开。

05 A放入锅里煮沸。一边晃动锅，一边放夹好馅的高野豆腐，排列整齐。盖上落盖，两面各煮10分钟后对半切。

06 芜菁切到只剩2cm的叶子，用盐水焯过后加入5里。参考P19，用胡萝卜、四季豆制作相生结装饰料理。

羊栖菜五目煮

材料（2人份）

大豆…20粒（10g）
羊栖菜…20g
油豆皮…1片（30g）
豌豆…4个（32g）
鸡腿肉（去皮）…50g
胡萝卜…1/20根（10g）
酒…½大匙
味霖…½大匙
色拉油…适量
砂糖…1½大匙
酱油…1½大匙
高汤…½杯

制作方法

1 大豆浸泡一晚后，用浸泡的水煮40分钟。
2 羊栖菜洗净后，用足够的水浸泡30分钟。
3 油豆皮用热水焯过，去除多余的油脂。豌豆去老梗，用盐水焯过。
4 鸡腿肉、胡萝卜、油豆皮切丝，长度要相同。
5 鸡腿肉拌炒到变色以后，将胡萝卜、大豆、油豆皮按顺序放入锅里继续拌炒。
6 加入羊栖菜后拌匀，放酒、味霖一起炖煮。
7 加A煮至剩下少许汤汁。
8 装盘后用斜切的豌豆装饰。

用手清洗羊栖菜，清洗干净后沥干水分。

将鸡腿肉放入锅内静置一段时间，如果立刻翻动，鸡腿肉就会粘锅。

日本料理的秘诀和要点⑮ 方便的干货是餐桌上的下饭菜

既能长期保存，又含有丰富的美味和营养

海藻类

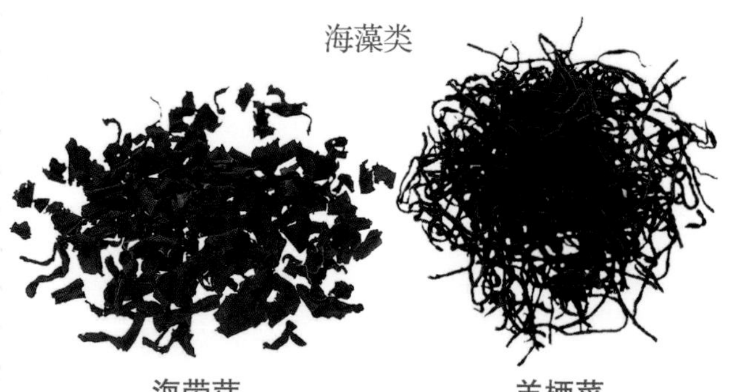

海带芽

用足够的水浸泡5分钟后用热水焯过。如果原本带有盐分，洗净备用。

羊栖菜

洗净后用足够的水浸泡30分钟，直到触摸时没有硬芯。

菌类

干香菇

用水浸泡半天，记得选择大小相仿、有厚度的香菇。浸泡出的汤汁可以当作高汤。

干木耳

洗净后用足够的水浸泡30分钟，再用热水焯过。记得选择干透的干木耳。可以用于炖煮、拌炒等。

其他

高野豆腐

用浅盘里的温水，正反面各浸泡15分钟。水变透明后用手压，沥干水分。

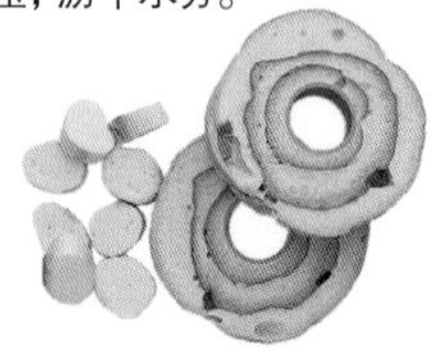

车麸

用足够的水浸泡20分钟。因为车麸会浮起来，要使用落盖。可以用于炖煮、味噌汤等。

虾米

用温水浸泡半天，浸泡的汤汁可以用来做高汤。因为色彩鲜艳，可以用来装饰料理。

只要记得浸泡方法，就能用于各种料理

干货是指去除水分后晒干的食材，只要用凉水或者温水浸泡，吸收水分后就能恢复原本的形状。干货浓缩了食材的味道和香气，恢复原本的状态后，味道更好。

一般干货要用凉水或者温水浸泡。因为干货一般很轻，盖上落盖或者保鲜膜就能把干货泡软。海带芽、干木耳等食材，只要用水焯过再冲洗，就能泡软。

干货的特征是能够长期保存。就算只有一点湿气，也会导致食物发霉，而干货只要和干燥剂一起放入密封容器中，保存在阴凉处，就能保存半年。另外，浸泡干香菇、虾米的汤汁可以当作高汤。因为味道较为强烈，可以和其他高汤一起使用。

Yasai no nimono

3种蔬菜炖煮

鲜艳欲滴的蔬菜为餐桌增添缤纷的色彩

若竹煮

长芋煮蜂斗菜

茄子翡翠煮

若竹煮

材料（2人份）
竹笋…小号1根（460g）
A
- 米糠…1撮（50g）
- 红辣椒…1根

生海带芽…120g
B
- 高汤…3杯(600ml)
- 盐…¼小匙
- 味霖…3大匙
- 薄口酱油…2大匙

鲣鱼片…3g
花椒芽…适量

要点

提前处理好竹笋

所需时间
40分钟

煮竹笋需要1个小时

01 参考P14，竹笋和A一起用水焯过，去除涩液。

02 完全冷却后划一刀，剥除茶色的皮，只留下白色的部分。侧面茶色的部分也要切除。

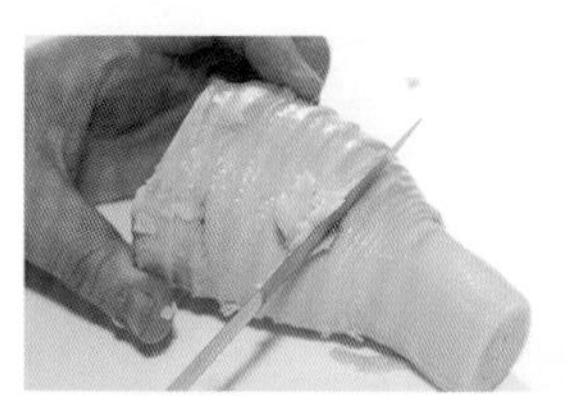

03 用刀切除凹凸不平的部分，让里面变得光滑。要把竹笋表面的杂质去除干净。

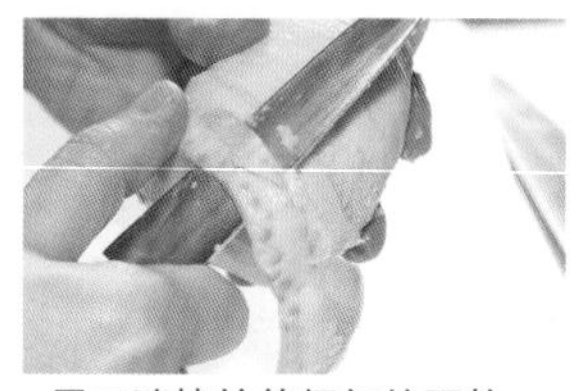

04 用刀消掉竹笋根部的颗粒。

05 竹笋分成上、下2等分，上半部分竖切成6等分。

06 下半部切成厚约1cm~2cm的圆片，再切成半月形。在表面轻轻划几刀，比较容易入味。

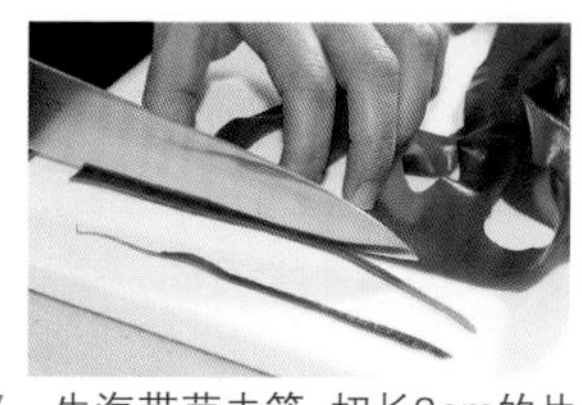

07 生海带芽去筋，切长3cm的片。

08 用沸水迅速焯过海带芽，等到水变成深绿色后取出。取出后，要立刻将海带芽放入凉水里冷却。沥干水分。

09 B放入锅里煮沸后加鲣鱼片，静置到鲣鱼片沉入锅底。

10 用9煮竹笋。用小火煮6中的竹笋，煮3分钟后加5中的竹笋，再煮15分钟。

11 加海带芽再煮一段时间，最后和花椒芽一起装盘。

长芋煮蜂斗菜

材料（2人份）
酒…2大匙
味霖…1小匙
A
- 高汤…3杯
- 砂糖…2大匙
- 盐…½大匙
- 薄口酱油…1小匙

长芋…¼根（150g）
鲣鱼片…6g
材料袋…2个
蜂斗菜…5根（含叶200g）
柚子…¼个（5g）

要点

蜂斗菜仔细摩擦
来去除涩液

所需时间
30分钟

01 制作汤汁。将酒、味霖加热后，加A煮沸，分成2等分。

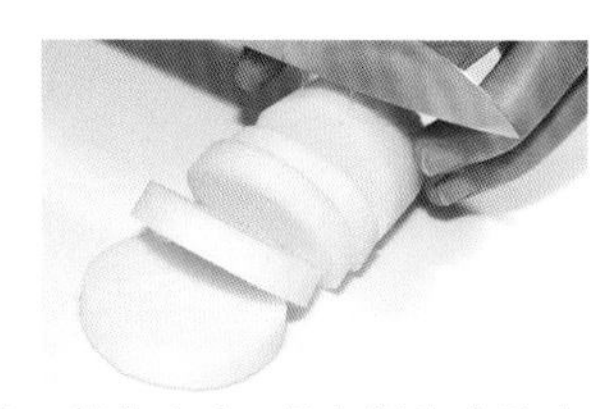

02 长芋去皮，用水浸泡去除表面黏液。切成厚约1cm的圆片，修边。

03 用烤鱼架将长芋烤到变色，也可以用瓦斯枪来辅助，正反面各烤约4分钟。

04 用适量淘米水将长芋煮到竹签可以轻松穿透的程度，用水冲洗去除涩液。准将鲣鱼片放入材料袋中。

05 一半去除水分的长芋放入1内，再加入放了鲣鱼片的材料袋，煮软。

06 切除蜂斗菜根部较硬的部分，切成10cm的段。在案板上撒适量的盐，用手摩擦蜂斗菜。

07 蜂斗菜茎较粗的部分放入锅内，用大火焯2~3分钟。要颜色变得鲜艳后，用凉水浸泡，从根部开始去皮。

08 比较粗的蜂斗菜竖切后，将所有蜂斗菜切成5cm的小段。用1另一半的煮汁和材料袋煮1分钟。要煮太久会变色。

09 放在笊篱上，用扇子扇迅速降温，以保持颜色鲜艳的状态。

10 材料袋不需要取出，直接用凉水冷却汤汁，用刮刀搅拌更容易冷却。要冷却的汤汁可以用来泡蜂斗菜，使其入味。

11 柚子皮切丝，用温水浸泡。长芋、蜂斗菜装盘，倒入汤汁，用去除水分的柚子皮装饰。

茄子翡翠煮

材料（2人份）
茄子…1根（230g）
金针菜…10根（15g）
A
- 酒…1大匙
- 味霖…2大匙
- 高汤…1½杯（300ml）
- 薄口酱油…1小匙
- 盐…¼小匙

柴鱼丝…1大匙
生姜…1块（10g）
油炸用油…适量

要点

茄子去皮后，
要留住漂亮的绿色

所需时间
30分钟

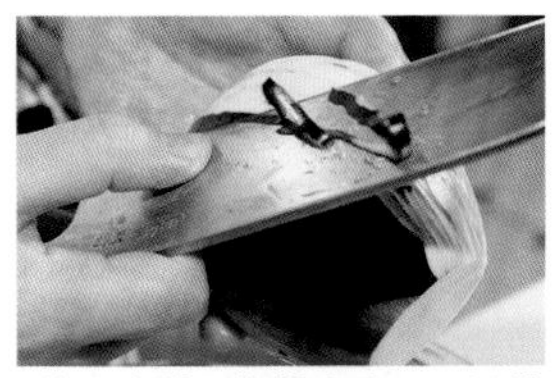

01 茄子去蒂，薄薄去皮。可以使用削皮器。要去皮时如果削得太厚，就没有漂亮的绿色了。

02 茄子竖切成8等分。要茄子涩味很重，切下来就要立刻用水浸泡，静止一段时间。

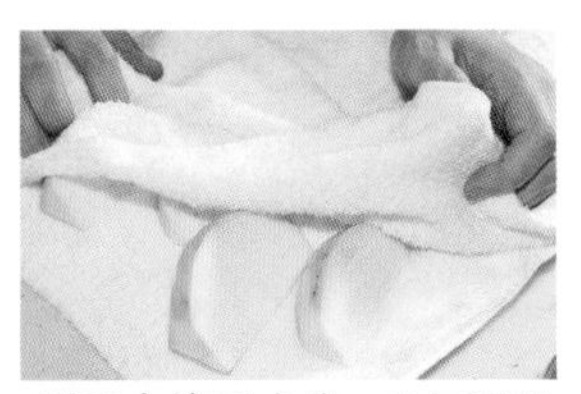

03 用毛巾擦干水分。要如果没有擦干水分，油炸时油会喷溅出来。

04 用170度直接油炸，炸到稍微收缩、变软，呈现漂亮的绿色后就能起锅。

05 放在笊篱上淋上热水，去除多余的油脂。

06 用180度的油炸金针菜。

07 A中的酒和味霖先加热，再加其他的调味料。煮沸后加入去除水分的茄子。

08 盖上落盖煮沸后，转小火再煮3～5分钟，呈现漂亮的绿色后关火。

09 金针菜油炸后，用热水去除多余的油脂，放入锅内稍微加热一下，和柴鱼丝、生姜泥一起装盘。

也可以使用有盖的容器，有汤汁的小菜可以使用有盖的容器，避免料理变凉。另外，打开盖子时香气四溢，也是呈现料理的一种很好的方法。

在日本料亭，经常使用有盖的容器，避免料理变凉。

Niku no nimono

2种炖煮肉类

分量十足，餐桌上的主角

牛肉时雨煮

鸭肉治部煮

牛肉时雨煮

材料（2人份）
牛五花…200g
生姜…50g
香油…2大匙
酒…4⅔大匙
黄砂糖…2大匙
浓口酱油…2大匙
水饴…1小匙

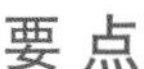

要点

牛肉片要先用水焯

所需时间
30分钟

01 生姜去皮，切薄片后再切丝。

02 牛五花在案板上摊开，切成2cm~3cm大小。

03 用80度热水浸泡牛肉，去除油脂和腥味。用筷子翻动，使其均匀受热。要这样拌炒时就不会粘锅，肉也不会黏在一起。

04 香油放入锅里，使其均匀扩散。要小火慢慢加热。

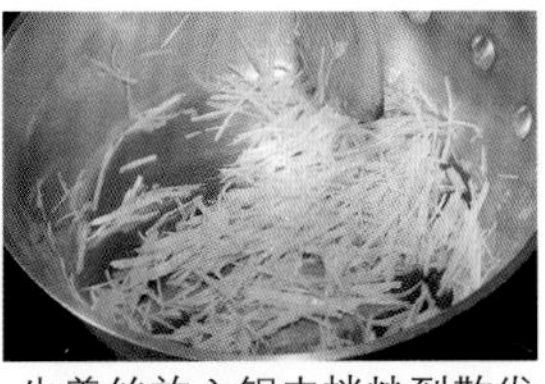

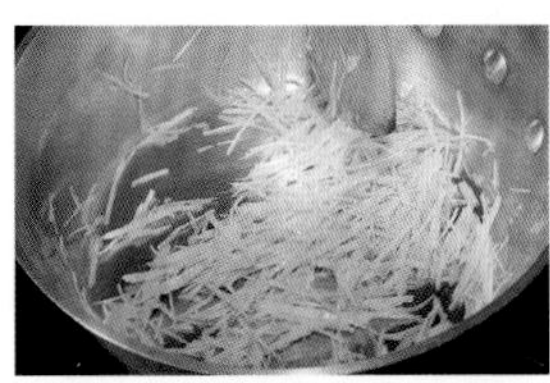

05 生姜丝放入锅内拌炒到散发香气。如果香油不够，可以多加一点。

06 加入去除水分的牛肉，用中火~大火拌炒到变软，加酒让酒精挥发。

07 加黄砂糖，让所有材料均匀入味。

08 黄砂糖溶解后，加浓口酱油煮沸。

09 加水饴煮到汤汁收干。要如果水饴很硬，可以用微波炉加热30秒，变软后再使用。

错误！

牛肉放入沸水里会黏在一起

将牛肉放入沸水里，肉会黏在一起。80度是最佳温度。将肉放入热水后，在肉变硬前迅速用筷子翻动。

不直接拌炒，先用热水焯过，肉就不会黏在一起。

鸭肉治部煮

材料（2人份）
鸭肉…150g
舞茸…4/5株（80g）
水芹…6根（15g）
薄面麸…½片
葱…¼根（25g）
胡萝卜…圆片4片
低筋面粉…适量
高汤…1¾杯（350ml）
酒…3大匙
味霖…2大匙
砂糖…1大匙
淀粉…1大匙
新鲜芥末…1根（酌情使用）

要点

鸭肉要拍落多余面粉

所需时间
30分钟

01 舞茸切除根部，用手撕成方便食用的大小。

02 水芹切除根部，用盐水焯过。稍微变软后取出，放在笊篱上降温。沥干水分，切成3cm~4cm的小段。

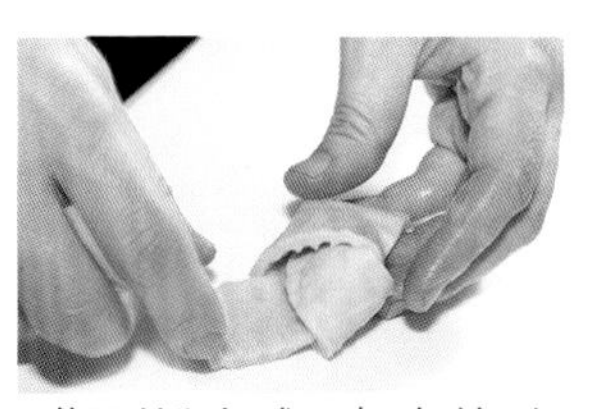

03 薄面麸竖切成一半，打结。如果原本是干的，需要先用水浸泡3个小时。

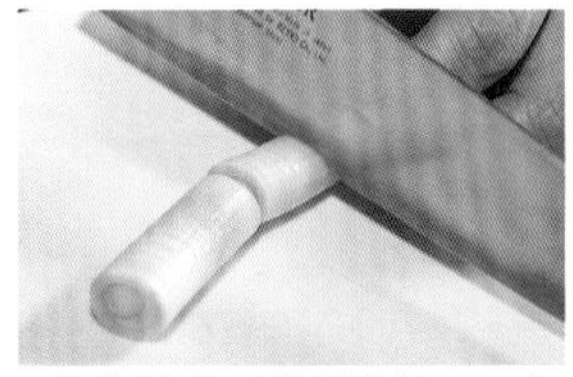

04 在葱的表面浅浅划几刀，切成5cm的小段。

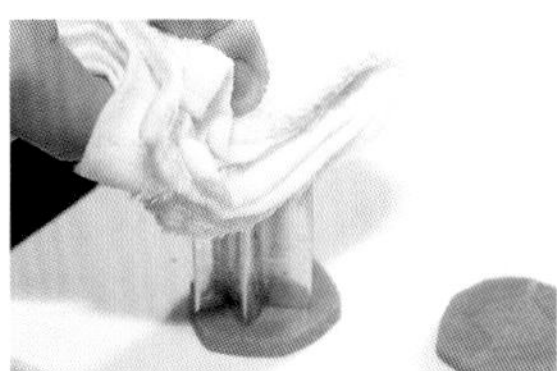

05 胡萝卜用模具压出图案。

06 鸭肉去筋并去除多余油脂，切成厚1cm的薄片。要鸭皮油脂较厚时，可留下2mm~3mm的油脂。

07 鸭肉轻轻拍上一层低筋面粉。要一定要拍落多余的粉。

08 高汤、酒、味霖放入锅里煮，转中火加薄口酱油、砂糖，再加胡萝卜、薄面麸、葱炖煮5分钟。

09 加香菇一起煮，香菇变软后取出所有材料。

10 鸭肉放入锅内，鸭肉变色后拌匀。如果觉得不够浓稠，可以用淀粉勾芡。

11 材料全部放入锅内，炖煮5分钟后就完成了。和水芹、新鲜芥末泥（参考P77）一起装盘。

日本料理的秘诀和要点⑯ 各式各样的炖煮

了解炖煮的种类

带有光泽的炖煮

一边用材料的油脂来制造光色，一边煮到完全入味。调味以辣为主。

制作方法

1 用淘米水煮削皮后切成六角形的芋头（4个），切成半月形的芜菁（1个）。

2 用P86的酱汁（150ml）炖煮鸡翅（2根）。煮的时候要不时用汤汁浇淋鸡翅，制造出光泽后装盘，用磨碎的柚子装饰。

先炸再煮的炖煮

材料炸过后用汤汁稍稍煮过。油炸能让料理的味道更浓郁，不会煮糊。日本称这种烹饪方法为荷兰煮。

制作方法

1 用酒（1小匙）、酱油（1小匙）、砂糖（1小匙）煮鸡肉馅（50g）。

2 去籽的南瓜（300g）切成方便食用的大小，油炸。

3 用高汤（300ml）、砂糖（½大匙）、味霖（13ml）、薄口酱油（18ml）炖煮1、2。

加萝卜泥的炖煮

在汤汁里加入去除水分的萝卜泥一起煮。萝卜泥不仅可以让材料更入味，还有助于消化。

制作方法

1 油炸年糕切块、胡萝卜做成花瓣形状（4片）。

2 在秋刀鱼（½条）上撒盐，将水分擦干后轻轻拍上一层低筋面粉，油炸。

3 用盐水焯过茼蒿后切成4cm的小段。

4 一段萝卜（8cm）磨成泥后去除水分。

5 用P86的汤汁（1杯）炖煮。

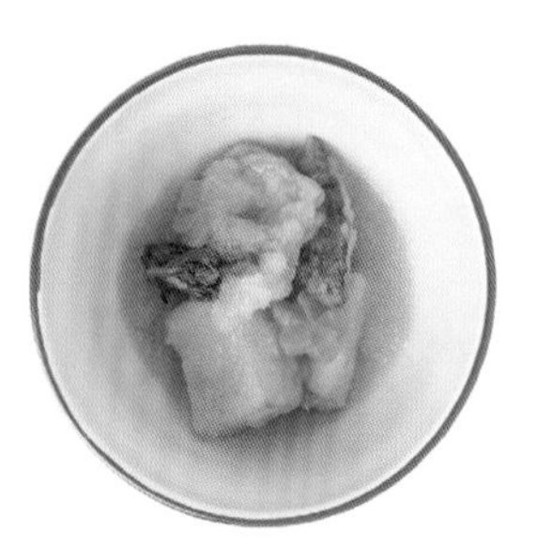

先炒再煮的炖煮

材料先炒过再用少量汤汁煮过，材料更容易入味。此类料理以羊栖菜、金平风小菜最有代表性。

制作方法

1 用水泡软的竹笋干、晒干的芋头茎切成4cm的小段。

2 用水将干腐竹（⅓片）泡软，切片，大小约为5cm×5cm。

3 用色拉油拌炒1.

4 用P86的汤汁（2杯）将腐竹煮到完全收汁。用少许辣椒装饰。

食材、调味料、烹饪方法决定炖煮的名称

炖煮使用的调味料、烹饪方法、食材各异，组合起来的种类繁多。比如甜煮、浸煮、具足煮等种类。所以我们要依照材料的特征，来选择合适的烹饪方法。

决定材料时要先决定主角，选择能够凸显主角味道的配角。可以搭配不同颜色、味道、软硬的材料，配色、形状也很重要。比如猪肉搭配青菜时，因为卤肉味道较重，所以青菜的味道要比较清爽，味道才会均衡。

制作炖煮时，落盖是不可或缺的工具，不仅能避免材料破碎，还可以让料理入味、熟透，非常重要。

Tamagoyaki

3种煎蛋

只要记住传统的简单方法就不用担心啦！

关东煎蛋

材料（2人份）
鸡蛋…4个
味霖…1大匙
砂糖…3大匙
薄口酱油…1小匙
盐…1撮
色拉油…适量
装盘材料
白萝卜…1/10根（100g）
鸭儿芹…2根（2g）
甜醋…¾杯（150ml）

要点

煎蛋锅要提前预热

所需时间
20分钟

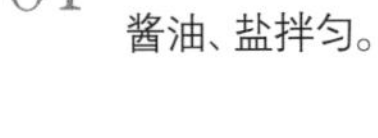

01 将蛋打入碗内，加砂糖、薄口酱油、盐拌匀。

02 把1过筛。要用洞比较大的筛网，去除鸡蛋半透明的部分。

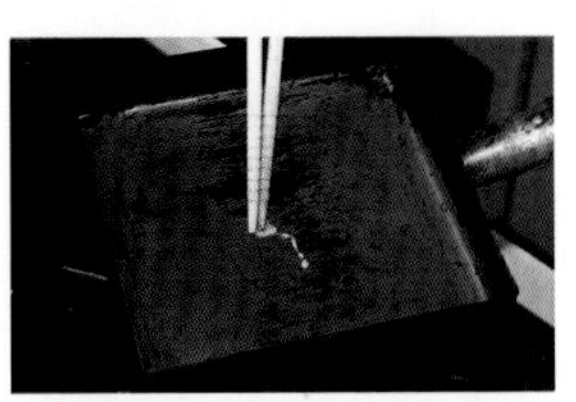

03 加热后的煎蛋器用纸巾抹上一层色拉油，如果滴上一滴蛋液会发出滋滋的声音，就可以煎蛋了。

04 ¼蛋液倒入煎蛋器，均匀扩散。要晃动煎蛋器，让厚度均匀。

05 表面气泡定型后，烹饪筷沿锅边移动，让蛋皮不粘锅。因为砂糖很多，容易焦掉，要特别注意。

06 往自己的方向折。要用力握住煎蛋器，利用反作用力轻松折起蛋皮。

07 在空出来的空间抹上一层色拉油。将煎蛋移动到另一边后，再抹一层色拉油。

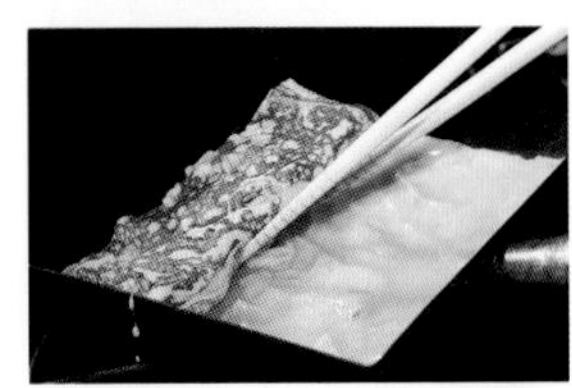

08 其余蛋液的⅓倒入靠近自己这一边，用烹饪筷抬起7，让蛋液均匀扩散。7的下方也要有蛋液。

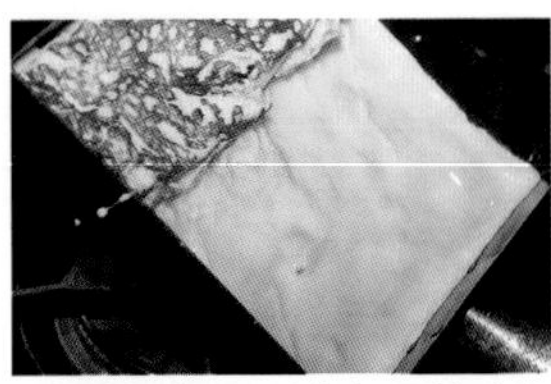

09 煎到起泡后，重复相同的动作，往自己的方向折。重复2次，直到蛋液用尽。

10 全部折起来后，在空出来的地方抹上一层色拉油，将两面煎到变色。要将锅倾斜，修整煎蛋的形状。

11 参考P127修整形状。
参考P19用甜醋渍白萝卜和鸭儿芹制作纸轴，一起装盘。

高汤煎蛋卷

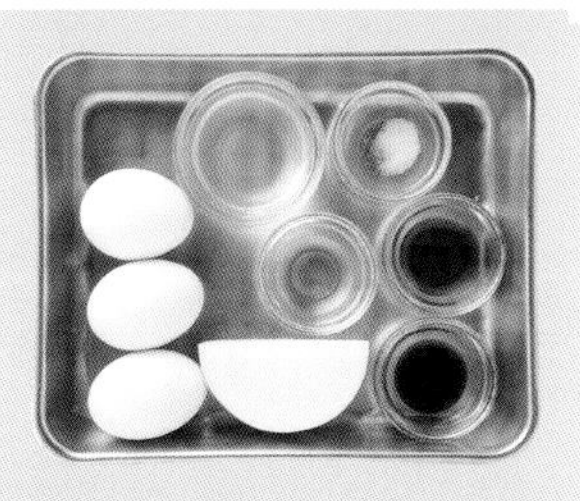

材料（2人份）

鸡蛋…3个
薄口酱油…1小匙
味霖…1小匙
盐…1撮
高汤…3/8杯（75ml）
色拉油…适量

上色萝卜泥材料

白萝卜…1/20根（50g）
浓口酱油…1/2小匙

要点

煎蛋用寿司卷帘卷起来

所需时间 20分钟

01 将蛋打入碗内。

02 加入薄口酱油、味霖、盐、高汤拌匀。

03 将2过筛。要用洞比较大的筛网，去除鸡蛋半透明的部分。

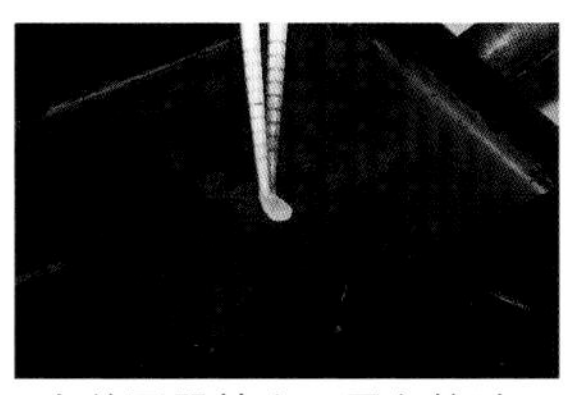

04 在煎蛋器抹上一层色拉油。要煎蛋器要加热到滴上一滴蛋液会发出滋滋的声音。如果温度太低容易粘锅，要特别注意。

05 1/4蛋液倒入煎蛋器，均匀扩散。表面起泡后往自己的方向折。要变色程度要轻一点。

06 在空出来的地方抹油。将煎蛋移动到另一边，抹油后再倒入蛋液。煎蛋要轻轻抬起，让下方也有蛋液。

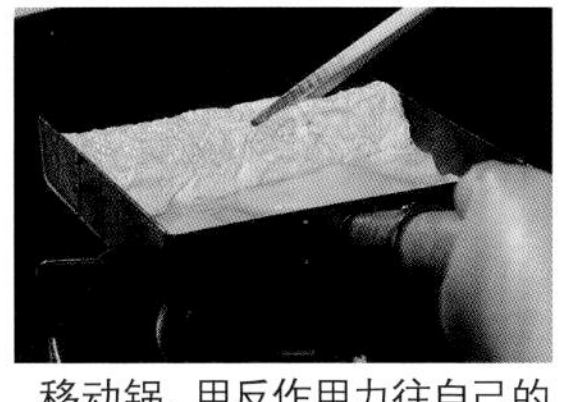

07 移动锅，用反作用力往自己的方向折。重复3次，直到蛋液用尽。

08 全部折起来后，在空出来的地方抹上一层色拉油，将两面稍微煎一下。将锅倾斜，修整煎蛋的形状。

09 利用寿司卷帘将煎蛋修整成四方形。要趁热修整形状，就算之后稍微变形，外观还是很漂亮。

10 用卷帘将煎蛋卷起来后，用手仔细按压，静置2~3分钟。形状固定后去除卷帘，切片，厚约1.5cm。

11 制作上色萝卜泥。白萝卜磨成泥后，轻轻去除水分。和煎蛋一起装盘，淋上浓口酱油。

厚烧煎蛋

材料（2人份）
白肉鱼泥…60g
砂糖…4大匙
盐…⅓小匙
蛋黄…5个
鸡蛋…4个
薄口酱油…2大匙
煮过的酒（参考P76）…½杯（100ml）
海带高汤…¼杯（50ml）
煮过的味霖（参考P76）…1大匙
A［蛋黄…½个
　 煮过的味霖…½小匙］

装盘材料
松叶…2根
黑豆…6粒
金箔…少许

要点

蛋液要用洞比较大的筛网过滤才会光滑。

所需时间
60分钟

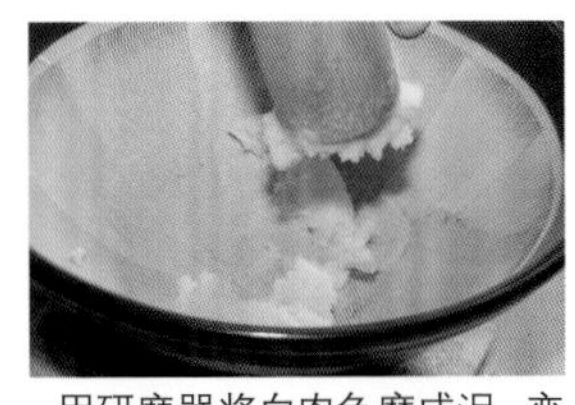

01 用研磨器将白肉鱼磨成泥。变得滑嫩后，加砂糖、盐拌匀。

02 把1个蛋黄放入1的研磨器中，拌匀。再加入其余4个蛋黄。每次加入1个用力拌匀后再加下1个。

03 在其他碗内打蛋，倒入2。倒的时候，可以用烹饪筷辅助。

04 按薄口酱油、煮过的酒、海带高汤、煮过的味霖的顺序，将调味料倒入3。

05 过筛。用洞比较大的筛网，去除鸡蛋半透明的部分。

06 在浅盘上铺上寿司卷帘，再放一个方形的模具。要使用金属制容器，可以直接导热，留住水蒸气。

07 5倒入容器，用汤匙戳破表面的气泡。要无法戳破的气泡，直接用汤匙捞起。

08 浅盘里倒入热水，放入烤箱，用160度烤40分钟。要20分钟后取出，盖上锡纸。

09 烤到竹签插入不会流出蛋液就可以了。A拌匀后趁热抹在煎蛋上，利用余温热干。

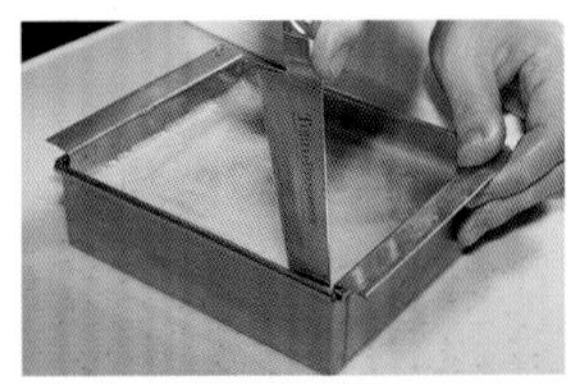

10 稍微晾凉后，在模具边缘划刀，让煎蛋和模具分开。修整形状后，切成一样大小。

11 用松叶串起黑豆，撒上一些金箔，和煎蛋一起装盘。

Mushimono

2种蒸菜

锁住美味和香气的高级料理！

腐竹蟹肉

清蒸甘鲷

腐竹蟹肉

材料（2人份）
芜菁…3个（300g）
半生腐竹…1片（30g）
水焯蟹爪…50g
百合…2片（6g）
去皮银杏…2个
蛋白…1个
盐…适量
青柚子皮…少许

淋汁材料
高汤…5大匙
盐…适量
薄口酱油…½小匙
酒…½小匙
淀粉…2小匙

要点

蛋白要打发到发泡

所需时间
30分钟

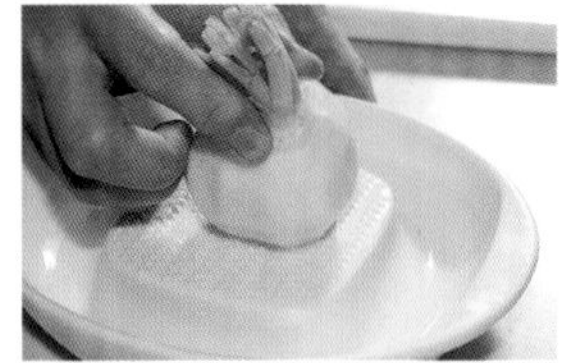

01 芜菁去皮。去皮时要切厚一点。抓住头的部分，用磨菜板磨成泥。只要抓住头，就能完全磨成泥。

02 放在寿司卷帘上轻轻倾斜，沥干水分，最后大约剩⅓的量。

03 半生腐竹切成边长2cm的方块大小。

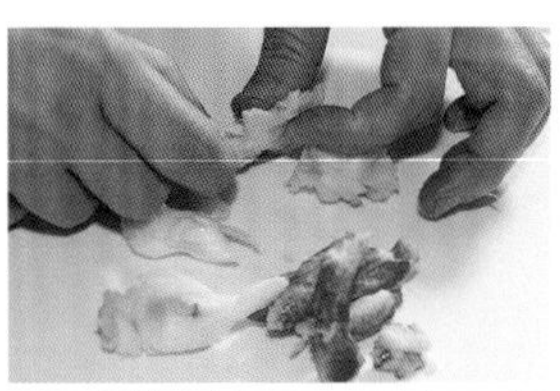

04 用手撕水焯蟹爪。要如果撕得太细，口感会变差。

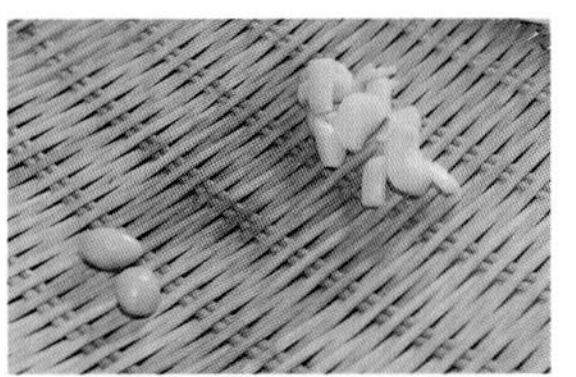

05 水焯百合、银杏，放在笊篱上沥干水分。要百合加热过度会过于柔软，要特别注意。

06 蛋白加盐打发到发泡。要发泡会消失，要迅速放入蒸笼或蒸锅里。

07 在6里加2拌匀，加百合和对半竖切的银杏。

08 腐竹、水煮蟹爪放入容器里，放入7。

09 不要用保鲜膜盖起来，直接放入蒸锅里。蒸锅的盖子要用布包起来。用小火蒸10分钟。要蒸过头，蛋白会塌陷。

10 制作淋汁。将高汤、盐、薄口酱油、酒放入锅里煮沸，用等量的水和淀粉勾芡。

11 蒸好后淋上10，最后撒上磨碎的青柚子皮。

清蒸甘鲷

材料（2人份）
甘鲷头…1个
茼蒿…¼把（50g）
舞茸…¼株（25g）
嫩豆腐…¼块（75g）
海带（5cm小片）…2片
酒…少许
白萝卜…1/10根（100g）
果醋…3⅓大匙
小葱…1根（4g）
辣椒粉…½小匙

要点

甘鲷头要去掉
鱼鳞和内脏

所需时间
40分钟

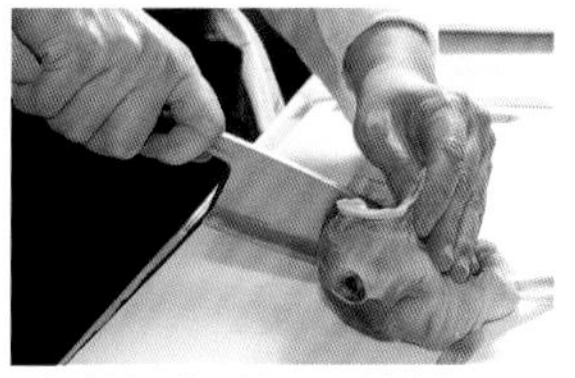

01 切甘鲷头。从两颗前齿间下刀，将刀压到最下方，对半切。

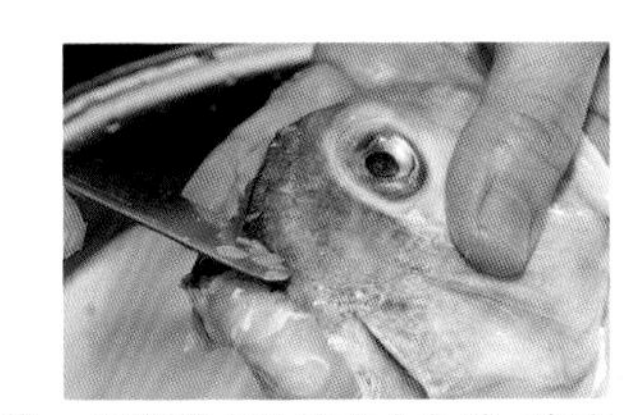

02 在倒满水的碗内去鱼鳞，清洗黏液、杂质和内脏，用刀去除杂质。

03 用水焯茼蒿、舞茸，切成方便食用的大小。嫩豆腐切成5cm×5cm的块状。

04 海带铺在容器上，放甘鲷后淋上酒。

05 4放进蒸笼或蒸锅里，不要用保鲜膜盖起来，蒸10分钟。甘鲷眼睛变白后表示已经熟透。

06 鱼肉脱落后，加豆腐、茼蒿、舞茸再蒸10分钟。

07 果醋、切细末的小葱、辣椒粉放入萝卜泥里拌匀，放入小盘中，和6一起装盘。

使用甘鲷鱼身作千里蒸

材料（2人份）
切片甘鲷…200g
茼蒿…¼把（20g）
舞茸…¼株（20g）
嫩豆腐…¼块
海带（5cm小片）…2片
酒…少许
A（白萝卜泥…100g、果醋…3⅓大匙、小葱…1根、辣椒…少许）

制作方法
1 甘鲷分成2等分，在鱼皮上划两刀。
2 茼蒿、舞茸水焯过，切成方便食用的大小。
3 嫩豆腐切成5cm×5cm的块状。
4 海带放进容器里，放上1，淋上酒。
5 直接放入蒸笼或蒸锅里，蒸15分钟。
6 加上茼蒿、舞茸、豆腐再蒸10分钟。
7 A拌匀后当作蘸酱使用。

划几刀之后不仅容易熟透，蒸的时候皮也不会破。

摸摸看，如果鱼肉还有点硬，就要蒸久一点。蒸到鱼肉变软就做好了。

Chawanmushi

茶碗蒸

关键是软软的银杏

材料（2人份）

A
高汤…1杯（200ml）
味霖…1小匙
薄口酱油…2小匙
盐…⅓小匙
蛋液…75g

香菇…1小片
高级鸡胸肉…½条
鸭儿芹…适量
芋头…1小个
八方高汤…1杯
条状年糕…¼条
银杏…2个
虾…2只
柚子皮…2片（6g）
B
酒、薄口酱油…各½小匙
C
酒、薄口酱油…各½小匙

淋汁材料
高汤…50ml
薄口酱油…½小匙
味霖…½小匙
盐…1小撮
淀粉…1小匙

01 把A放入锅里，煮沸后让盐溶解。

02 移到碗内，用另一个碗隔水冷却。如果还没冷却就加蛋液，蛋液会固化。

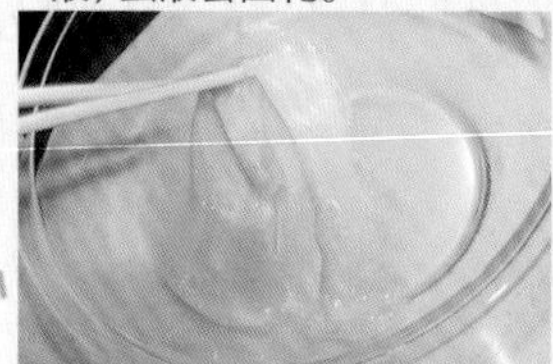

03 在碗里打蛋。仔细拌匀后过筛。

04 加入2中的高汤拌匀，留意不要起泡。用刮刀打蛋，比较不容易起泡。

05 用漏斗型滤网或筛网过滤蛋液。漏斗型滤网的洞比较小，比较容易起泡。

06 香菇、鸡胸肉切成3cm的小丁。鸭儿芹切成3cm的小段，芋头切成1cm的小丁。条状年糕对半切。

07 用盐水焯芋头，变软后用一半八方高汤浸泡。

08 年糕用铁签串起来，直接用火烤到变色。也可以用瓦斯枪烤。

09 用其余的八方高汤浸泡香菇、去皮银杏。

10 鸡胸肉加B，用手揉捏。如果鸡胸肉含有水分，就不会干干的。

11 虾去壳后用水焯过，变色后去尾、去肠泥，放入C慢慢揉匀。

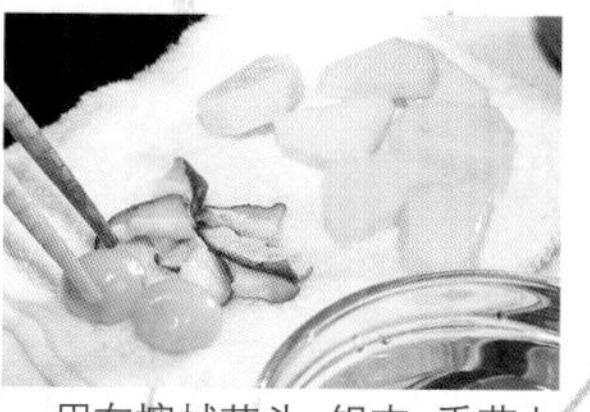

12 用布擦拭芋头、银杏、香菇上的八方高汤。

13 芋头、香菇、鸡胸肉、年糕、银杏放入容器里，倒入蛋液至八分满。

14 放入蒸笼里，先用中火蒸2分钟，表面变白后转小火，再蒸15~20分钟。

15 制作淋汁。将高汤、薄口酱油、味霖、盐放入锅里用大火煮沸，转小火拌匀，勾芡。

16 蒸到插入竹签，不会流出浑浊的液体，而是透明的液体，就可以了。

17 放上虾、鸭儿芹，再用蒸笼蒸1分钟。

18 淋上15，最后参考P212，用做成松叶形状的柚子装饰。

错误！

蛋液和高汤会分离

将高汤加入蛋液时要注意，高汤一定要经过冷却，否则蛋液和高汤就会分离。一旦分离，做出的茶碗蒸就不好看了。

不能只是稍微冷却，温度一定要低于65度，否则蛋液会固化。

日本料理的秘诀和要点⑰ 学会蒸菜的基础

在家里也能蒸出美味的料理吗?

Q1 一定要有蒸笼吗?

用蒸锅也可以。锅盖盖紧时，压力会使水蒸气不容易散出，导致水分累积，一定要用布把锅盖包起来，这样能吸收水蒸气。

Q2 为什么下方要放水?

蒸笼下方的水沸腾后，水蒸气会往上跑，将食材蒸熟。如果没有水就不能蒸，所以蒸菜时一定要放水。

Q3 容器要盖上盖子吗?

盖上盖子或保鲜膜，蒸的时候会花费更多时间，所以最好不要盖。特别是盖子边缘盖在容器内侧的，让水分累积，最好不用。

Q4 要蒸到什么程度?

	烹饪程度	重点
鱼类·肉	蒸到竹签可以轻松串肉，用手按压有弹性即可。	水分、油脂少的鱼，肉容易因受热过度而变硬，要注意一下。
蔬菜类	蒸到色彩鲜艳起来，全部蔬菜都很软即可。	如果是黄绿色的蔬菜，只需要少量的水，要盖上落盖。
蛋类	蒸到插入铁签，拿出来之后贴着嘴唇感觉到热即可。	一开始用中火蒸，再转小火继续蒸，避免水蒸气散出。

要点

蒸的时候锅里会充满水蒸气，用布把锅盖包起来，可以避免锅盖内侧的水蒸气滴在料理上。

只要知道烹饪程度，蒸菜一点都不难

蒸是指将料理放在蒸笼或者蒸锅里，利用沸水水蒸气加热的烹饪方法。不同于烧烤、炖煮，蒸菜不会烧焦或煮糊。只要放入蒸笼或者蒸锅里即可，完全不费时费工。

蒸菜种类繁多，比如加调味料蒸的酒蒸或盐蒸，或使用特殊容器蒸的茶壶蒸、茶碗蒸等。可以依照不同的种类来选择蒸的方法。

重点在于准确掌握烹饪程度。只要插入竹签会流出透明液体，或者用手指按压能感受到弹性，就表示食材中央也受热了。如果受热过度，食材会变硬。特别是茶碗蒸等蒸蛋料理，如果长时间用大火蒸，表面会有洞，要特别注意。

第4章 小菜

四季水果一览

餐后点心非水果莫属！

用当季水果为餐桌增添色彩

虽然烹饪日本料理时几乎用不到水果，但日本料理的饭后甜点却非水果莫属。就算一般家庭食用，也要营造出季节感。夏季选择水润、略酸的水果，冬季选择甘甜的水果。切片、装盘时多花一些心思，让水果更有日本料理的感觉。

水果一定要去皮去籽，切成方便食用的大小，做成果冻或者用冰激淋装饰，看起来会更华丽。因为水果大多不用加热，都是直接食用，所以要注意新鲜度，选择形状、颜色、香气都很好的水果。应季，也是选择水果的重点。就像只有夏天才吃西瓜一样，我们可以用应季水果巧妙地营造出季节感。

春

樱桃

有日本山形县的佐藤锦或美国樱桃等种类，娇小、色泽鲜艳的果实，是装饰时非常重要的水果。

草莓

可以一整颗放入果冻里，特别可爱的形状。

夏

西瓜

夏季最有代表性的瓜果类。越靠近中心，有籽的部分最甜。

桃子

食用时可以去皮，沿着中间的核切开。因为容易变色，最好装盘前再切。

秋

葡萄

去除枝的部分，再用竹签去籽。葡萄皮可以保留。

柿子

原产于中国和日本。除了直接使用，还可以去除略涩的皮做成柿饼，是深入人们生活的一种水果。

冬

桔子

有许多种类。购买时要选择表面有光泽、头部略小的桔子。

苹果

日本青森县、长野县生产的苹果最有名。因为容易变色，果皮略硬，最好装盘前再切。

Touhu no kobachi

2种豆腐小菜

口感嫩滑的清凉小菜！

芝麻豆腐

材料（80ml模具2个份）

白芝麻…30g

葛粉…30g

盐…¼小匙

新鲜芥末泥…½小匙

淋酱材料

高汤…2大匙

薄口酱油…1大匙

味霖…1小匙

鲣鱼片…1大匙

要点

白芝麻要炒到
散发香气

所需时间
30分钟

冷藏凝固需要1个小时

01 白芝麻炒到散发香气后，在研磨器中磨到粘稠油腻的状态。

02 用两杯水溶解葛粉，用打蛋器搅拌后加盐。

03 分几次在1中放入2，拌匀。如果粘在研磨棒上，可以用刮刀刮下来。

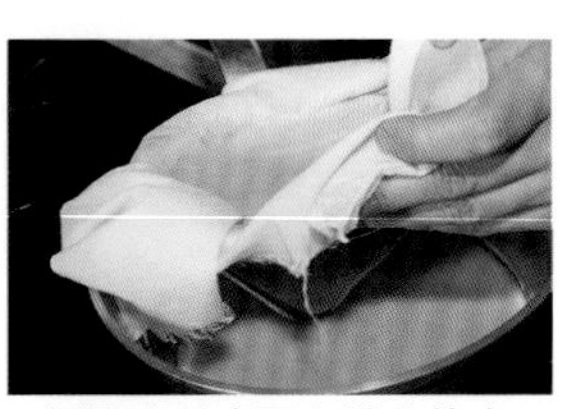

04 在漏斗型滤网上铺上棉布，将3倒在棉布上。

05 全部倒入后，从上方用烹饪筷夹住，用力挤出汁液。最后用手捏出汁液。

06 过滤出来的汁液用大火煮沸，转小火，一边用刮刀搅拌一边煮10～15分钟，直到剩下约160ml。

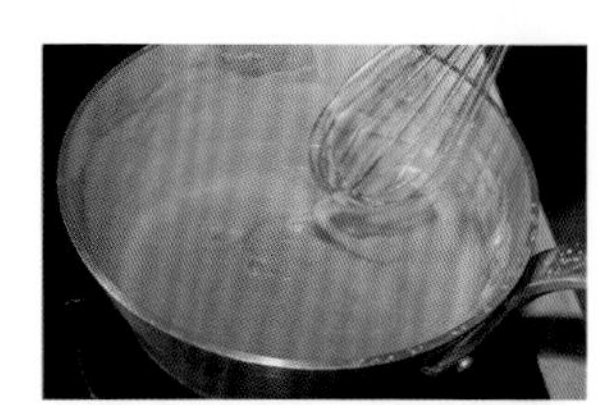

07 用打蛋器调整汁液的纹路。要煮到粘稠的状态，能隐约看见锅底。

08 倒入模具，表面用纸卡抹平。稍微晾凉后冷藏1个小时定型。

09 高汤、薄口酱油、味霖、鲣鱼片放入锅里煮沸，过筛降温，和新鲜芥末泥一起装盘。

错误！

做出来的颜色不漂亮

如果把白芝麻炒焦或者颜色不均匀，颜色就不漂亮。一定要炒至颜色均匀。

不要晃动锅，一边晃一边炒，就能炒出均匀的颜色了。

泷川豆腐

材料（12cm×14cm的浅盘）

泷川豆腐材料

琼脂片…½片

海带高汤…1杯（200ml）

吉利丁片…2g

盐…1小匙

老豆腐…½块（150g）

淋酱材料

味霖…1⅓大匙

高汤…⅗杯（120ml）

薄口酱油…1⅓大匙

鲣鱼片…1大匙

装饰材料

黄瓜…½根（50g）

莼菜…2大匙

三文鱼子…1大匙

鱼子酱…1小匙

柚子皮…少许

要点

琼脂片、吉利丁片
要完全溶解

所需时间
30分钟

浸泡琼脂片需要半天的时间。冷藏浸泡需要1个小时（或1个半小时）。

01 用水浸泡琼脂片半天，泡软后用手撕成小块。吉利丁片浸泡在凉水里备用。

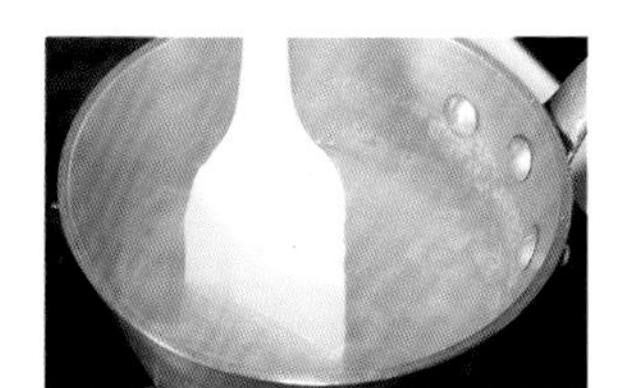

02 海带高汤放入锅内煮沸后，放入琼脂片。一边撇去浮沫一边煮到水量剩下九成。

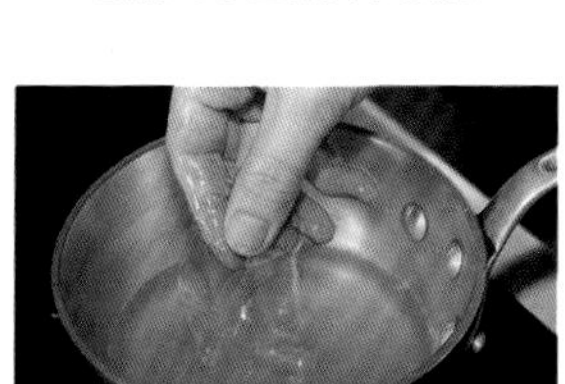

03 一定要先关火，再放进原本浸在凉水里的吉利丁片，溶解后加入½小匙的盐，轻轻拌匀后过筛。

04 将用手撕碎的老豆腐放入食物处理器中，加盐、3一起搅碎。

05 4放入用水沾湿的模具里，模具轻轻敲击铺了布的操作台，敲出空气。

06 表面用汤匙背面抹平，迅速去除气泡。用放了凉水的浅盘隔水冷却1个小时，如果冷藏需要1个半小时。

07 味霖放入锅里加热，加高汤、薄口酱油煮沸，加鲣鱼片后关火，静置一段时间后过筛。

08 用刀雕刻黄瓜，如果有竹叶，可以用来装饰。

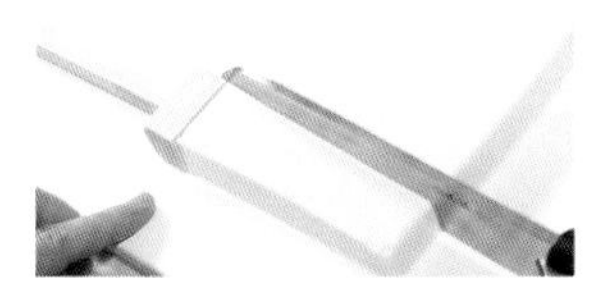

09 定型后，切成压条器的大小。㊟压条器会吸收水分，所以要先用水沾湿后再轻轻擦拭。

10 9放入压条器里，慢慢按压。

11 摆出S型，淋上冷却的7和8的黄瓜、莼菜、三文鱼子、鱼子酱一起装盘，撒上磨碎的柚子皮。

日本料理的秘诀和要点⑱

品尝营养丰富的芝麻

使用加工后种类丰富的芝麻来制作料理

	黑芝麻	白芝麻	金芝麻
特征	香气浓郁，颗粒大	味道醇厚，适合各种料理	口感粘稠，别具风味
油分	约40～50%	约50～55%	最多约60%
香气	比白芝麻香	种类不同略有不同	相较于其他种类，香气最浓
用途	红豆饭、萩饼、芝麻盐、芝麻凉拌菜等	香油、芝麻豆腐、芝麻酱、芝麻凉拌菜等	怀石料理、芝麻凉拌菜等

使用方便的加工芝麻

炒芝麻

芝麻炒到散发香气后干燥。口感好，可以用来装饰料理。

磨芝麻

芝麻炒到散发香气后磨碎，不需要全部磨碎，部分芝麻要保留形状。

洗芝麻

芝麻洗净后加热、干燥。因为还没熟透，不能直接食用，使用前一定要加热。

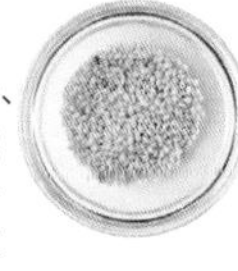

芝麻糊

用石臼等磨成糊状，可以加入调味料里，也可以用在芝麻高汤或芝麻酱里。

去皮芝麻

白芝麻去皮。虽然和带皮芝麻相比，味道略差一点，但能感受到圆润的口感。

让芝麻散发香气的秘诀

芝麻，也称作胡麻，是胡麻科植物的果实，依照皮的颜色可分为白芝麻、黑芝麻、金芝麻等3种。金芝麻产于土耳其等地，也称为黄芝麻。芝麻富含蛋白质、糖类、维生素、矿物质、食物纤维，是日本料理中常用的健康食品。

芝麻经过炒、磨，就会散发出浓郁的香气。另外，芝麻的颗粒口感很好，可以用于凉拌、油炸的面衣、芝麻豆腐等，变幻无穷。芝麻含有大量油脂，可以榨成香油。

炒洗芝麻时，要将洗芝麻放进干燥的锅里，用小火仔细拌炒10～15分钟，使其熟透，散发浓郁的香气，富有弹性。炒的时候要记得晃动锅，不然芝麻容易炒焦。

3种凉拌青菜

菜单里不可或缺的小菜之王！

银鱼拌水菜

水焯小松菜

香菇拌菊花

银鱼拌水菜

材料（2人份）
银鱼…30g
油豆腐…½块（100g）
魔芋…约¼片（70g）
水菜…2根（200g）
酒…2大匙
高汤…1 ½杯（300ml）
浓口酱油…2大匙

要点

注意火候来保留水菜的口感

所需时间
30分钟

01 银鱼放入沸水中，轻轻用水焯30秒。放在笊篱上，去除腥味和水分。

02 油豆腐也用沸水焯1分钟。要这样可以去除异味和多余的油脂。

03 降温后擦拭水分，切成2cm×2cm的块状，厚约1cm。要下刀时不要犹豫，避免豆腐变形。

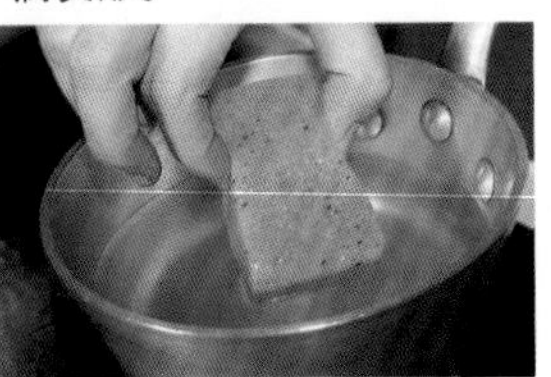

04 魔芋撒上适量的盐后静置，出水后用沸水烫5分钟。要如果少了这个步骤，就会残留异味。

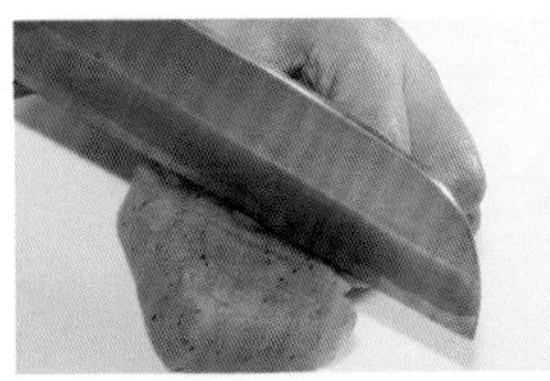

05 在表面划格子纹，方便入味。油豆腐也切成同样大小。

06 水菜稍微清洗后切成4cm~5cm的小段。要使用前先用水浸泡根部。

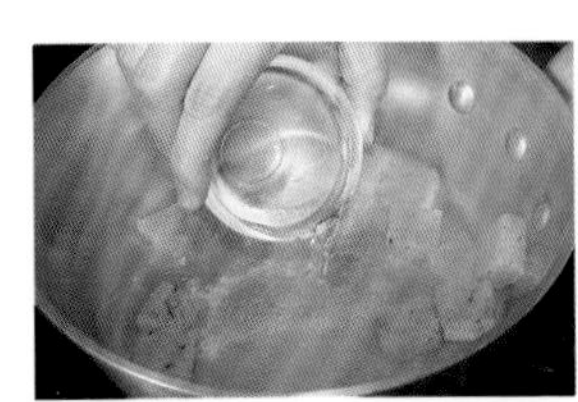

07 锅加热后干炒魔芋，水分蒸发后倒入酒。要加调味料前要先煮熟。

08 加银鱼继续煮，煮软后放入高汤、浓口酱油、油豆腐，再煮2~3分钟。

09 最后加水菜轻轻拌炒。要要保留水菜的口感。

让餐桌看起来无比可爱的装盘

使用圆盘，将油豆腐、魔芋摆成圆形，就很有意思。如果拌匀后用小碗盛装，高度可以超出小碗边缘。

拌匀后盛装，要留意每种食材的比例。

水焯小松菜

材料（2人份）
小松菜…½把（100g）
油豆腐…½块（15g）
酒…4小匙
味霖…4小匙
高汤…⅔杯（120ml）
浓口酱油…4小匙
细辣椒丝…1根
色拉油…适量

要点

叶菜类要用粗盐
溶解的盐水焯过

所需时间
30分钟

用水浸泡小松菜需要30分钟

01 烹饪前30分钟用水浸泡小松菜，凸显清脆的口感。

02 用热水溶解适量粗盐。粗盐的矿物质比一般的盐要多，适合用来水焯叶菜类蔬菜。

03 小松菜放入2内水焯。一开始先放茎，10秒后再全部放进去。之后还要炖煮，所以不要水焯过头。

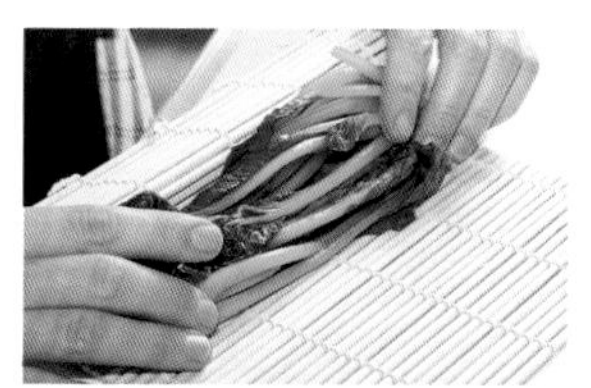

04 放在笊篱上降温后，参考P15用寿司卷帘沥干水分，切成4cm的小段。

05 用烤鱼架将油豆腐两面烤到呈现金黄色。烤过头会裂开。

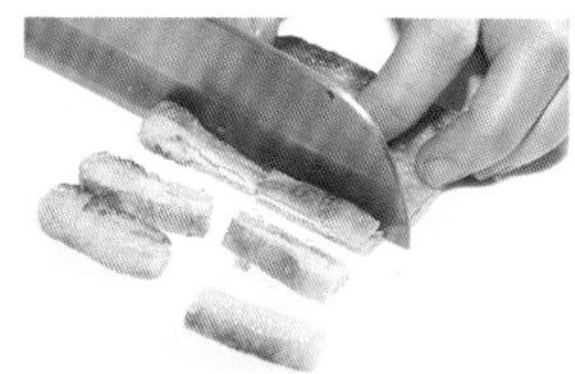

06 切成宽1cm的小段。表面烤至香脆会比较好切。

07 色拉油放入锅里加热，先拌炒小松菜的茎。如果锅太小，水分无法蒸发，要用大一点的锅。

08 放入小松菜的叶子，继续拌炒。

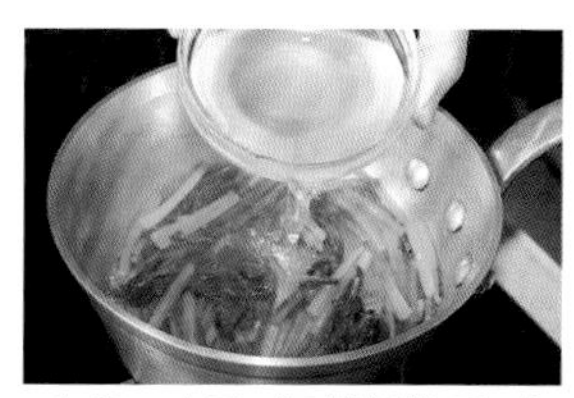

09 加酒、味霖、酒精挥发后，加高汤煮软。

10 加油豆腐、浓口酱油继续煮。如果煮过头，颜色会不好看。要在小松菜变色前完成。

11 汤汁变少后关火，连汤汁一起盛装，放上辣椒丝。

香菇拌菊花

材料（2人份）

食用菊花（黄·紫）…各2朵（20g）

茼蒿…½把（100g）

蟹味菇…½株（50g）

杏鲍菇…小号1个（30g）

金针菇…½株（50g）

酒…2大匙

A
- 高汤…¾杯（150ml）
- 薄口酱油…1大匙
- 味霖…1大匙
- 酒…2大匙
- 盐…⅓小匙

柚子皮…⅛个

要点

菊花要迅速降温

所需时间
30分钟

01 使用食用菊花，用手取下花瓣。单手拿着菊花，用常用的手取下花瓣。

02 去除中间的部分。

03 适量酒倒入沸水中，水焯菊花约15秒，放入凉水中冷却。水焯过头会裂开。

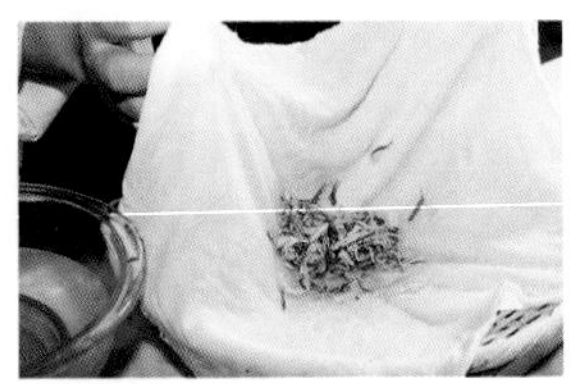

04 在笊篱上铺上棉布，冷却的菊花放在棉布上，轻轻沥干水分。

05 用手摘下茼蒿的叶子，去除杂质。用适量盐水焯过，放入凉水中冷却。

06 用手沥干水分，切成4cm的小段。

07 去底的蟹味菇、杏鲍菇切成4cm的小段。去底的金针菇对半切。

08 菌类和酒一起放入锅里炒软，静置冷却。

09 制作腌料。将A放入锅里加热。准备盛有冰水的碗。

10 煮沸后关火，用盛有冰水的碗隔水冷却。如果腌料温温的，菊花、茼蒿的颜色都会变难看，要特别注意。

11 菇类、菊花、茼蒿放入10的一半里腌制入味，盛装后淋上其余腌料，最后撒上磨碎的柚子皮。

Sunomono

3种醋渍料理

带有清爽酸味的小菜!

醋渍鳗鱼

牛蒡佐芝麻酱

金枪鱼佐醋味噌

醋渍鳗鱼

材料（2人份）
蒲烧鳗鱼…½片
茗荷…2根（40g）
黄瓜…1根（50g）
海带（5cm小片）…1片
青紫苏…1片（1g）
高汤…½杯（100ml）
砂糖…½大匙
盐…¼大匙
薄口酱油…1大匙
醋…¼杯（50ml）
生姜…1块（10g）

要点

食用前再加醋

所需时间
30分钟

01 2根茗荷切成宽1mm～2mm的圆片。用水浸泡去除涩液，放在笊篱上沥干水分。

02 参考P15摩擦黄瓜去除涩液。用沸水焯过，呈现漂亮的绿色后放入凉水中，冷却后沥干水分。

03 黄瓜切成宽约2cm的小段。在黄瓜表面斜切出多道刀纹，只切到⅔深，不要完全切断。用适量放了海带的盐水腌渍。

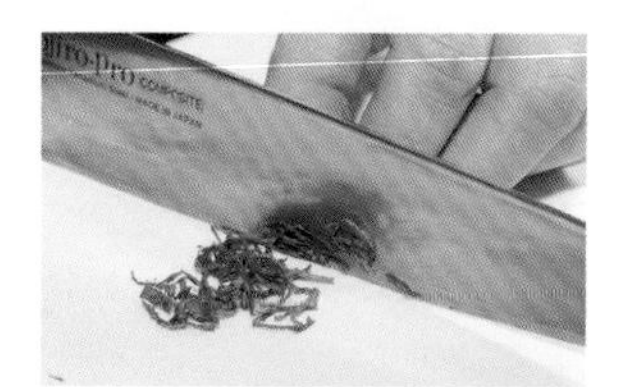

04 参考P17，青紫苏切丝后用水浸泡，去除涩液。沥干水分。

05 高汤、砂糖、盐、薄口酱油放入锅内加热，砂糖溶解后加醋，关火。㊟先将生姜磨成泥。

06 移到碗里，用放了冰水的碗隔水冷却，加生姜汁。

07 用少许6清洗3的黄瓜后，沥干水分。

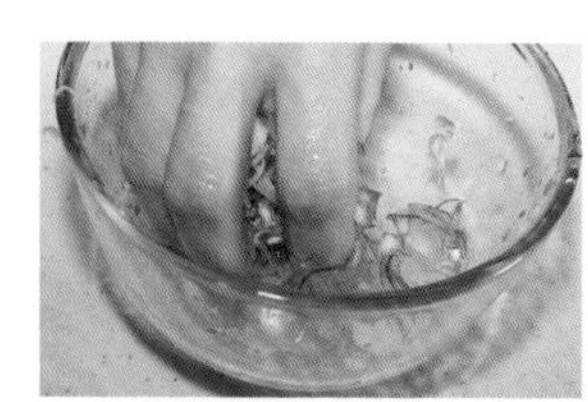

08 1的茗荷沥干水分后，也用少许6清洗，然后沥干水分。

09 蒲烧鳗鱼切成方便食用的大小，和黄瓜一起装盘。淋上其余的6，放上茗荷和青紫苏。

黄瓜的切法影响装盘

黄瓜可以切大一点放在容器里，也可以切成圆片和鳗鱼拌在一起。只要能做出立体感，外观就很漂亮。黄瓜加醋，时间长了会变色，要特别注意时间。

牛蒡佐芝麻酱

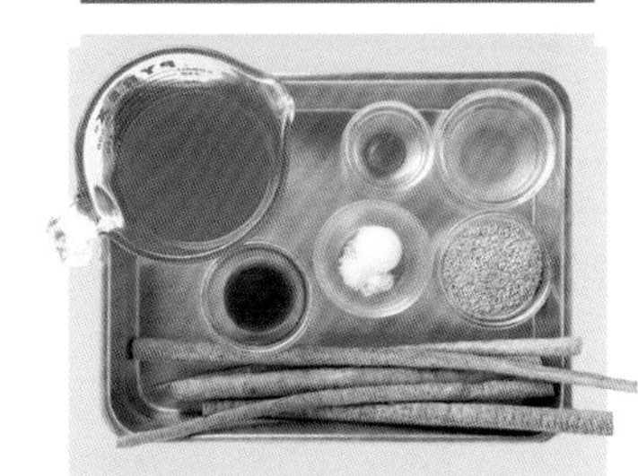

材料（2人份）
牛蒡…5根（500g）
八方高汤（参考P86）…2杯（400ml）
白芝麻…3大匙
高汤…2大匙
砂糖…1大匙
薄口酱油…1大匙
醋…2小匙

要点

牛蒡要拍到有裂纹
才会入味

所需时间
30分钟

01 用刷子清洗牛蒡，切成4cm宽的小段。

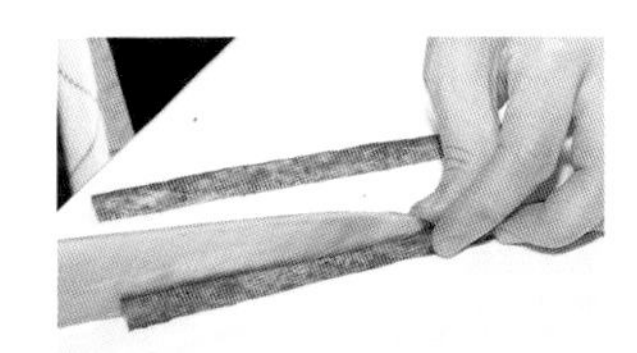

02 较粗的部分对半竖切或切成四份。要为了均匀受热，粗细要统一。

03 用适量醋水浸泡，稍微变软后轻轻揉搓。

04 盖上落盖，用水冲洗。

05 八方高汤放入锅内煮沸，加入去除水分的牛蒡。

06 继续大火煮到保留一点点口感，关火，常温下降温。

07 降温后过筛，沥干水分。

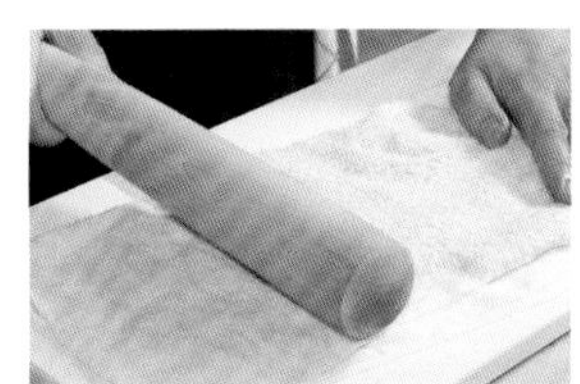

08 用布盖住牛蒡，用研磨棒轻轻拍打。出现裂纹的部分比较容易入味。

09 白芝麻炒到稍微变色。要如炒得不够会不好磨碎，香气也会不足。

10 用研磨器将9磨粗粒。依次加入高汤、砂糖、薄口酱油、醋拌匀。

11 8的牛蒡和10拌匀。要拌匀才会入味。

金枪鱼佐醋味噌

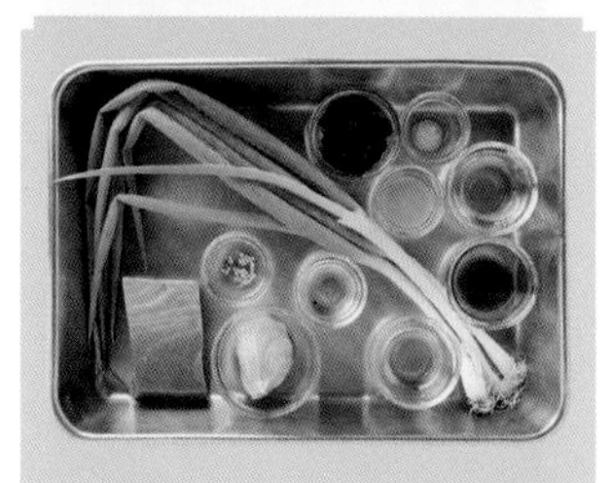

材料（2人份）
小葱…3根（30g）
带盐海带芽…15g
金枪鱼…120g
炒小米…少许
醋味噌材料
白味噌…4大匙
薄口酱油…1小匙
酒…1小匙
味霖…1大匙
蛋黄…½个
醋…2大匙
黄芥末酱…1小匙

要点

醋味噌要冷藏
2~3个小时

所需时间
30分钟

制作醋味噌需要2~3个小时

01 制作醋味噌。将白味噌、薄口酱油、酒、味霖、蛋黄放入平底锅，中火拌炒。

02 炒到光滑后关火。稍微降温后加醋、黄芥末酱拌匀，密封后冷藏2~3个小时。

03 小葱去头去尾，去除杂质和黏液。水焯后会分泌黏液，所以要切长一点。

04 用盐水焯过去除辣味。水焯时先放根部，变软后再放叶子。焯到还有一点硬芯的时候，放在笊篱上降温。

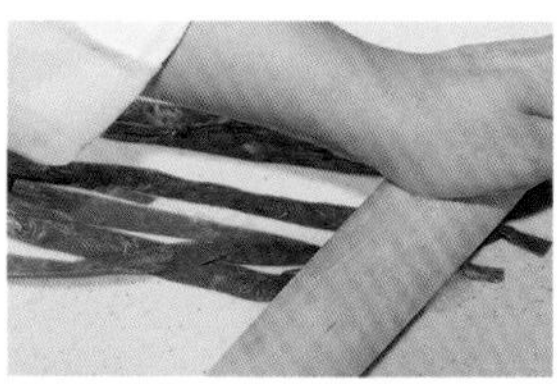

05 铺在操作台上，用研磨棒往叶尖的地方滚压，压出黏液。切成3cm的小段。

06 带盐海带芽用水清洗后，在水里去除盐分。一边用手搅动一边换水，才能完全去除盐分。

07 用手拧干水分后，沸水焯5秒钟。放入凉水里冷却，再沥干水分。

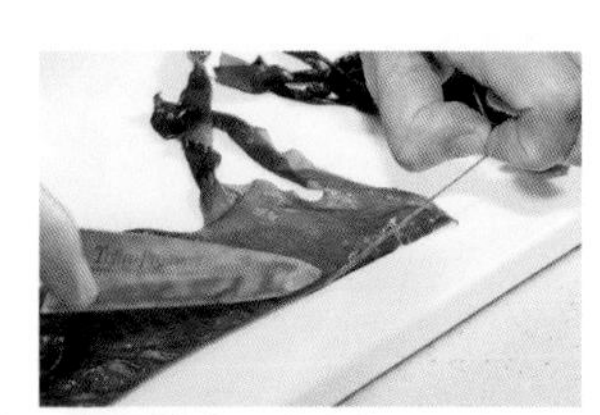

08 去除影响口感的茎，切成3cm的小段。水焯后大小会改变，所以要水焯后再切。

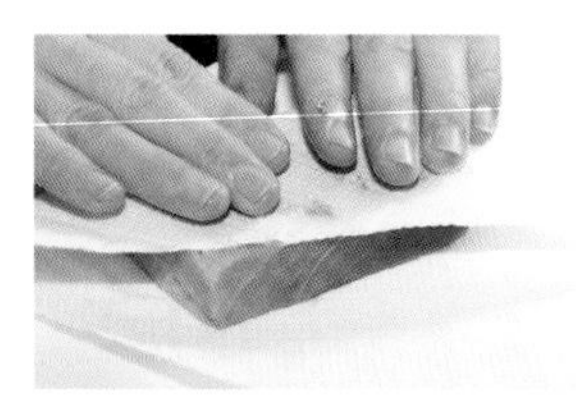

09 用纸巾彻底吸干金枪鱼表面的水分。烹饪前冷藏备用。

10 用生鱼片刀切成1cm×1cm的小丁。动作要迅速，否则油脂会溶解。

11 小葱、海带芽、金枪鱼装盘后，淋上2，最后撒上炒小米。

凉拌油菜花

菠菜拌芝麻

Aemono

4种凉拌菜

五花八门的种类有无限的可能性!

茼蒿拌味噌

麻酱五目鸡胸

凉拌油菜花

材料（2人份）
油菜花…1把（200g）
烤海苔…1片
水煮蛋的蛋黄泥…1个
芥末粉…¼小匙
腌料材料
高汤…1½杯（300ml）
味霖…1⅓大匙
薄口酱油…2大匙
盐…1/6小匙

要点

用两种酱汁腌渍
材料两次

所需时间
30分钟

用水浸泡油菜花需要30分钟

01 油菜花用水浸泡30分钟，凸显清脆的口感。切除茎比较硬的部分，用盐水焯1~2分钟，保留一些口感。

02 用水冲洗去除涩液，用寿司卷帘卷起来沥干水分，切成4cm的小段。

03 制作腌料。高汤、味霖、薄口酱油、盐拌匀后煮沸，一边用刮刀搅拌一边用冰水冷却。

04 用少许冷却的腌料清洗沥干水分的油菜花，去除异味。只要用腌料清洗，就不会水水的。

05 制作芥末糊。芥末粉加热水，仔细搅拌，直到出现辣味。为避免味道变差，搅拌后可将容器倒放，密封。

06 沥干4的水分后，用放了芥末糊的腌料腌渍。海苔用手撕碎，水煮蛋的蛋黄过筛，和油菜花一起装盘。

菠菜拌芝麻

材料（2人份）
菠菜…¾把（150g）
白芝麻…3大匙
砂糖…½大匙
浓口酱油…1大匙
味霖…1大匙
高汤…½大匙
细柴鱼丝…1大匙

要点

将白芝麻炒到
散发香气

所需时间
30分钟

用水浸泡菠菜需要30分钟

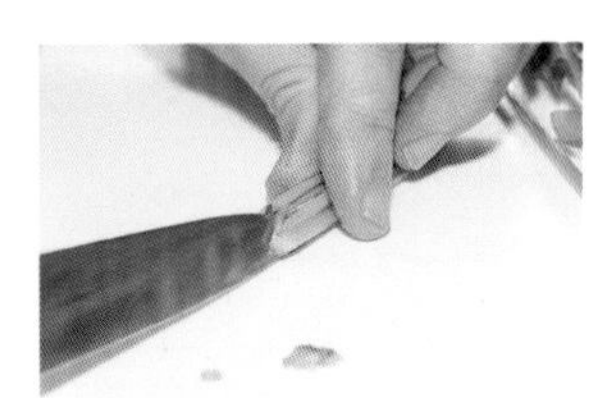

01 菠菜用水浸泡30分钟，凸显清脆的口感。在茎的部分划十字纹，在水里清洗。

02 用盐水焯蔬菜，先放茎，10秒后再放叶子。等根部也变软后取出。

03 放在笊篱上，用扇子迅速降温。沥干水分后，切成4cm的小段。

04 白芝麻炒到散发香气后移到研磨器里，磨到一半磨碎的程度。炒完要立刻磨。

05 4趁热加砂糖溶解。磨出黏性，加浓口酱油、味霖、高汤拌匀后降温。

06 5和菠菜仔细搅拌，使其入味，撒上柴鱼丝。食用前再炒芝麻，味道更好。

茼蒿拌味噌

材料（2人份）

茼蒿…1把（200g）
白萝卜…8cm（300g）
甜醋…¼杯（50ml）
三文鱼子…2大匙
柚子皮…少许

柚子香醋材料

A
- 醋…1大匙
- 高汤…1大匙
- 煮过的味霖…1大匙
- 浓口酱油…1大匙
- 柚子…圆片1片

要点

用甜醋将白萝卜腌渍入味

所需时间 30分钟

制作柚子香醋需要2~3小时

01 制作柚子香醋。A拌匀后静置2~3小时，过筛。茼蒿用水浸泡30分钟，凸显清脆的口感。

02 取下茼蒿的叶子，去除杂质。将粗盐放入沸水里，水焯茼蒿。放入冰水里，用寿司卷帘沥干水分，切成3cm的小段。

03 白萝卜去皮，先切2片厚5mm的圆片，其余磨成泥，用寿司卷帘沥干水分。沥干水分时，可以保留一点水分。

04 切成圆片的白萝卜，大致切成5cm×5cm的细末，用适量的盐水浸泡。泡软后去除水分，用甜醋腌渍。

05 茼蒿、萝卜泥、1的柚子香醋放入碗内搅拌。

06 拌匀后加去除甜醋的白萝卜、三文鱼子，再稍微拌一下，和磨碎的柚子皮一起装盘。

麻酱五目鸡胸

材料（2人份）
鸡胸肉…2条（80g）
白芝麻…1 ½大匙
A ┌ 盐…¼小匙
  │ 薄口酱油…½大匙
  └ 砂糖…1½大匙
胡萝卜…1/20根（20g）
香菇…1个（15g）
魔芋（白）…约1/6片（40g）
豌豆…10片（20g）
银杏…4个
八方高汤（参考P86）…1½杯（300ml）
盐…⅓小匙
酒…1小匙
老豆腐…½块（150g）

要点

注意温度，
将鸡胸肉煮熟

所需时间
60分钟

01 白芝麻炒到散发香气，用研磨器磨细，加A拌匀。

02 魔芋撒上适量的盐后静置，出水后用沸水焯过，放在笊篱上降温备用。

03 胡萝卜、去底的香菇、墨鱼、去老梗的豌豆切成小段，银杏去皮后分成4等分。

04 八方高汤煮沸，依次放入胡萝卜、香菇、魔芋、银杏、豌豆，煮软后过筛，降温备用。

05 鸡腿肉去筋，用手加盐、酒轻拍，静置10分钟。

06 鸡腿肉放入4内，盖上落盖炖煮15～20分钟。要温度要低于75度。

07 用温度计戳入鸡肉，如果中间有70度，表示已熟透。或用铁签戳3秒，如果是热的就可以了。

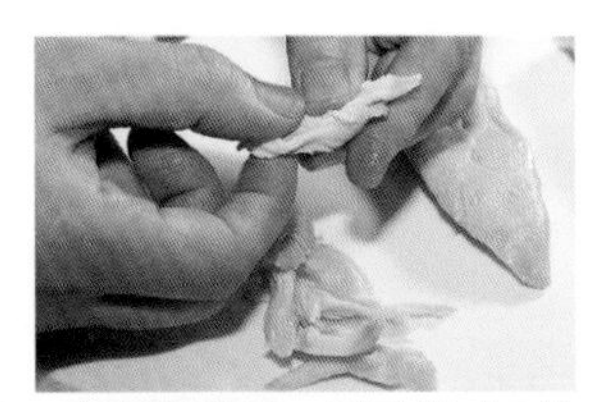

08 鸡肉降温后，用手撕成3的大小。要用手撕比用刀切更入味。

09 老豆腐包起来，在上方压重物。静置30分钟以上，沥干水分后再过筛。

10 老豆腐加1的白芝麻，用研磨器磨到有黏性，拌匀。

11 加沥干水分的4、8，稍微搅拌一下。要如果没有沥干水分，搅拌后就会水水的。

Nimame

3种煮豆

成功的关键在于豆子柔软不糊！

煮黑豆

煮杂豆

金莳豆

煮黑豆

材料（2人份）
黑豆…80g
小苏打…½小匙
水…2杯（400ml）
砂糖…240g
盐…½小匙
薄口酱油…2小匙
金箔…少许

要点

黑豆用水浸泡一晚，
泡到柔软

所需时间
2天120分钟

将黑豆泡软需要1晚

01 挑出有虫眼或形状不好的黑豆，清洗后用5倍的水加小苏打浸泡。

02 覆上保鲜膜，用水浸泡一晚。

03 换水倒入锅内，大火加热，煮沸后转小火。

04 撇去浮沫。将浮沫聚集在锅边，会比较容易清除。盖上落盖，将黑豆煮软。

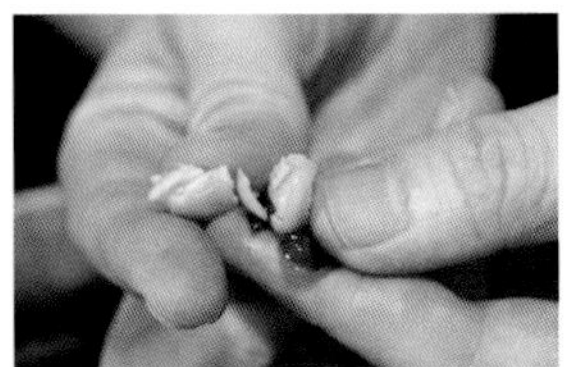

05 取出黑豆，用手确认软硬度。要煮到轻压就会碎裂的程度。

06 黑豆煮软后，用水冲洗、冷却。再用适量水煮，煮沸后再煮30分钟。

07 2杯水、砂糖、盐、薄口酱油煮沸。砂糖溶解后，用冰水隔水冷却。

08 黑豆过筛，沥干水分后放入7内。覆上保鲜膜，避免混入空气，常温静置一晚，使其入味。

09 黑豆过筛。汤汁加热，水分减少后用冰水隔水冷却。（要）煮汤汁的同时，用保鲜膜盖住黑豆，以免黑豆变得干燥。

10 用冷却后的汤汁浸泡黑豆，盖上保鲜膜静置30分钟，让其更入味。

11 重复9、10的动作2~3次，依照个人喜好调整甜度。黑豆入味后装盘，撒上金箔装饰。

煮杂豆

材料（2人份）
大豆…40g
水…2杯（400ml）
海带（5cm×5cm）…1片
胡萝卜…½根（40g）
牛蒡…¼根（40g）
干香菇…2片（8g）
魔芋…⅕片（50g）
砂糖…1½大匙
酒…1½大匙
味霖…1½大匙
薄口酱油…1½大匙

要点

将蔬菜切成和豆子相同的大小

所需时间
60分钟

将大豆泡软需要一晚

01 大豆炒到散发香气后冷却，用适量水浸泡一晚，泡软。

02 轻轻擦拭海带的杂质，用适量水浸泡后，切成5cm×5cm的大小。浸泡海带的水备用。

03 配合泡软的大豆，将胡萝卜切成8mm×8mm的小丁。

04 牛蒡竖切成4等分，切成8mm×8mm的小丁。用适量醋水浸泡，去除涩液。

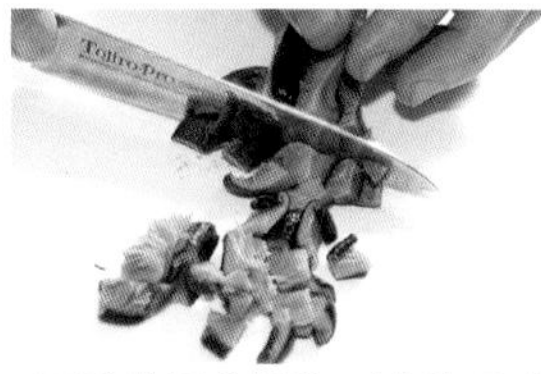

05 干香菇用水浸泡后去除香菇头，也切成8mm×8mm的小丁。

06 魔芋撒上适量的盐，出水后用水焯2~3分钟，也切成8mm×8mm的小丁。

07 1连同汤汁一起放入锅内，中火加热。如果皮浮起来，捞出。

08 过筛后用凉水浸泡，如果皮浮起来，用手捞出。

09 在大豆、切好的材料中放入2杯水，盖上落盖煮40分钟，不时撇去浮沫。如果水分不够，可加入2浸泡海带的水。

10 大豆煮软后加砂糖、酒和味霖。

11 最后加入薄口酱油，一边搅拌一边煮，入味后就可以了。

金莳豆

材料（2人份）
大红豆…80g
水…1¼杯（250ml）
砂糖…250g
水饴…10g

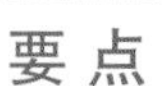

要点

分几次加入砂糖

所需时间
60分钟

将大红豆泡软需要3～4个小时

01 挑出有虫眼或者形状不好的大红豆。

02 轻轻清洗大红豆，用适量水浸泡3～4个小时。

03 大红豆和1 ¼杯的水倒入锅内煮沸，煮沸后转小火，将大红豆煮软。

04 出现浮沫时，可将浮沫聚集到锅边，比较好撇出。

05 用手指检查软硬度。要煮到轻压就会破碎的程度。

06 直接将水饴放入容器里，水饴会附着在容器上，很难取出。所以要放在砂糖上，再移到别的容器里。

07 在4里放入⅓量的砂糖，盖上纸落盖（参考P64）用小火煮约10分钟。

08 再加⅓份量的砂糖，盖上纸落盖，小火煮10分钟。

09 加入最后⅓量的砂糖，不用盖纸落盖，一边搅拌一边煮。

10 等汤汁减少¼左右，加水饴煮3～5分钟，完全溶解后就做好了。

错误！

外皮破损豆子碎裂！

长时间用水浸泡，或者煮的火候过大，外皮很容易破损。豆子容易碎裂，要掌握好火候和时间。

煮豆子时搅拌过度，或者时间过长，外皮都容易破损。

Jyoubi no nimono

3种常备料理

放入冰箱里，随时都能端上餐桌

酱烧蜂斗菜

银鱼鞍马煮

蛤蜊佃煮

蛤蜊佃煮

材料（2人份）

蛤蜊肉…150g

水煮竹笋…⅔根（80g）

生姜…1块（15g）

小苏打…¼小匙

青花椒…2枝

青花椒的果实成熟时的状态，颗粒较大，有独特的香气和辛辣。

味霖…1大匙

浓口酱油…2大匙

酒…2大匙

砂糖…½大匙

要点

水焯、隔离后再炖煮

所需时间
30分钟

01 竹笋切片，厚约5mm，切细丝。

02 制作生姜丝。沿着生姜薄片的纤维切丝。

03 在沸水里加小苏打溶解，水焯青花椒30～45秒。

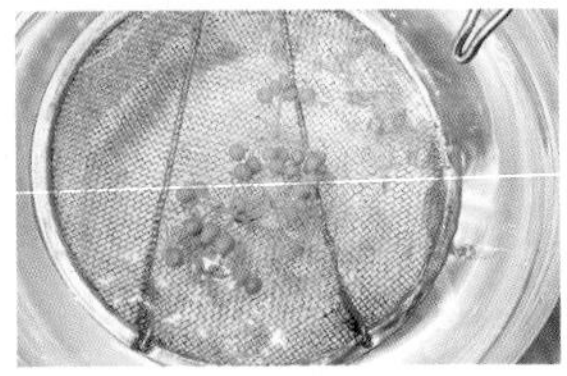

04 用筛网捞起后用凉水浸泡。

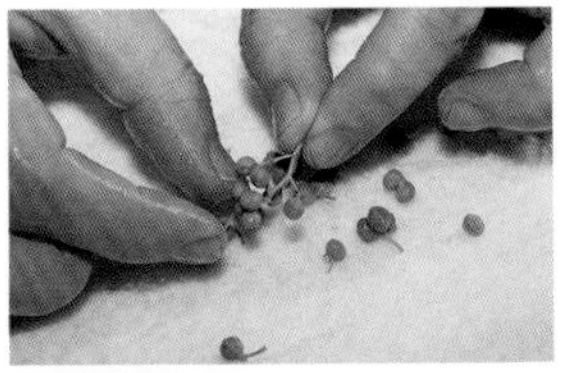

05 用手取下果实，用干布擦干水分。

06 味霖、浓口酱油、酒、砂糖放入锅里煮沸，放入生姜丝继续加热。

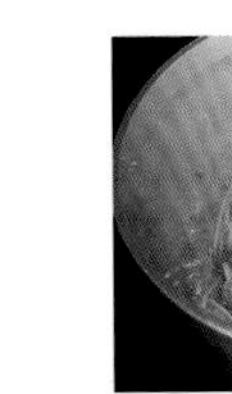

07 将蛤蜊肉加热到略微膨胀。

08 加竹笋拌匀。

09 材料全部煮熟后过筛。㊙如煮太久，蛤蜊肉会变硬，所以要先取出。

10 用刮刀轻压，过滤出汤汁。

11 10过滤出的汤汁倒回锅内，用中火煮沸。

12 煮到水分变少后放回材料。

13 搅拌到汤汁收干。

14 最后加入青花椒，拌匀后就完成了。

错误！

一定要用新鲜的青花椒

水焯时间长了，青花椒就会变色、变味。只要水焯一下冷冻保存，即使经过一段时间，也能保持新鲜的状态。因为辣味、涩液太强，不能直接食用，一定要经过水焯。

银鱼鞍马煮

材料（2人份）

- 银鱼…100g
- 酒…约⅓杯（130ml）
- 砂糖…2大匙
- 浓口酱油…2⅓大匙
- 有马山椒…2大匙
- ［用浓口酱油、大豆酱油、冰糖炖煮青花椒（P158）］
- 大豆酱油…1小匙
- 山椒嫩芽…适量

要点

拌炒到汤汁收干

所需时间 30分钟

01 银鱼放入沸水里。水焯后去除多余的盐分和腥味。

02 均匀摆在笊篱上，沥干水分。

03 锅用大火加热，将酒、银鱼放入锅里，用木铲拌炒，让酒精挥发。

04 水分减少后转小火，加砂糖煮到溶解。

05 煮到汤汁剩下一半，加浓口酱油拌匀。

06 汤汁减少后加有马山椒、大豆酱油拌匀。煮到汤汁收干后装盘，用山椒嫩芽装饰。

酱烧蜂斗菜

材料（2人份）
蜂斗菜梗…250g
酒…¼杯（50ml）
砂糖…1大匙
浓口酱油…¼杯（50ml）
水饴…1小匙

要点

蜂斗菜梗的涩液
要用水冲洗

所需时间
150分钟

01 蜂斗菜梗用水冲洗，凸显清脆的口感。㊙如果软软的，煮的时候会变硬。

02 撒上适量的盐，两手在案板上磨搓，这样颜色会比较鲜艳，还可以去除青草味。

03 用筛网或者刷子摩擦，去除细毛。如果不去皮，也不把细毛去除干净，会影响口感。

04 切除前端变色的部分后，切成4cm的小段。

05 准备足够的沸水，加适量的盐。再次煮沸后，将4放入水里煮10分钟。

06 用足够的水冲洗，去除涩液。最好用细细的流水冲洗1～2个小时。

07 酒放入锅里加热，让酒精挥发，加砂糖、浓口酱油，煮到砂糖溶解。

08 蜂斗菜沥干水分后放入7里。

09 拌炒到入味。

10 不要盖锅盖，一边搅拌一边用小火煮10～15分钟。

11 保持小火继续煮，加水饴拌匀。煮过头会变硬，要特别留意。

12 加调味料拌匀，煮到汤汁接近收干。㊙煮到完全收干，蜂斗菜会变硬。

Kinpira

2种金平风小菜

清脆的口感让人一口接一口

金平风藕片

金平风牛蒡

金平风牛蒡

材料（2人份）

牛蒡…约¾根（130g）
胡萝卜…1/10根（20g）
猪五花肉…30g
鹰爪辣椒…¼根
酒…1小匙
味霖…2大匙
砂糖…1大匙
浓口酱油…2大匙
香油…1小匙
白芝麻…1小匙
色拉油…1大匙

要点

材料全部煮软后用
纸巾擦去多余的油脂

所需时间
30分钟

01 用刷子清洗牛蒡，切丝，长约4cm～5cm。要切好立刻用适量醋水浸泡。

02 用水清洗后过筛，沥干水分。要用制作沙拉专用的脱水器可以沥干水分。

03 胡萝卜、猪五花肉也切成长4cm～5cm的条状。

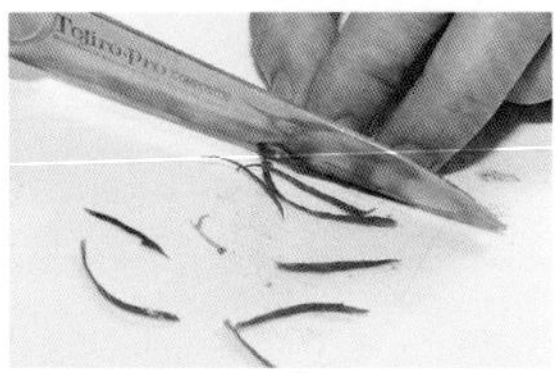

04 鹰爪辣椒去籽后用温水浸泡，变软后切丝。如果直接切容易碎裂。

05 色拉油放入锅里加热，放鹰爪辣椒用中火拌炒，直到散发香气。

06 牛蒡放入锅里，炒到变软。放胡萝卜、猪五花肉继续拌炒。

07 全部材料变软后，用纸巾吸去表面多余的油脂。

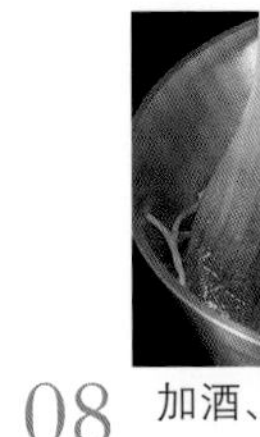

08 加酒、味霖、砂糖、浓口酱油拌炒。要试吃，依照个人喜好调整口感，再加调味料。

09 锅底空出一些空间，倒入香油，增加料理的香气。最后撒白芝麻拌匀。

错误！

无法做出清脆的口感

各位在拌炒时，会不会因为材料很硬而加水呢？一旦加水，牛蒡的口感会变差。如果材料太硬，可以多加一点油拌炒。

加了水，就不是炒，而是煮了，两者的口感完全不一样。

金平风藕片

材料（2人份）
藕…1~2节（150g）
葱…½根（50g）
樱花虾…2大匙
砂糖…1大匙
味霖…2大匙
薄口酱油…2大匙
柴鱼丝…2大匙
色拉油…1大匙

要点

藕去除涩液后
沥干水分

所需时间
30分钟

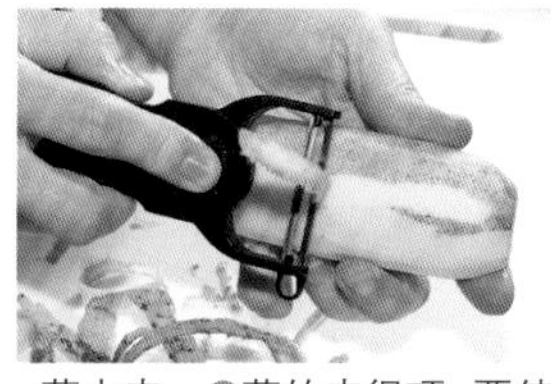

01 藕去皮。要藕的皮很硬，要使用削皮器。

02 切成厚2mm~3mm的圆片。

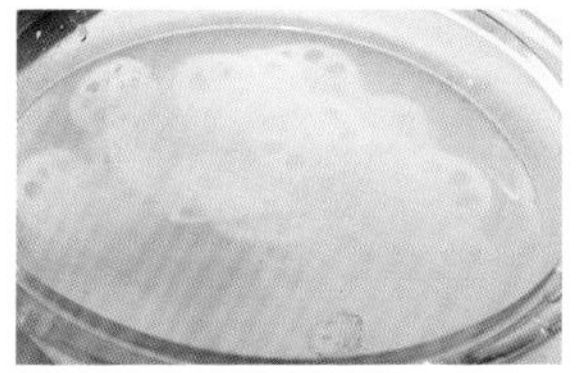

03 时间长了，藕就会变色，所以要立刻用适量的醋水浸泡，去除涩液。

04 去除涩液后，用水洗净，沥干水分，避免油炸时油喷溅。

05 葱斜着切片，厚约5mm。

06 色拉油放入平底锅内加热，转中火炒藕。

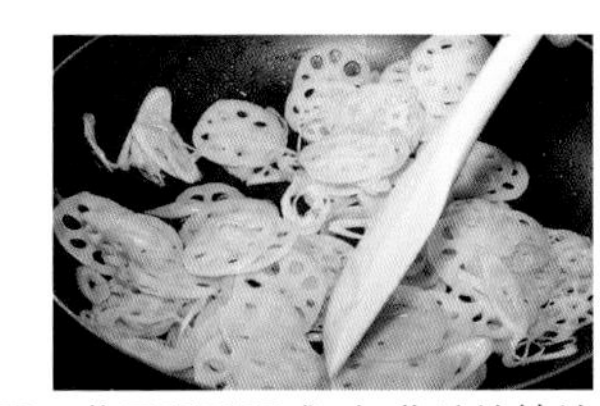

07 藕呈现透明感，加葱继续拌炒。

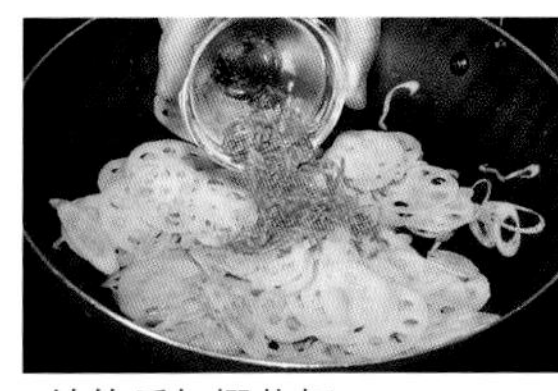

08 炒软后加樱花虾。

09 加味霖、砂糖、薄口酱油拌匀。

10 汤汁收干后加柴鱼丝。

11 拌匀后装盘。

日本料理的秘诀和要点⑲ 使用多余的蔬菜！

蔬菜的皮、茎等切除下来的部分都是重要的材料

使用南瓜、银杏的残块

蔬菜煎蛋

制作方法

1 多余的蔬菜（100g）切细末。
2 鸡蛋（6个）、八方高汤（2大匙）、酱油（1小匙）、砂糖（3大匙）、盐（½小匙）拌匀。
3 1、2拌匀后用煎蛋器煎出形状。
4 用寿司卷帘调整形状后切片。

使用当归皮、香菇头

金平风小菜

制作方法

1 多余的蔬菜（90g）放在笊篱上晒干。
2 用香油拌炒1。
3 炒软后加砂糖（1½大匙）、味霖（1大匙）、酒（1大匙）、酱油（2大匙）继续拌炒，最后用白芝麻装饰。

使用白萝卜皮、白葱梗

煲汤

制作方法

1 多余的蔬菜（40g）切丝。
2 八方高汤（500ml）煮沸后放入1煮软。
3 撒盐、胡椒调味。

使用茗荷芯、紫苏梗

炸鱼饼

1 多余的蔬菜（20g）切细末。
2 竹荚鱼、秋刀鱼等鱼和1拌匀。
3 加味噌（1大匙）拌匀。
4 捏成圆形用烤箱烘烤。
5 容器铺上青紫苏后装盘。

使用白萝卜皮、白葱梗

千层天妇罗

1 多余的蔬菜（110g）切丝。
2 用鸡蛋（1个）、低筋面粉（6大匙）、水（¾杯）制作天妇罗面衣。
3 1、2拌匀后用180度油炸（油炸方法参考P37）
4 淋上用八方高汤、盐制作的酱汁。

把还可以用的蔬菜丢弃很浪费

残块、香菇头等多余的蔬菜，都可以留下来好好利用。如果想都没想就直接丢弃了，就太浪费了。一定要彻底使用多余的蔬菜。

比如香菇头、胡萝卜皮，虽然不能直接食用，但只要切细丝炒或炸，就会非常美味。另外，可以把这些多余的蔬菜放入材料袋中，用来煮火锅或味噌汤的高汤。不仅如此，也可以用来制作米糠腌菜。

最重要的是，尽管我们希望可以彻底使用蔬菜，但还是要留意新鲜度。用刀切过的蔬菜很容易变质，一定要在冷藏保存的2~3天内使用完毕。

第5章 各式米饭

四季容器一览

装盘从选择容器开始

****

装盘是一种心意，要让用餐的人高兴

选择容器可以依据人数、装盘后的美观度、避免料理上桌时变凉或变形等几个重点。其中最大的重点是——烘托出季节感。日本料理的容器无论材质、形状、颜色、图案等，都有许多象征四季的选择。

最简单的就是形状。春季使用樱花或者梅花，秋季选择枫叶或菊花等非常有代表性的形状。另外，材质也能烘托出季节感，比如夏季适合使用玻璃、瓷器等让人感觉很清凉的容器，冬季适合使用颜色较深、感觉比较厚实的陶器等。

重点是让用餐的人只从外观，就能感受到季节的变幻。如果能用当季的植物，比如银杏或枫叶来装饰，更能增添季节感。

春

淡色容器

可以选择让人联想到樱花的粉色、嫩绿色等，感觉很可爱的容器。

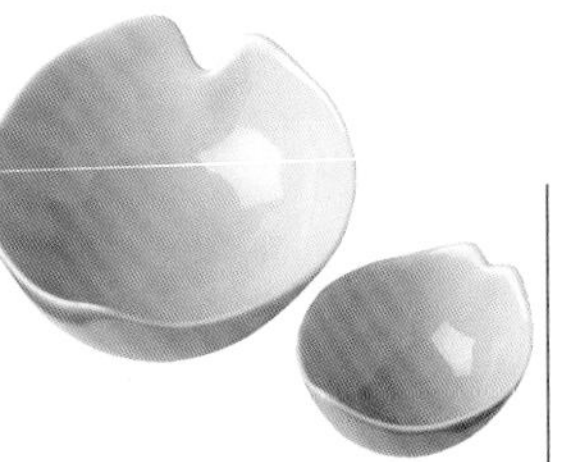

樱花形状的容器

用象征日本春季的樱花为形状的容器，一次使用几个感觉很可爱。

夏

青瓷器

瓷器、青瓷器等有一定的硬度，如果选择淡蓝色、深蓝色等感觉清凉的颜色，就有一种冰凉的感觉。

玻璃容器

从外观看感觉就很清凉，如果和冰块一起装盘，更能增加清凉感。另外，还可以使用竹笼。

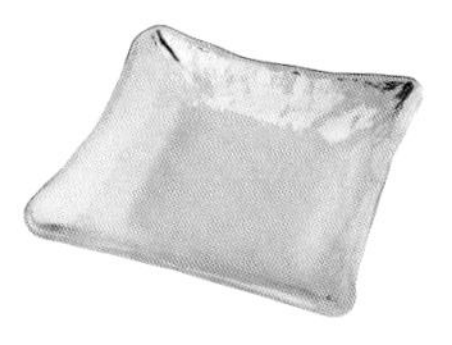

秋

枫叶形状的容器

不只是形状，颜色也很有讲究。另外，代表青花椒的割山椒也很漂亮。

秋季感觉的容器

画有月亮、树叶变红的树木、落叶等代表秋季图案的容器。

冬

重箱

一提到冬季，就会让人想到年菜。就算不是年菜，也可以把重箱当作便当盒来使用。

陶器

用土烧制而成的陶器又厚又重，最好选择黑色、茶色等颜色较深的陶器。

红豆饭

Okowa

2种蒸饭

家人品尝、招待客人两相宜

野菜拌饭

红豆饭

材料（2人份）
糯米…3杯（480g）
红豆…80g
A
- 黑芝麻…1大匙
- 盐…1小匙
- 水…2大匙

酒…1大匙
盐…⅓小匙

要点

准确掌握蒸的时间和程度

所需时间
90分钟

浸泡糯米需要一天的时间

01 糯米清洗后浸泡24个小时，使用前过筛沥干水分。

02 红豆用水清洗，倒入足够的水来煮，煮沸后转小火再煮40分钟。要煮到红豆变软即可。

03 制作芝麻盐。将A放入锅内，大火煮。要用几根筷子拌炒，直到水分完全蒸发，试吃时能感受到香气即可。

04 2的红豆和汤汁分开。将糯米、汤汁250ml、酒、盐放入平底锅内加热，搅拌让糯米吸收水分。

05 让糯米吸收水分的同时，记得用保鲜膜将红豆包起来，避免干燥。一定要先降温，才能将红豆和汤汁分开。

06 棉布沾湿后用力拧干，铺在蒸笼里，加4的糯米。中间要有点凹陷。

07 用棉布将糯米盖起来，大火蒸15分钟。要蒸之前加红豆，红豆会裂开，一定要蒸好再加。

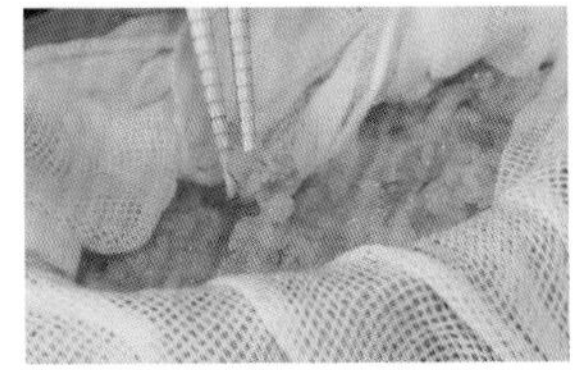

08 15分钟后，如图示用筷子夹取，有黏性就可以关火。如果没有黏性，就要再蒸一段时间。

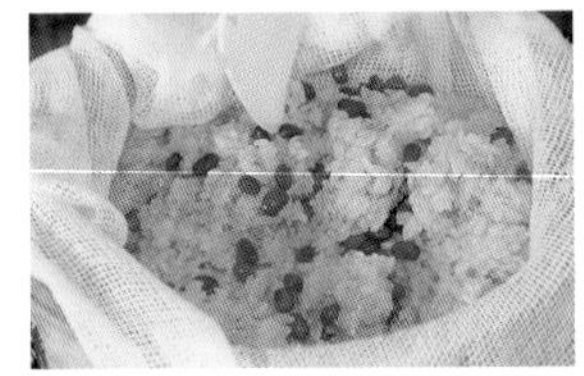

09 蒸好后加红豆，拌匀就可以了。最后撒3。

只用碗盛装就太可惜了

因为木便当会吸收一定水分，所以比塑料便当盒更具保温效果。

木便当盒不仅可以用来装便当，摆在餐桌上也很漂亮。

野菜拌饭

材料（2人份）
糯米…2杯（320g）
刺嫩芽…3根（30g）
剑笋…2根（40g）
魔芋…约⅛片（30g）
油豆皮…½片（15g）
荚果蕨…4根（14g）
蕨菜…4根（24g）
小苏打…½小匙
A 薄口酱油…2大匙
高汤…1¼杯（250ml）
味霖…1大匙
盐…½小匙

要点

仔细处理野菜

所需时间
60分钟

浸泡糯米需要一天时间

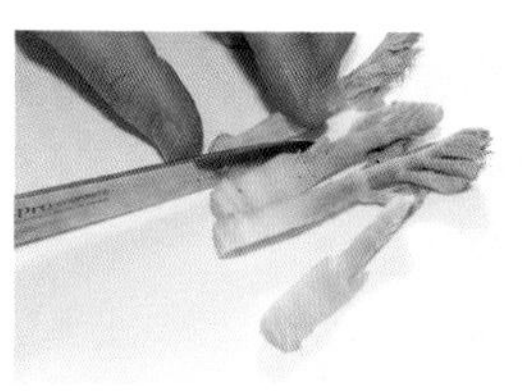

01 糯米清洗后浸泡24个小时，使用前过筛沥干水分。切除刺嫩芽较硬、不能食用的部分，再竖切成4等分。

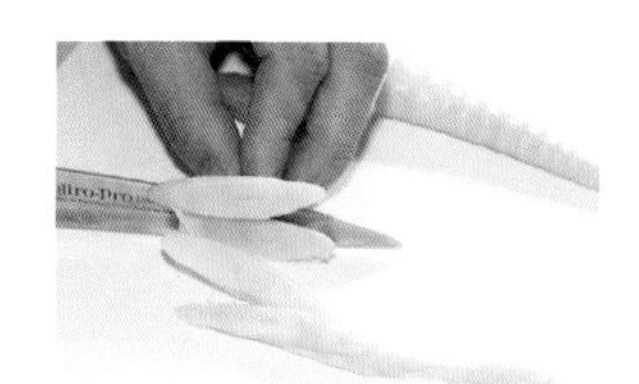

02 剑笋斜着切薄片，放入适量的盐水里加热，煮沸后取出，过筛用水冲洗。

03 魔芋撒上适量的盐后静置，出水后用沸水焯2分钟，降温切成小段。

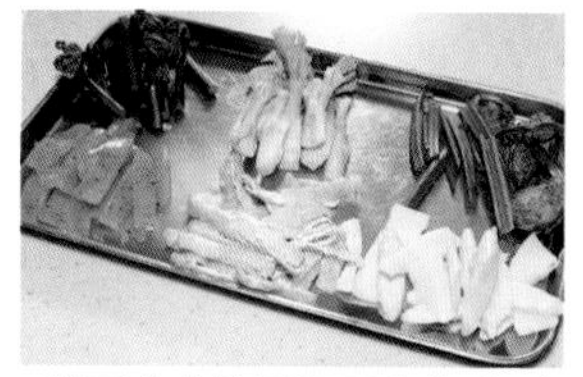

04 油豆皮水焯后沥干水分，切小段。荚果蕨、蕨菜参考P38处理，切成长3cm～4cm的小段。

05 A放入锅内煮沸。先放剑笋、魔芋，1分钟后放野菜、油豆皮煮2～3分钟。

06 过筛，将材料和汤汁分开。材料用扇子降温。要迅速降温能让野菜保持鲜艳的颜色。

07 6的汤汁、糯米放入平底锅内加热，搅拌让糯米吸收水分。

08 棉布沾湿后用力拧干，铺在蒸笼里，加7。用棉布盖起来，大火蒸15分钟。

09 用筷子夹取，有黏性就可以了。最后加6的材料拌匀。

错误！

蒸饭、野菜要拌匀

蒸饭、野菜要轻轻拌匀，但不能搅拌过度，搅拌过度会变得黏稠。

先放入拌匀的野菜拌饭，再放上野菜，看起来会更漂亮。

日本料理的秘诀和要点⑳ 用微波炉轻松制作蒸饭

就算没有蒸笼，也可以轻松制作蒸饭

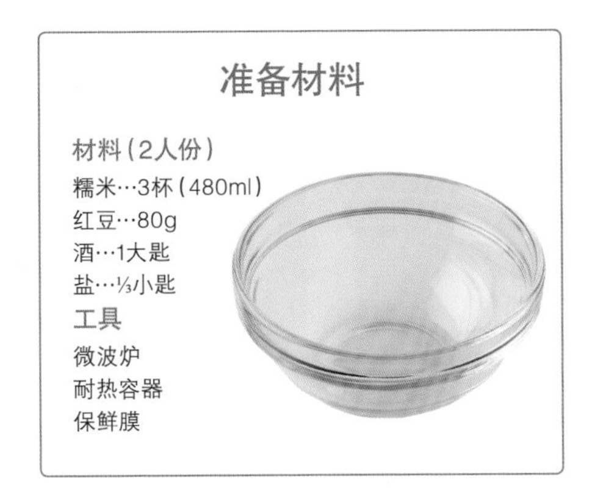

准备材料

材料（2人份）
糯米…3杯（480ml）
红豆…80g
酒…1大匙
盐…⅓小匙
工具
微波炉
耐热容器
保鲜膜

1 参考P168，水焯红豆后，用水焯红豆的水300ml仔细拌炒糯米。

2 糯米吸收水分后，放入耐热容器里盖上保鲜膜，用微波炉500W加热5分钟。

3 取出后观察米的硬度，淋上水焯红豆的水50ml。拌匀后再用微波炉加热3分钟。

耐热容器、保鲜膜是轻松制作蒸饭的好帮手

在使用蒸笼或蒸锅的料理中，蒸饭是最具代表性的米饭料理。糯米加热后会产生黏性，吸收汤汁后口感更好。

就算没有蒸笼或蒸锅，只要使用微波炉，就能轻松制作。首先，将吸收汤汁的糯米放入耐热容器中，盖上保鲜膜加热5分钟。观察糯米的硬度，加入汤汁拌匀，再加热3分钟即可。最后拌入色彩鲜艳的红豆，就做好了。

使用耐热容器加热时，重点是要盖上保鲜膜。如果不盖保鲜膜，表面的水分会蒸发、变硬。所以一定要盖紧保鲜膜，让糯米充满水分、均匀受热。

Sushi

2种寿司

使出全力做出不同以往的豪华料理！

太卷寿司

青花鱼寿司

太卷寿司

材料（2人份）

葫芦干…15g

A
- 高汤…1杯（200ml）
- 砂糖…2大匙
- 酒…1大匙
- 浓口酱油…1½大匙

干香菇…4朵（16g）

B
- 砂糖…2大匙
- 浓口酱油…1大匙

虾…2条（16g）
海苔…2片
鸭儿芹…¼根（25g）
米饭…320g
海带（5cm×5cm）…1片
醋…3大匙
砂糖…25g
盐…7g
新鲜芥末…少许（依照个人喜好调整）

煎蛋材料
鸡蛋…2个
蛋黄…1个
盐…1撮
砂糖…2小匙

要点

用恰到好处的
力量卷寿司

所需时间
60分钟

将干香菇泡软需要60分钟

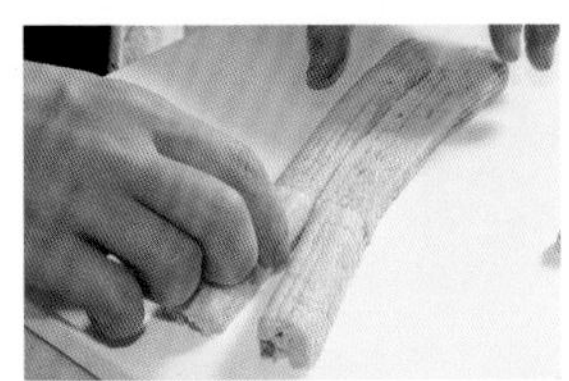

01 将煎蛋材料拌匀后煎好。（制作方法参考P126）。用寿司卷帘修整形状，切的时候要考虑到海苔的大小。

02 葫芦干用水浸泡，变软后加盐清洗。放入锅内和A一起煮，水分剩一半后加入酱油。

03 干香菇用水浸泡半天，去除香菇头。干香菇连同浸泡的水、B一起煮15~20分钟，直到汤汁收干，切成薄片。

04 虾去壳，用竹签串起来用水焯过，降温后去除肠泥，对半竖切。鸭儿芹水焯后备用。参考P176制作寿司饭。

05 海苔、寿司饭铺在卷帘上，材料排列整齐。海苔留2cm，用饭粒将海苔粘起来。

06 一边压一边卷，卷的时候用力按压。用湿布将两边突起的寿司饭压进去。

青花鱼寿司

材料（2人份）

青花鱼…1条（200g）

A
- 醋…¾杯（150ml）
- 水…1¼杯（250ml）
- 砂糖…2小匙
- 海带（5cm×5cm）…1片
- 薄口酱油…1小匙

海带（21cm×5cm）…2片
竹叶…2片
有马山椒（参考P159）…1小匙
寿司饭（参考P176）…360g
白板海带（去芯后削薄片的海带）…3片

B
- 醋…½杯（100ml）
- 水…½杯（100ml）
- 砂糖…3大匙
- 盐…1小匙

甜醋渍生姜…适量

要点

去除干净青花鱼
的腥味

所需时间
200分钟

切青花鱼后去除水分需要4个半小时

01 参考P22，将青花鱼切成3片。青花鱼放入撒盐的浅盘里，再从距离30cm的高处撒上适量的盐。

02 出水后继续盐渍。原本含血合骨的那片要抹上盐。静置4小时，中间不时去除水分。

03 肉质变硬后用适量的醋或水，清洗盐分。用醋洗能使鱼肉肉质紧缩。

04 A在碗内拌匀，腌渍去除水分的青花鱼。覆上保鲜膜，两面各腌30分钟。颜色变白后取出。

05 鱼皮朝下放进浅盘来去除水分。海带用湿布包起来，约30分钟后海带会变软。用海带包青花鱼，再用保鲜膜将两者都包起来，静置1个小时。

06 去皮青花鱼选择肉比较厚的部分，搭配模具修整大小。竹叶也是如此。

07 依次将用水沾湿的竹叶、鱼皮朝下的青花鱼放入模型，有马山椒要排成直线。要如果青花鱼比较小，可将原本切除但能食用的碎屑补充。

08 双手用醋浸湿后，拿起寿司饭，按出空气，做成棒球大小的圆球，放入模具里，稍微压一下。

09 铺上竹叶后盖上盖子按压，在操作台上敲打后，将模具打开。反复敲打几次，就能轻松打开。

10 白板海带用布擦干后，用热水焯过，放在笊篱上沥干水分。B放入锅里，稍微煮一下白板海带，迅速降温。

11 拿掉盖子、竹叶，用沥干水分的10卷起来。切成方便食用的大小，和甜醋渍生姜一起装盘。

海带棒寿司

材料

和青花鱼寿司相同。

制作方法

1 前6个步骤和青花鱼寿司的作法相同。
2 在寿司卷帘上铺上棉布，放青花鱼时鱼皮朝下，和碎屑一起组合成长方形。有马山椒在中间排成一条直线。
3 寿司饭捏成棒状，放在青花鱼上，用寿司卷帘卷起来。
4 稍微按压，使其定型。用参考青花鱼寿司10准备的白板海带卷起来。
5 切成合适的大小，和甜醋渍生姜一起装盘。

海带棒寿司使用的青花鱼要稍微大一点，有马山椒放在中间排成一条直线。

双手用醋浸湿后拿寿司饭，依照青花鱼的大小捏成棒状。

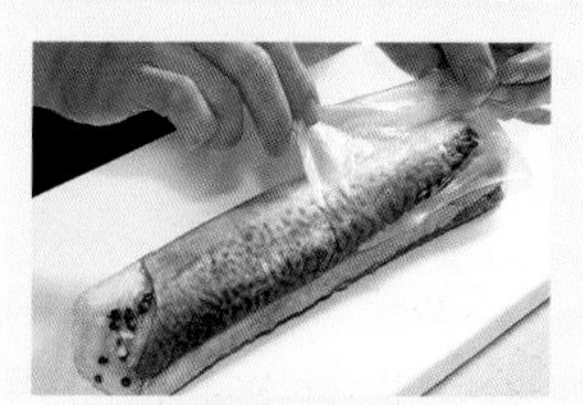

白板海带要横过来卷，只要表面平整，外观就很漂亮。

日本料理的秘诀和要点㉑ 增加一些心思就能当作宴客料理

只要稍稍改变食材和卷法，就能创造各式各样的种类

里卷

材料（2人份）

青紫苏…4片
三文鱼…1片
炒蛋…1个
三文鱼子…3大匙

❶在海苔表面铺上一层寿司饭。❷上面铺一层保鲜膜，翻面。❸内侧也铺上一层寿司饭，把食材排列整齐。❹卷起来切片，在外面撒上鲑鱼子。

↓

伊达卷煎蛋太卷

材料（2人份）

煎蛋…海苔大小1片
黄瓜…¼根
鳗鱼…70g
水煮葫芦干…40cm
水煮香菇…3片
胡萝卜…¼根
鱼松…2大匙

❶煎蛋放在寿司帘上。❷黄瓜、鳗鱼、葫芦干、煮香菇、胡萝卜搭配煎蛋大小切段，排列整齐。❸撒上鱼松后卷起来。

↓

花寿司

材料（2人份）

野菜切细末…1大匙
梅肉松（用梅肉干和鱼松混合）…1大匙
胡萝卜…¼根

❶用海苔将梅肉田麸卷起来，做成6根直径约1.5cm的海苔卷。❷用拌有野菜的寿司饭将胡萝卜、1卷起来。

↓

掌握卷寿司的技巧

卷寿司是在庆祝、节日时经常食用的宴客料理，种类繁多，比如细卷寿司、里卷、伊达卷煎蛋卷等。

卷寿司的重点在于用力压紧，不让材料松散。卷好后用手压一下，静置一段时间，让其定型。另外，海苔要留出2cm，利用寿司饭饭粒的黏性，将海苔粘起来，避免寿司卷变形。修整形状后，用湿布将两边突出的寿司饭按进去，外观就很漂亮。另外，切片时一边用湿布擦拭菜刀一边切，会比较好切。

制作卷寿司时，在选择材料上要考虑配色和客人的喜好，营造出华丽的感觉。

Chirashizushi

散寿司

豪华丰盛，让人开心的喜庆料理！

散寿司

材料（2人份）

干香菇…2个（8g）
高汤…¾杯（150ml）
砂糖…⅔大匙
浓口酱油…½大匙
金枪鱼…100g
扇贝柱…2个（16g）
虾…2只（16g）
豌豆…4个（8g）
比目鱼上半身…40g
海带（5cm×10cm）…1片
鸡蛋…1个
盐…1撮
青紫苏…2片
白芝麻…1大匙
碎海苔、三文鱼子、红姜片…各1大匙
花椒芽…适量
新鲜芥末…1小匙（依照个人喜好酌情加减）
色拉油…适量

寿司饭材料

盐…3g
砂糖…20g
醋…2⅔大匙
海带（5cm×5cm）…1片
米…1杯（160g）

要点

最后撒上花椒芽等绿色蔬菜

所需时间
120分钟

将香菇泡软需要半天时间

01 制作寿司饭。用打蛋器将盐、砂糖、醋拌匀后放入海带，等海带的体积膨胀到原先的两倍大后取出（寿司醋）。

02 饭台用水沾湿，避免以后饭粒黏在饭台上。完全沾湿后用布擦干。参考P6、P7煮饭。

03 饭煮好直接倒扣在饭台上，趁热淋上1的寿司醋。淋的时候迅速切拌，让醋分布均匀。

04 用扇子降温。大幅度地翻动，让饭翻面，均匀降温。降到体温即可。

05 将寿司饭聚集到一边，盖上棉布、保鲜膜，防止干燥。如果冷藏，饭会变得松散、坚硬。

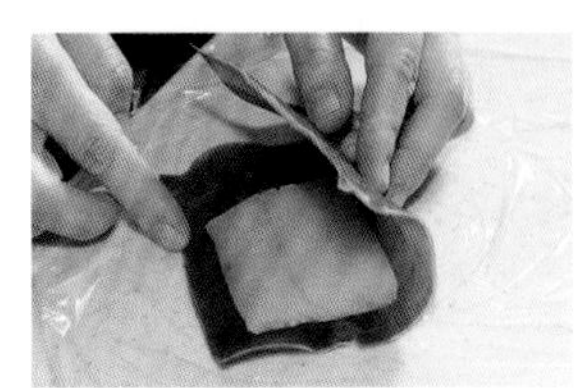

06 制作海带比目鱼。比目鱼上半身撒盐斜放，出水后用布擦干。用沾湿的海带夹着，再用保鲜膜包起来，静置1小时。

07 干香菇用水浸泡半天，去除香菇头。将高汤、砂糖放入锅里，盖上落盖，小火慢煮。

08 等汤汁剩下一半，加浓口酱油再煮15分钟，汤汁收干后切成薄片。

09 金枪鱼用沸水焯过，用适量的酱油、酒腌渍。盖上保鲜膜，在常温下两面各腌1分钟。

10 金枪鱼切片，每片厚约5mm～1cm。切的时候动作要快，大幅度地移动。

11 去除扇贝柱较白、较硬的部分，用盐水浸泡2~3分钟。轻轻清洗，去除杂质后将水分擦干。

12 用铁签串起来，直接用火烤到变色。就算里面是生的也不要紧。用冰水浸泡，去掉焦掉的部分后对半横切。

13 虾去壳后，水焯到变红、虾身弯曲，用冰水浸泡。

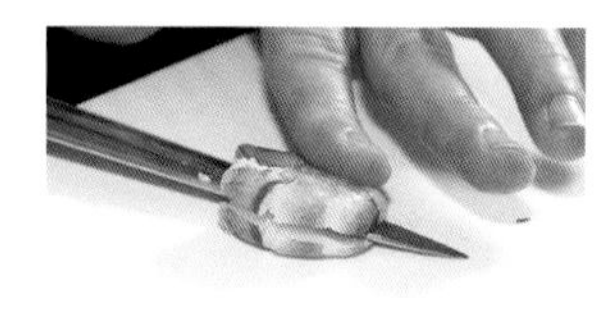

14 降温后，去尾、去肠泥，将水分擦干，横切成一半。

15 豌豆去老梗，用盐水焯过。放在笊篱上降温，切成宽1cm的大小。

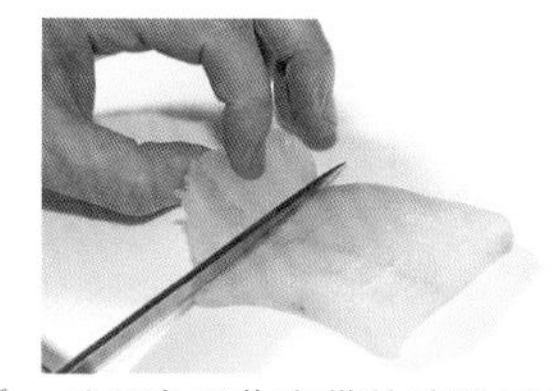

16 比目鱼吸收海带的味道后切成薄片。切好之后再用海带夹起来，静置到装盘前。

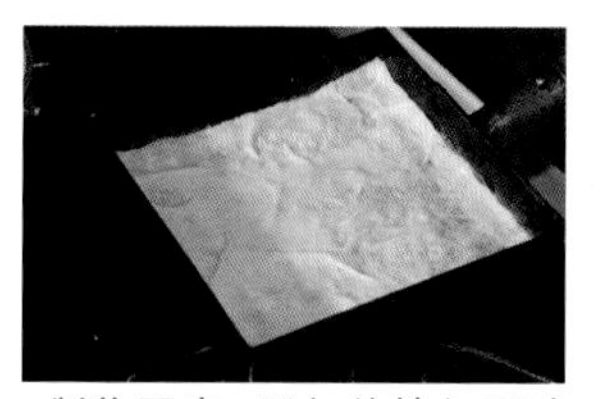

17 制作蛋皮。蛋加盐拌匀后过筛，用煎蛋器热油，倒入一半的蛋液，使其均匀分布。

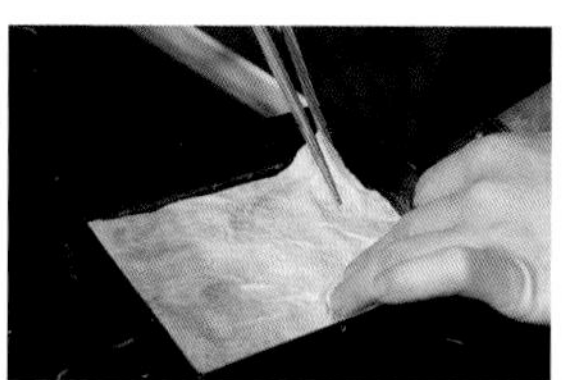

18 小火加热，表面变干后翻面。两面都煎好后放在笊篱上，用纸巾夹住吸去多余的油脂。再煎一片。

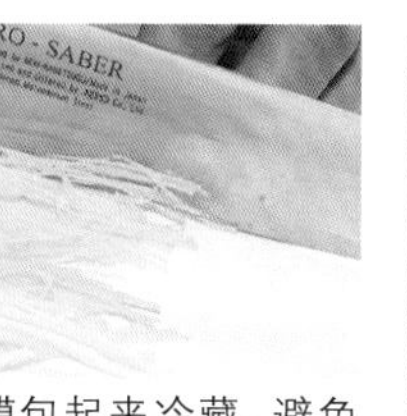

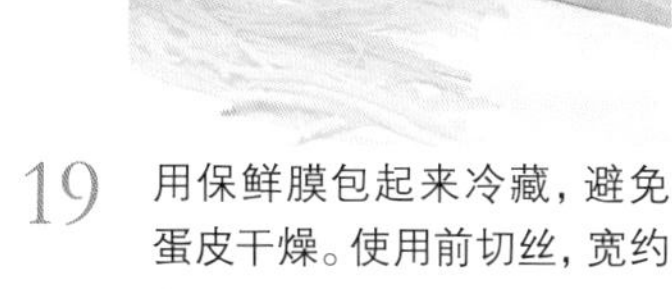

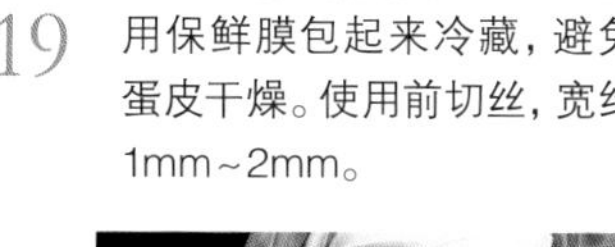

19 用保鲜膜包起来冷藏，避免蛋皮干燥。使用前切丝，宽约1mm~2mm。

20 青紫苏切丝，用水浸泡。用铺了棉布的笊篱滤水，再紧握棉布吸干水分。

21 8的干香菇、20的青紫苏，炒过的白芝麻放入寿司饭，拌匀。

22 21装盘，撒上海苔丝、蛋皮丝，使其均匀分布。

23 放上金枪鱼、扇贝、虾、比目鱼、三文鱼子、红姜。要豌豆、花椒芽碰到醋会变色，所以最后再放。

错误！

寿司饭不能加太多水

会变得粘稠，撒上醋，拌匀后再用扇子扇。如果还没有拌匀就扇扇子，会让水分蒸发而无法拌匀。

拌匀后用扇子扇，寿司饭就会富有光泽。

日本料理的秘诀和要点㉒ 日本人的主食——米的种类

糙米

稻米去壳后未经碾压，留有米糠、胚芽，富含维生素、矿物质。

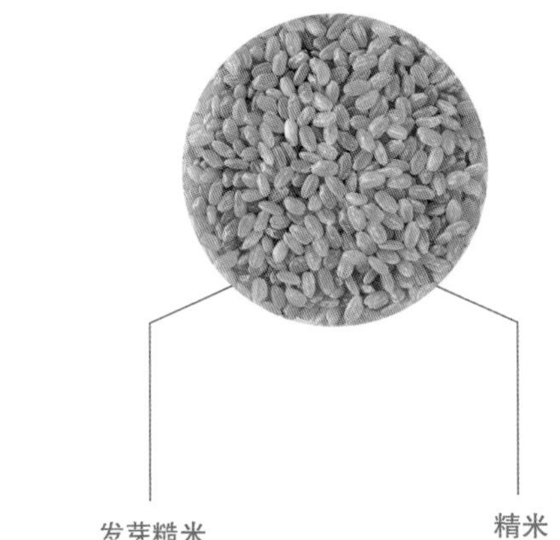

红米、黑米

也称为古代米，含有红色或黑色色素。富含蛋白质和维生素。

发芽糙米

让胚芽发芽0.5mm~1mm，富含维生素、食物纤维。

精米

去除所有米糠、胚芽，让稻米方便食用。营养价值比糙米低，是人们最常食用的米。

五谷米

混合大米、小麦、小米、玉米、黄米而成。可以和精米一起煮。此外还有十谷米、杂谷米等种类。

糯米

富含有支链淀粉的成分，口感有弹性，吃起来有粘稠感。适合用于制作麻薯和蒸饭。

日本人的主食——米对身体非常好

对日本人来说，米是非常重要的主食。米只要洗过放入水里煮，烹饪方法非常简单。富含蛋白质，是很好的能量来源。营养吸收率高达98%，可以摄取维生素等营养。

米饭由去除米糠、胚芽的精米煮成，方便食用。另外，还有保留所有米糠、胚芽的糙米，去除一半米糠、胚芽的五分白米、去除七成米糠、胚芽的七分白米。

糙米的米糠、胚芽富含维生素等营养。因为糙米含有米糠，煮的时间要比精米长，所以火力要大。另外，咀嚼糙米，更能感受到米的香味，也能锻炼牙齿和下巴。

Taimeshi

鲷鱼饭

一条完整的鲷鱼，看起来非常豪华！

鲷鱼饭

材料（2人份）
鲷鱼…1条（500g）
味霖…2小匙
酒…2小匙
薄口酱油…2小匙
米…1½杯（240g）
高汤…1½杯（300ml）
A 酒…½大匙
A 薄口酱油…½大匙
A 盐…¼大匙
生姜…1块（10g）
花椒芽…适量
海苔丝…1大匙

要点

米和调味料
的份量要相同

所需时间
90分钟

米要静置30分钟

01 参考P6，淘米后过筛，静置30分钟备用。

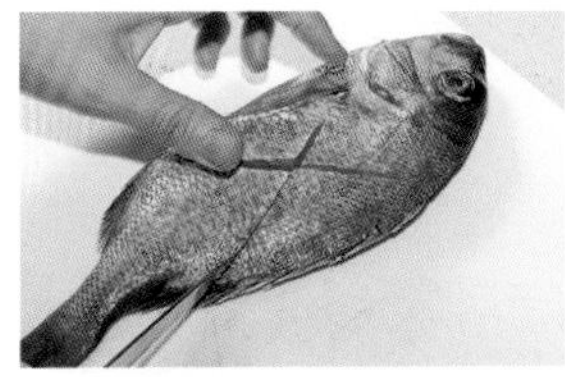

02 去除鲷鱼的鱼鳞、内脏，用水清洗。为了让鱼肉蓬松，正面划十字，背面划两刀。

03 味霖、酒、薄口酱油放入浅盘里，两面都腌渍30分钟。

04 3放在烤鱼架上大火烤，烤到鱼肉还没熟透，但表面呈现金黄色即可。

05 洗好的米放入量杯，用力按压，这样能准备标注份量。高汤、A拌匀，制作调味汁，取和米等量的量。

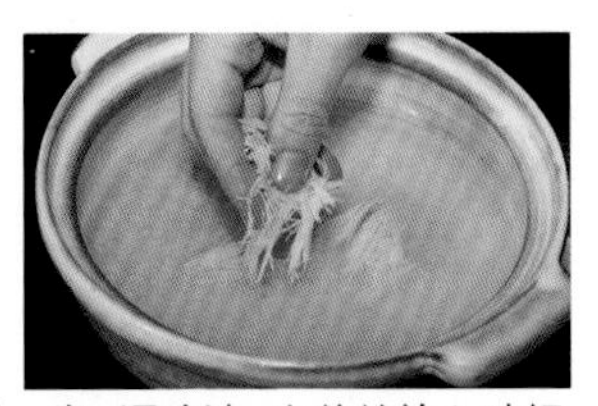

06 米、调味汁、生姜丝放入砂锅。

07 放入鲷鱼，如果鲷鱼太大，可切掉鱼尾。切除的部分也能煮出高汤，所以也要放入锅内。

08 盖上盖子。开始大火煮沸，转小火，煮10分钟。

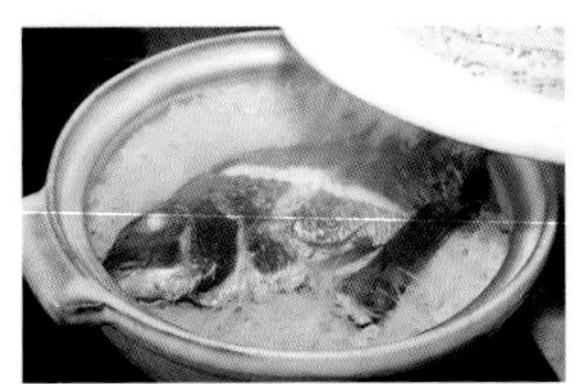

09 10分钟后转大火，蒸发多余的水分。关火后取出鲷鱼，再盖上盖子焖10分钟。

除了蒸饭里，上面也要放鲷鱼

提前将鲷鱼肉弄松，和⅔的米饭拌匀后放入碗内，最上面放上鲷鱼、花椒芽和海苔丝。

将花椒芽撕成一片片的，再放上大量海苔丝，让香气更浓郁。

Oden

豆拌饭

色彩鲜艳的蚕豆非常可爱

材料（2人份）
蚕豆…300g
米…1杯（160g）
盐…½小匙
酒…1大匙

要点

饭蒸好之后
加蚕豆拌匀

所需时间
45分钟

米要静置30分钟

01 从豆荚里取出蚕豆，用刀切除突出的部分。米参考P6清洗后过筛，静置30分钟。

02 用热水溶解适量粗盐，水焯蚕豆2分钟，放在笊篱上降温。

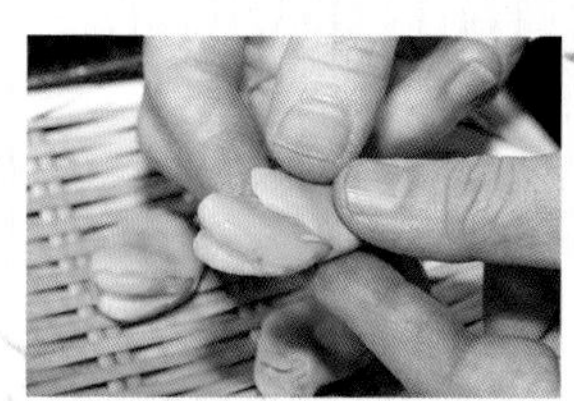

03 去除薄皮。只要按压下方，就能轻松剥下。

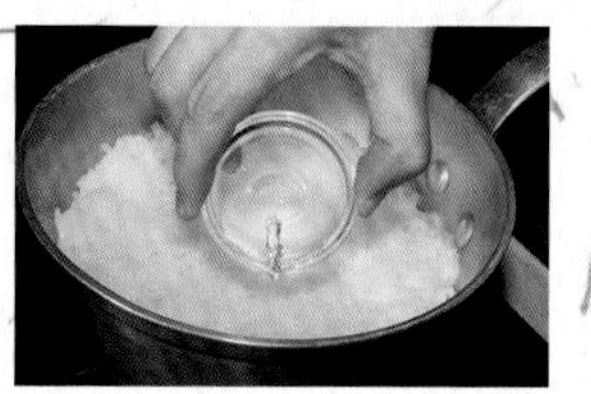

04 参考P7用盐水煮米。煮好后淋上酒。

05 让蚕豆均匀分布在米饭上，盖上落盖蒸10分钟。如果蒸之前就拌入蚕豆，饭会变得黏稠。

06 蚕豆和米饭拌匀。

日本料理的秘诀和要点㉓ 蒸饭、拌饭等种类

只要材料不同，就要调整高汤的比例

牡蛎饭

材料

牡蛎肉…6个
米糠腌白萝卜…3片
小葱…2根

调味汁

高汤…和米等量
薄口酱油…1大匙
盐…1小匙

制作方法

1 用适量的萝卜泥（分量外）清洗牡蛎后用水冲洗。
2 米糠腌白萝卜切细，用香油拌炒。
3 1加高汤、薄口酱油、盐轻轻搅拌，取出牡蛎。
4 用3的汤汁煮米（180ml）、米糠腌白萝卜。
5 加3蒸熟后，撒上切细的小葱。

章鱼饭

材料

水煮章鱼…2根（145g）
山药豆…10粒
青紫苏…2片

调味汁

海带高汤…和米等量
浓口酱油…½大匙
盐…½小匙

制作方法

1 古代米（红米或黑米）用水浸泡1个小时。
2 白米（180ml）加古代米、海带高汤、切薄片的章鱼、山药豆一起蒸。
3 青紫苏切丝，用水浸泡。
4 饭蒸好后沥干水分，撒上3。

樱花竹笋饭

材料

水煮竹笋…¼根
盐渍樱花…20g
水芹…¼把

调味汁

高汤…1杯（200ml）
薄口酱油…1大匙
味霖…2大匙

制作方法

1 竹笋切成方便食用的大小。
2 竹笋加高汤、薄口酱油、味霖一起煮。
3 盐渍樱花用水浸泡后，沥干水分。
4 水芹用盐水焯过后降温，切成3cm的小段。
5 饭（180ml）蒸好后，和盐渍樱花一起拌匀，撒上水芹。

决定材料后再选择调味汁

只需改变材料，蒸饭就能做出五花八门的种类。只要处理好材料和饭一起蒸，就能做出美味的蒸饭。另外，也可以将烹饪好的材料和饭拌在一起，做成拌饭。

同样，调味也非常重要。调味汁的种类和份量会依照材料而有所不同。如果材料是豆子、栗子、根茎类等淀粉较多的材料，最好用盐调味。如果是海鲜、肉、蔬菜，最好用酱油调味。只要依照材料来调味，就能提高成功率。

另外，并非所有材料都能一起蒸。柔软、容易碎的材料加热后，颜色、味道都会变差，最好先蒸好饭再拌匀。

Chazuke

2种茶泡饭

最后一定要用茶来泡饭!

烤饭团茶泡饭

三文鱼茶泡饭

三文鱼茶泡饭

材料（2人份）

腌渍三文鱼…1大片（120g）
烤海苔…½片（3g）
鸭儿芹…2根（2g）
白芝麻…1大匙
米饭…280g
炒小米…½大匙
盐…适量
新鲜芥末泥…1小匙
煎茶…2杯（400ml）

要点

弄松三文鱼时不要弄得太碎

所需时间
30分钟

01 烤海苔用小火烤，感觉像是在擦燃气灶。要用大火烤容易着火，要特别注意。

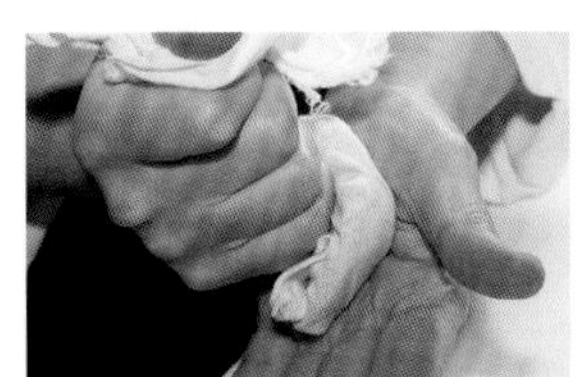

02 烤好的海苔用手撕碎，包在棉布里揉搓，将海苔揉碎。

03 用烤鱼架烤盐渍三文鱼，两面都要烤。要烤到鱼皮微焦即可。

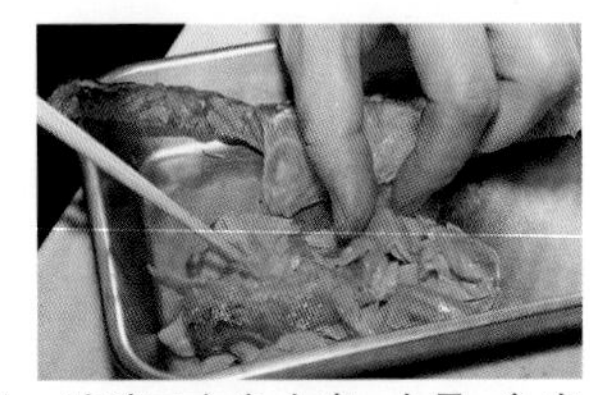

04 腌渍三文鱼去皮、去骨，鱼肉撕碎。要不要撕得太碎，会影响口感。

05 鸭儿芹切成2cm的小段。可以用切丝的青紫苏、水煮豌豆来代替鸭儿芹。

06 白芝麻用小火炒到散发香气。

07 饭装入容器后，放上盐渍三文鱼。饭可以在中间堆成一座小山。

08 撒上炒小米。如果要享受清脆的口感，可以先倒入煎茶再放。

09 撒上鸭儿芹、海苔、白芝麻和盐。

10 在盐渍三文鱼上放上新鲜芥末泥。新鲜芥末泥要放在醒目的位置。

11 食用前慢慢倒入温热的煎茶（参考P186）。倒的时候不要沾到新鲜芥末，食用时依照个人喜好拌匀。

烤饭团茶泡饭

材料（2人份）
茗荷…2根（40g）
青紫苏…3片
梅干…3个（15g）
米饭…280g
浓口酱油…1大匙
味霖…1½大匙
新鲜芥末泥…1小匙
高汤…1½杯（300ml）
色拉油…适量

要点

烤饭团的时候一定要一边烤一边涂抹酱汁

所需时间
30分钟

01 茗荷切丝。先在根部较硬的部分划几刀，就可以切得很漂亮。

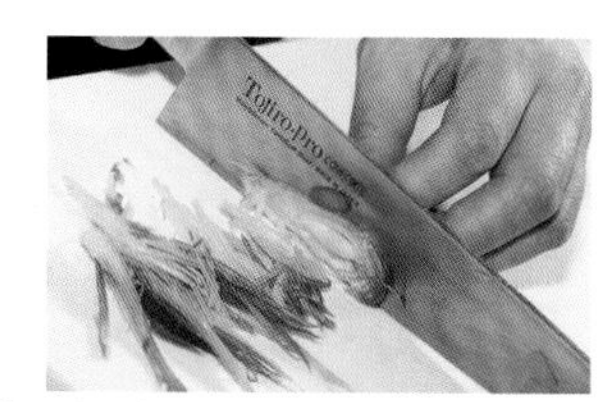

02 切成1mm～2mm的丝后用凉水浸泡，去除辣味和涩液。

03 参考P17，青紫苏切丝后用凉水浸泡，去除涩液。

04 梅干用水浸泡去除盐分。每种梅干盐分不同，可以依照个人喜好调整。

05 去除水分后用手去籽，菜刀横放，将梅干压碎。

06 用刀轻剁成糊状。要不时用菜刀按压，剁起来更快。

07 双手沾水后，将饭捏成饭团。依照人数，每人准备两个（一个用来添饭）。要因为之后会倒入汤汁，可以捏得硬一点。

08 加入浓口酱油、味霖拌匀。

09 烤鱼架抹上色拉油，放上饭团烤5分钟，变色后翻面继续烤。两面都要抹上8，烤到呈现金黄色。

10 烤饭团放进容器里，放上茗荷、青紫苏、梅肉和新鲜芥末。

11 食用前从容器边缘倒入温热的高汤。

日本料理的秘诀和要点㉔ 品尝各种日本茶

最重要的关键是热水的温度

煎茶

煎茶要用70~80度的热水。如果是玉露，要用50~60度的热水泡。温度会影响味道，要特别注意。

1 在茶壶里放入茶叶。依照人数，每人放1匙茶叶。

2 在杯子里倒入沸水，稍微降温。因为茶叶会吸收水分，所以可以多倒一点。

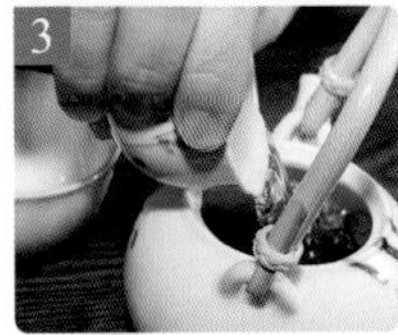

3 等杯子里的水降到70度~80度，倒入茶壶里，静置30秒。

4 为了让味道、份量平均，要分次倒入。可以使用滤网，这样茶叶不会倒出来。

烘焙茶

买了放了一段时间，或者因为接触空气变得太干燥的茶叶，只要经过烘焙，就会非常美味。

1 茶叶放入较浅的砂锅里，将茶叶炒到烘焙茶的颜色。若用其他锅炒，底部铺上和纸。

2 在杯子里倒入沸水。如果是烘焙茶，不需要冷却。

3 在茶壶里放入茶叶，将之前杯里的水倒入茶壶。静置1~2分钟，让茶叶吸收水分。

4 为了让份量平均，要分次倒入。如果不把茶倒干净，第二泡会很苦。

凉茶

泡凉茶时，每个人的茶叶最多3g。第二泡不用放冰块，倒水即可。

1 在茶壶里放入茶叶，加入一半沸水。如果不用热水，会没有味道。

2 放满冰块。冰块可以抑制涩味。

3 慢慢倒入凉水，静置3分钟冷却。中间可以摇晃茶壶。

4 冷却后倒入玻璃杯，为让味道、份量平均，要分次倒入。

日本茶要品尝到最后一滴

日本茶的茶叶有煎茶、烘焙茶、玉露等多种种类，品尝方法也不尽相同。泡日本茶的关键在于水的温度，如果不按照茶的种类来调整水温，味道也会不一样。

茶当然是甘甜的第一泡最好喝，但第二泡之后也有独特的味道。如果喝第二、第三泡，一定要把前一泡的茶倒干净。如果水留在茶壶里，茶叶的成分会让茶发涩。

日本料亭的料理基本都适合搭配酒，如果客人不喝酒，料亭会在餐前提供煎茶或者海带茶。喝凉茶会让味觉变得迟钝，不能好好品尝料理，所以餐厅大多提供热茶。

第6章 煲汤

节气料理和饮酒日历

日本有很多自古就流传下来的节气料理

四季传统的节气料理和酒

日本每个季节都有不同的节气料理，比如正月吃年菜、七草粥，三月的女儿节吃散寿司，七月的土用丑日吃鳗鱼等。此外，和搭配食材的酒一起享用，也是一种乐趣。

正月时吃的年菜、杂烩，含有希望今年健康、幸福的意义。除夕吃的过年面很长，含有长寿的意义。每项节气料理都有其独特的理由。

这些料理和当季的酒一起享用，有祈求健康、繁荣的意思，也是日本自古以来的传统。比如盐渍樱花要搭配加了樱花的日本酒，加入烤河豚鳍后加热的鱼鳍酒，加入蟹爪加热的螃蟹酒等。

1月
节气料理：年菜、杂烩、七草粥、花瓣饼
酒：屠苏酒

2月
节气料理：福豆、稻荷寿司
炖蔬菜

3月
节气料理：散寿司、菱饼、牡丹饼
酒：白酒

4月
节气料理：樱饼
酒：樱酒

5月
节气料理：柏饼、粽子
酒：菖蒲酒

6月
节气料理：水无月豆腐

7月
节气料理：蒲烧鳗鱼

8月
节气料理：蕨饼、水羊羹
酒：果实酒

9月
节气料理：红豆饭、月见乌龙面、萩饼
酒：菊酒

10月
节气料理：新面
酒：松茸酒

11月
节气料理：千岁饴
酒：初酒

12月
节气料理：过年面
酒：鱼鳍酒、螃蟹酒

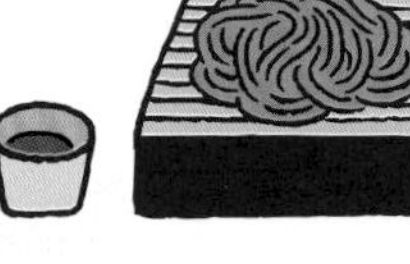

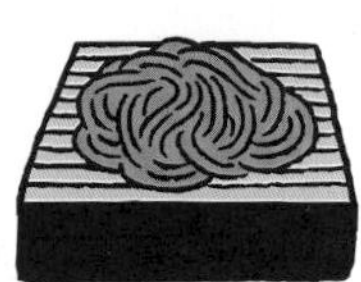

Misoshiru

3种味噌汤

只要有高汤，就能做出丰富美味的味噌汤！

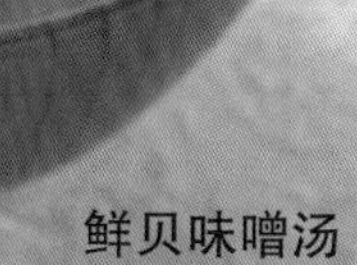

鲜贝味噌汤

腐竹白味噌汤

滑仔菇红味噌汤

腐竹白味噌汤

材料（2人份）

胡萝卜…¼根（50g）
小哈密瓜…1个（50g）
（哈密瓜尚未成熟的果实。夏季时可在日本大型超市、水果专卖店购买。）
白萝卜…2根（20g）
芋头…2个（120g）
生腐竹卷…¼根（30g）
高汤…2杯（400ml）
白味噌…3大匙
黄芥末…½小匙

要点

装盘时要注意配色

所需时间
45分钟

01 胡萝卜切成厚5mm的圆片，用模具将中间挖空。

02 小哈密瓜表面抹上适量的盐，用手摩擦出现漂亮的绿色。这样不仅能去除异味，还让皮变得柔软。

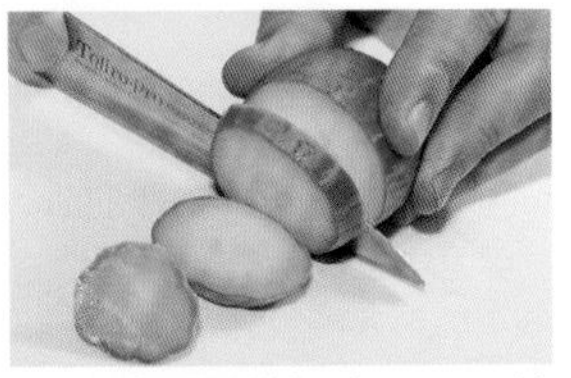

03 小哈密瓜同样切成厚5mm的圆片，中间用模具挖空。

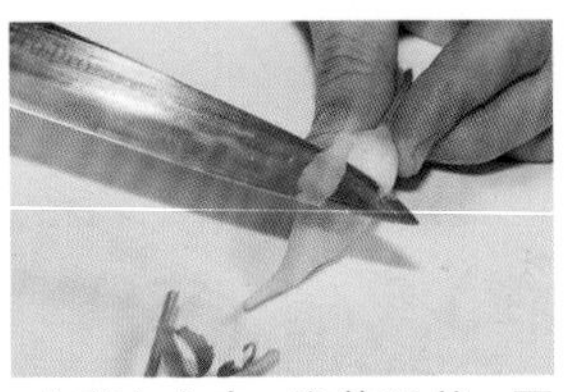

04 白萝卜去皮，修整形状。要保留2cm的叶子，用刀将根部的杂质去除干净。

05 芋头在干燥的状态下去皮，切成六边形。将六边形修整成相同的宽度。

06 把适量的淘米水和芋头放入锅内，煮到用竹签可以轻松穿透。变软后用水冲凉。

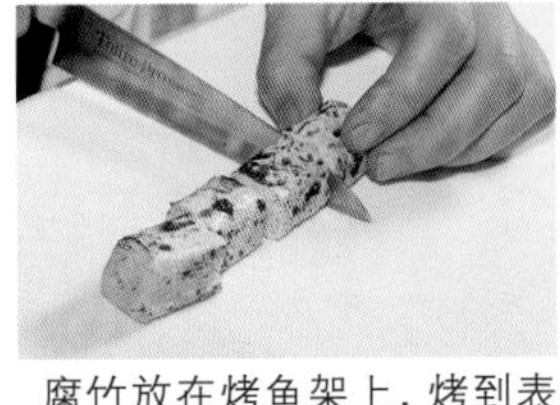

07 腐竹放在烤鱼架上，烤到表面变色后切成4等分。

08 用盐水将胡萝卜、白萝卜、小哈密瓜煮软。

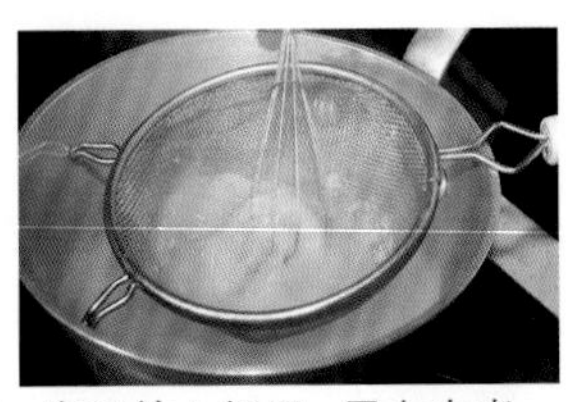

09 高汤放入锅里，用大火煮。煮沸后转中火，用打蛋器将白味噌过筛，放入锅内。要用洞比较小的筛网，这样汤喝起来会比较细致。

10 在胡萝卜上划一刀，用胡萝卜环套住小哈密瓜环。

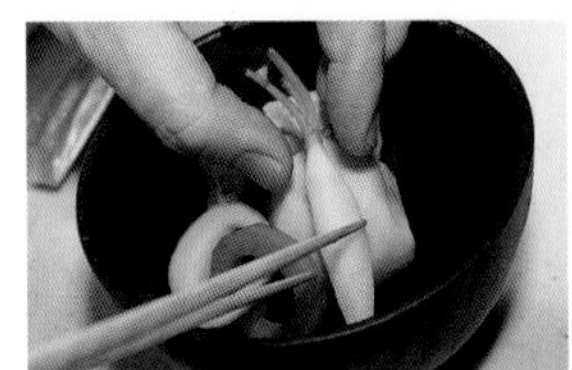

11 用预热过的碗装汤，装进配料再倒入9的味噌汤，放上黄芥末。要倒入味噌汤时，留意不要让配料塌下来。

鲜贝味噌汤

材料（2人份）
贝…120g
带壳海带芽…8g
海带高汤…2杯（400ml）
混合味噌…2大匙
青葱…1根（5g）

要点

提前处理好贝

所需时间
30分钟

处理贝需要2个小时

01 贝用适量的盐水浸泡2个小时，使其吐沙。口打开或外壳破损的要丢掉。

02 用适量的盐抹贝，用他们的外壳互相摩擦，去除杂质和黏液。多摩擦、清洗几次。

03 带盐海带芽用足够的水浸泡，去除盐分。去除水分后切成方便食用的大小。

04 海带高汤放入锅里，用大火煮。煮沸后转中火，用打蛋器将混合味噌过筛，放入锅里。

05 稍微沸腾后保持火力，将贝放入锅里。撇去浮沫，煮到贝口打开。

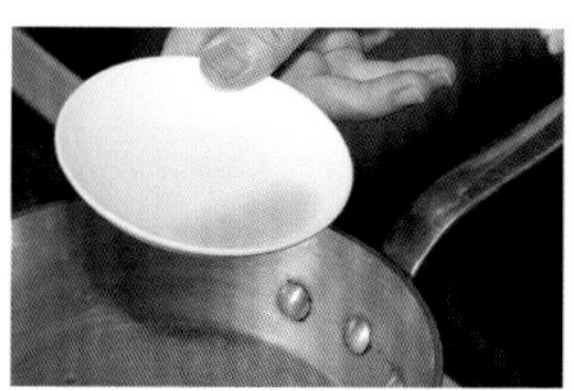

06 尝一下，如果味道太淡就加味噌。

07 最后加海带芽，火稍微开大点即可。用预热过的碗装汤，撒上切细丝的青葱。

滑仔菇红味噌汤

材料（2人份）
嫩豆腐…⅛块（40g）
滑仔菇…40g
鸭儿芹…2根（2g）
高汤…2杯（400ml）
红味噌…2大匙
花椒粉…少许
（青花椒干燥后磨成粉，有增加香气、消除异味的效果。）

制作方法

1 嫩豆腐切成1cm见方的小丁。
2 滑仔菇用水轻轻清洗，放入沸水里一边搅拌一边煮。煮好过筛，沥干水分。
3 鸭儿芹清洗，切成3cm～4cm的小段。
4 高汤放进锅里用大火煮，煮沸后转中火。
5 用打蛋器将红味噌过筛，放入锅里。
6 加滑仔菇、豆腐，煮1分钟。
7 用预热过的碗装汤，撒上鸭儿芹、花椒粉。

滑仔菇用水清洗，用沸水焯过。

味噌不要一次全部放进去，可以留一些，之后再按照个人喜好调整味道。

Kenchinjiru

魔芋蔬菜汤

配料丰富的蔬菜汤适合招待客人

材料（2人份）
老豆腐…1/6块（50g）
猪肉…30g
牛蒡…⅛根（20g）
魔芋…约⅛片（20g）
南瓜…1/6个（20g）
胡萝卜…1/10根（20g）
油豆皮…¼片
青葱…1根（5g）
辣椒粉…适量
色拉油…适量

高汤材料
高汤…2杯（400ml）
盐…¼小匙
薄口酱油…1大匙
酒…1小匙

所需时间
60分钟

01 老豆腐放在笊篱或寿司卷帘上。盖上棉布后用重物压，去除多余的水分。

02 去除水分后用手撕成大块。

03 猪肉切细。

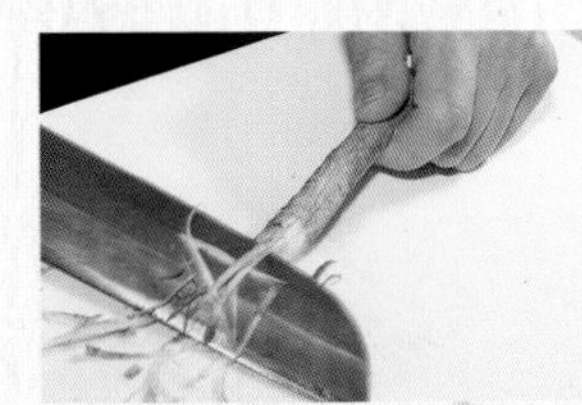

04 用刷子清洗牛蒡，参考P17切薄片。用适量盐水浸泡，去除涩液后用水冲洗。

05 魔芋抹上适量的盐来去除异味，出水后用沸水焯过，放在笊篱上降温备用。

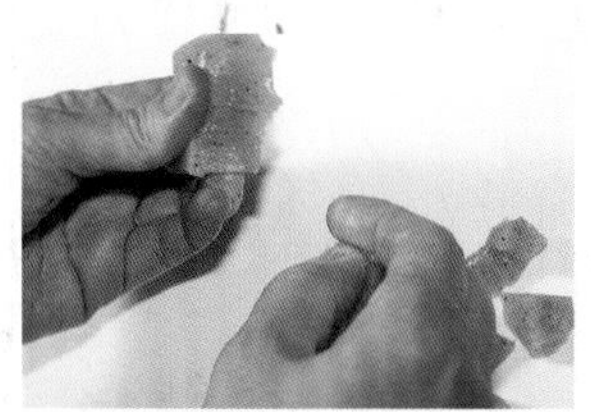

06 用手将魔芋撕成方便食用的大小。手撕比刀切容易入味。

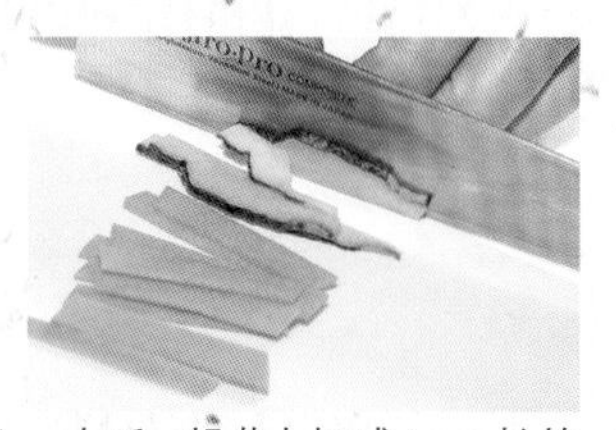

07 南瓜、胡萝卜切成4cm长的小段。

08 用热水去除多余油脂的油豆皮，切成和其他蔬菜差不多的大小。

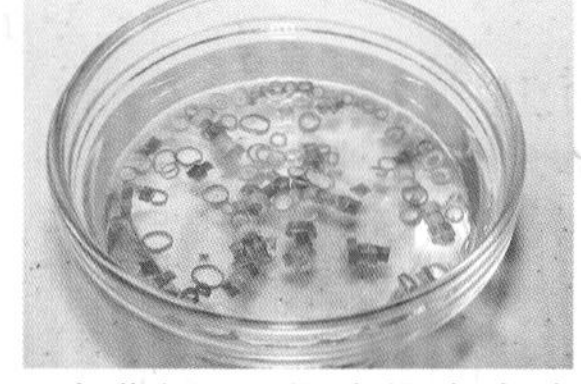

09 青葱切细，用水浸泡去除辣味。

10 色拉油放入平底锅内加热，拌炒胡萝卜、牛蒡，让水分蒸发。

11 水分蒸发后，加猪肉拌炒到猪肉发白。

12 加南瓜、魔芋、油豆皮继续拌炒。

13 全部配料变软后，加豆腐轻轻拌炒。

14 加入调好味的高汤，一边用木铲搅拌一边煮到熟透。

15 撇去浮沫。要将汤勺里的浮沫吹掉，汤汁再倒回锅里。

16 用预热过的碗装汤，撒上辣椒粉。

错误！

豆腐变得糊糊的

如果豆腐没有沥干水分，加热以后就会破碎。如果用来沥干水分的重物太轻，就要增加重量，而且至少要压30分钟。轻压时不会出水，表示水分已经去除干净。

左边是水分没有去除干净的豆腐。只要用微波炉加热，就能去除干净水分。

南瓜煮得烂烂的

配料拌炒后还要再煮，所以很容易碎裂。尤其是南瓜，所以南瓜的加热时间要尽量缩短。其他根茎类蔬菜也一样，要特别留意。

如果一开始就放南瓜，南瓜会粘在锅里，甚至焦掉。

日本料理的秘诀和要点㉕ 鲣鱼片的制作方法

在使用前削出需要的份量

1 清除表面杂质

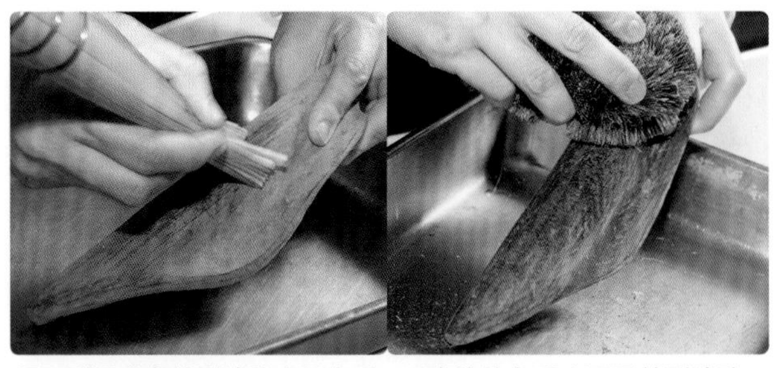

用干刷子或者竹刷清除表面杂质。凹陷处的杂质也要用竹刷清除。因为干鲣鱼容易发霉，所以不要带有湿气。

当杂质严重时

无法用刷子清除的霉菌、杂质，可以用水浸泡后再清除。干鲣鱼很容易发霉，所以削好后要干燥保存。

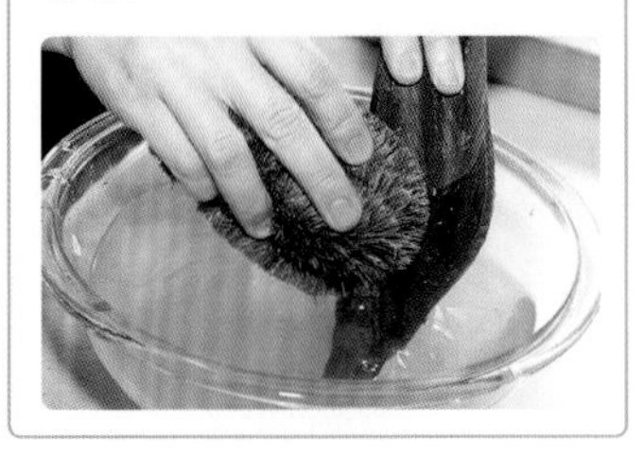

2 用刀消除血合

黑色的部分是血合，用火直接烤一下会比较容易清除。比较难清除的部分，可以用刀贴住表面来削。

3 削鲣鱼片

在削片器下方铺上防滑垫，将其固定。用手抓着鲣鱼，大幅度移动。

先将血合削细，放入材料袋里。

越削越能消除有厚度的鲣鱼片。

用鲣鱼片煮出传统高汤

用自己削的鲣鱼片煮高汤，会比用市售的鲣鱼片更美味。要不要挑战一下呢？有些削片器的尺寸比较小，价格大约是2000日元，可以在烹饪工具商店里买到。

关键在于鲣鱼。选择鲣鱼时，要选择敲打会发出清脆声音、香气浓郁的。另外，鲣鱼要用干净、坚硬的刷子清洗，如果残留杂质、霉菌或血合，都会导致味道变差。

大家可能觉得既然要削，那就一次多削一些。但鲣鱼片会随着时间氧化，味道变差。最好在使用前削出需要的份量。另外，一定要密封保存，避免鲣鱼发霉。

Suimono

3种煲汤

招待客人时为餐桌增添色彩。

百菇蛋花汤

多种蔬菜汤

冬瓜虾球汤

冬瓜虾球汤

材料（2人份）
冬瓜…¼个（500g）
小苏打、盐…各½小匙
虾…4只（50g）
白肉鱼…25g
蛋白…1小匙
大和芋…10g
海带高汤…2大匙
盐…1撮
酒…1小匙
四季豆…1根（8g）
胡萝卜…四季豆大小1根
柚子皮…适量

汤底材料
海带高汤…2杯（400ml）
盐…¼小匙
薄口酱油…½小匙
酒…1小匙

要点

冬瓜削皮，
露出漂亮的绿色

所需时间
45分钟

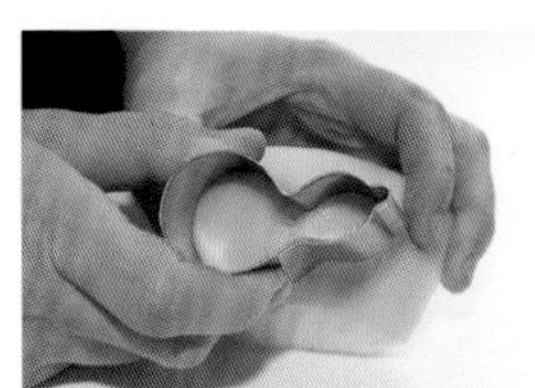

01 冬瓜去籽，削皮。削皮时不要削得太厚。用模具压出图案，背面也用刀修整。

02 皮的那面用混合的小苏打、盐摩擦，静置一段时间。出水、变软后用热水焯过，倒入水中浸泡。

03 制作虾泥。为了方便磨成泥，虾去壳后切小块，白肉鱼也切小块。

04 切好的虾½、白肉鱼放入研磨器里，磨成泥。分几次加盐、蛋白、大和芋、海带高汤、酒拌匀。

05 中间再加其余切好的虾。要虾分两次加，会因为磨的程度不同，让口感更有弹性。

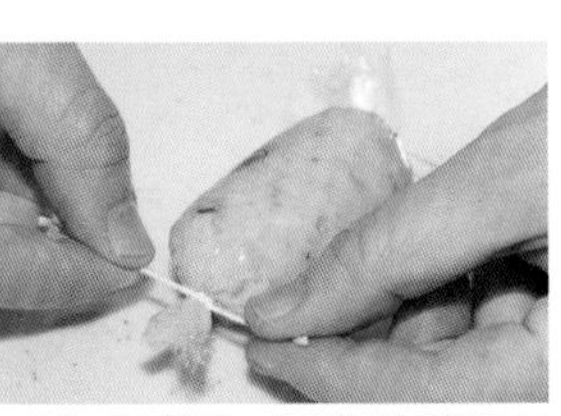

06 5分成2等分，分别用保鲜膜包起来，捏成球形。一边挤出空气一边修整形状，两边用绳子绑起来。

07 保鲜膜不要拆开，用75度的水加热。因为会浮起来，所以要盖上落盖，不时翻面，使其均匀受热。

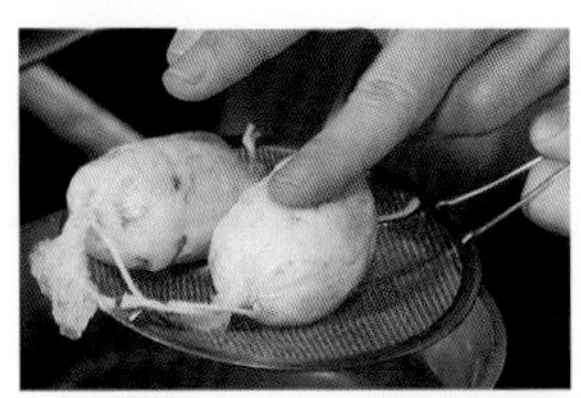

08 加热到按压时有弹性，中间部分也受热就可以了。中间部分是否受热，可以用铁签戳一下确认，降温备用。

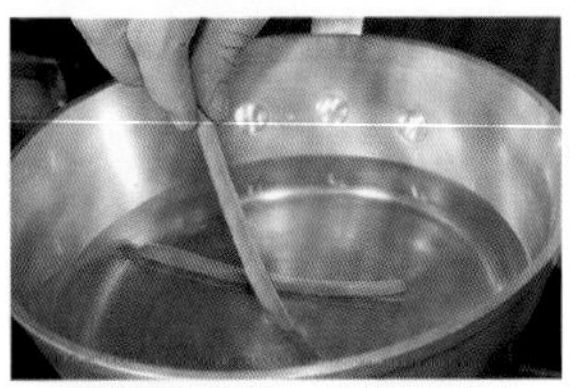

09 四季豆去老梗。依照胡萝卜、四季豆的顺序放入沸水里，煮软，对半竖切。

10 制作汤底。海带高汤、薄口酱油、酒加入锅内，稍微煮沸后调味。

11 用汤底加热的虾球、冬瓜、胡萝卜、银杏、日本青柚子皮放入碗内，从边缘倒入10。

多种蔬菜汤

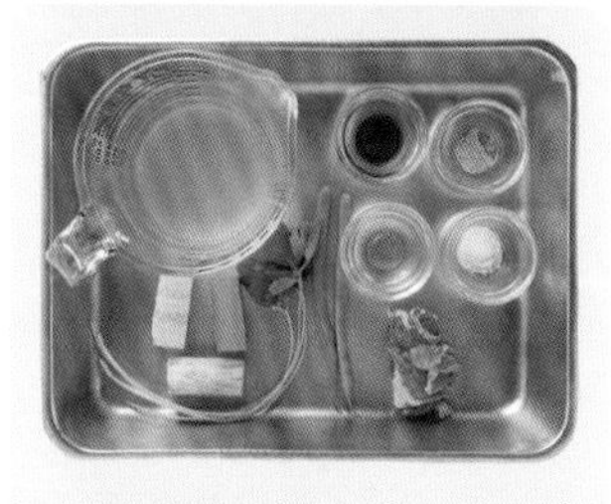

材料（2人份）
猪肉薄片…20g
当归…1/25根（10g）
胡萝卜…1/20根（10g）
水煮竹笋…1/12根（10g）
四季豆…2根（16g）
高汤…2杯（400ml）
酒…1小匙
薄口酱油…1/2小匙
盐…1/4小匙
鸭儿芹…2根（2g）
胡椒…适量

要点

猪肉先用热水焯过

所需时间
30分钟

01 将猪肉薄片、去皮去老梗的当归、胡萝卜、竹笋、四季豆处理后，切成小段。

02 当归用适量的醋水浸泡。

03 猪肉用沸水焯过，放在笊篱上沥干水分。

04 高汤、酒、薄口酱油、盐放入锅里煮沸。

05 依次将胡萝卜、当归、竹笋、猪肉放入锅里煮沸。

06 最后放四季豆和切成3cm~4cm的鸭儿芹，撒上胡椒。

百菇蛋花汤

材料（2人份）
蟹味菇…1/4株（25g）
金针菇…1/4株（25g）
舞茸…1/4株（25g）
香菇…4个（60g）
A 高汤…2杯（400ml）
薄口酱油…1小匙
酒…1小匙
盐…1/4小匙
淀粉勾芡水…适量
鸡蛋…2个
生姜…1段（10g）

制作方法
1 蟹味菇、舞茸、金针菇去底后用手分开，香菇去底后切成薄片。
2 将1用盐水焯过，放在笊篱上晾凉。
3 A倒入锅内加热，放入2煮沸。
4 勾芡。
5 打入鸡蛋，将蛋液淋在4上。关火后，盖上锅盖焖一下。
6 鸡蛋熟透后，一边搅拌一边加入生姜汁。

倒入蛋液时要像画画一样，用筷子辅助。

蛋液要在食材煮熟后放入，如果提前放入，汤会变得浑浊。

Matsutake no dobinmushi

松茸茶壶蒸

香气浓郁的秋季盛宴

双菇汤

材料（2人份）

松茸…1根（40g）
虾…2条（25g）
银杏…4个
鸭儿芹…2根（2g）
鸡胸肉…30g
醋橘…1个（10g）

汤底材料

高汤…1½杯（300ml）
盐…⅓小匙
薄口酱油…⅓小匙
酒…½小匙

所需时间
30分钟

01 松茸削去根部¼的皮。用布从下往上擦拭，清除表面的杂质。

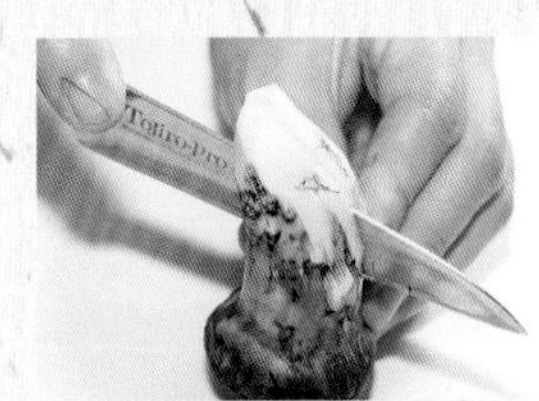

02 用刀对切开，之后用手撕开，分成8等分。要用手撕比较容易入味。

03 虾去壳后，用热水焯过。变色后取出，用凉水冷却后去除肠泥。

04 银杏用老虎钳等钳子剥壳，参考P57的10去皮。

05 鸡胸肉去筋、去皮，切成厚2mm～3mm的块。铺在浅盘里，撒上适量的盐。

06 使用筛网均匀撒上淀粉，拍落多余的粉。

07 用热水焯过6，变色后放在笊篱上，降温。

08 按鸡胸肉、松茸、虾、银杏的顺序放入茶壶里。

09 制作汤底。加高汤、盐、薄口酱油、酒煮沸。

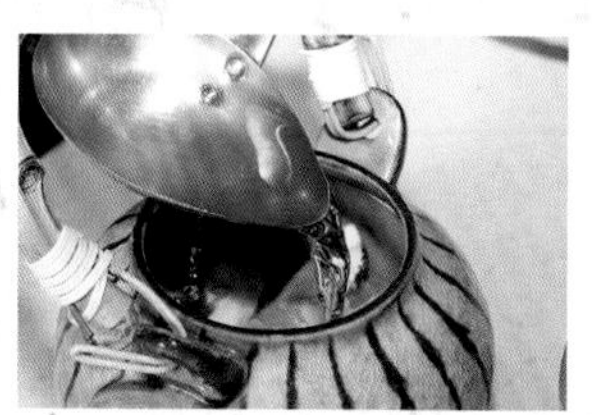

10 汤底倒入茶壶。要用水滴型的勺子倒入，配料就不会塌下来了。

11 放进蒸笼或蒸锅里，用大火蒸10分钟。要如果盖子放不进去就先拆掉。

12 醋橘参考P18做成灯笼，切成2等分后去籽。

13 放打结的鸭儿芹，盖上落盖。醋橘放在用来喝汤的小碟子上。

错误！

松茸的香气消失了

松茸就算有杂质也不能用水洗，只能用布轻轻擦拭，一用水洗，香气就会消失。

也不能用水冲，如果杂质比较多，可以用刀削除表面。

双菇汤

材料（2人份）

蟹味菇…½袋（50g）
杏鲍菇…1根（30g）
虾…2只（25g）
比目鱼…60g
银杏…4个
鸭儿芹…2根（2g）
醋橘…1个（10g）
高汤…2杯（400ml）
盐…⅓小匙
酒…½小匙
薄口酱油…⅓小匙

制作方法

1 蟹味菇去底用手分开。杏鲍菇切片，厚约3mm。
2 蟹味菇、杏鲍菇放在烤鱼架上用大火烤。
3 虾去壳，用热水焯过去除肠泥。
4 银杏稍微剥开，用热水浸泡去除薄皮。
5 比目鱼切片，厚约5mm。撒适量淀粉，用热水焯过。
6 A在锅底拌匀、煮沸。
7 蟹味菇、杏鲍菇、虾、银杏、比目鱼放入容器里，倒入6。
8 用蒸笼或蒸锅蒸7分钟，再切成2cm~3cm的小段。用对半切的醋橘装饰。

烤到变色后翻面，烤到全部熟透即可。

比目鱼撒上淀粉水焯前，先拍落多余的粉。

日本料理的秘诀和要点㉖ 味噌汤等各类煲汤

巧用当季食材，品尝高汤风味

味噌汤

白菜牛蒡味噌汤

材料

白菜…$\frac{1}{2}$片
牛蒡…$\frac{1}{3}$根
车麸卷…6个
青葱…1根
高汤…3杯
混合味噌…2大匙

制作方法

1 白菜、牛蒡切细。
2 用水浸泡车麸卷。
3 去除涩液的牛蒡用高汤煮软。
4 加白菜、车麸卷。
5 溶解混合味噌后，撒上切细的青葱。

茄子舞茸红味噌汤

材料

茄子…$\frac{1}{2}$根
舞茸…$\frac{1}{4}$株
炒栗子…2个
菠菜…2株
高汤…2杯
红味噌…2大匙

制作方法

1 茄子切成合适大小，直接油炸。
2 舞茸去底，用手分开。
3 菠菜用盐水焯过，切成3cm~4cm的小段。
4 用高汤煮2，熟透后加1、3、去皮的栗子，最后溶解红味噌。

清汤

鲜鱼汤

材料

白肉鱼…2片
莼菜…2大匙
秋葵…2根
柚子、梅肉…少许
高汤…2杯
薄口酱油…1小匙
盐…$\frac{1}{4}$小匙

制作方法

1 白肉鱼保留鱼皮，在鱼肉上划刀，深约2mm。粘淀粉水焯。
2 高汤用薄口酱油、盐调味，煮沸。
3 用盐水焯过的莼菜、切细的秋葵放入容器中。
4 倒入2，放上梅肉、柚子皮。

蛋豆腐清汤

材料

蛋豆腐…2片
毛豆…3大匙
蕨菜…4根
虾…2只
高汤…2杯
薄口酱油…1小匙
盐…$\frac{1}{3}$小匙
花椒芽…适量

制作方法

1 用研磨器将盐水焯过的毛豆、少许高汤磨碎。
2 用竹签将虾串起来，用盐水焯过后剥壳，切开腹部。
3 加1残留的汤汁、薄口酱油、盐。
4 蛋豆腐、用高汤加热的虾以及蕨菜放入容器里，倒入3.
5 放上花椒芽。

凸显料理美味是餐桌的幕后主角

每天都会出现在餐桌上的煲汤，只要选择不同的配料、高汤和味噌，就可以享受无穷的变化。在日本料理餐厅里，煲汤非常重要，几乎可以决定厨师的手艺和餐厅的等级。

煲汤可以使用加了调味料的高汤，或直接使用配料煮出来的汤汁。煲汤可以选择当季或色彩鲜艳的食材，赏心悦目。另外，煲汤的主角是高汤，不要使用即溶高汤，要自己煮。

味噌基本上要搭配其他料理一起吃。每天吃大豆做成的味噌、蔬菜，身体就能充分获得必须的营养。可以选择适合和其他料理搭配，或只喝汤就很美味的配料，每天制作不同的味噌汤。

Tai no ushiojiru

鲷鱼汤

充满鲜鱼高汤的精华。

鲷鱼汤

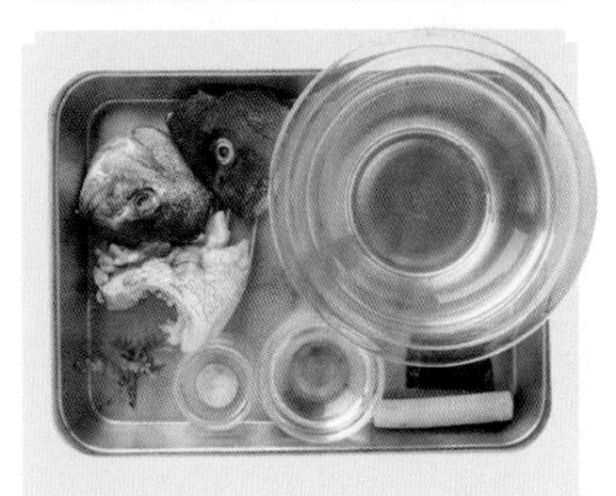

材料（2人份）

鲷鱼边肉…1条（300g）

A
- 水…3杯（600ml）
- 海带（5cm×5cm）…1片
- 酒…1小匙

盐…1撮

酒…1小匙

当归…⅓根（50g）

花椒芽…适量

要点

提前处理
好鲷鱼边肉

所需时间
60分钟

01 从前齿间下刀切下鲷鱼头。鲷鱼的骨头很硬，要特别小心不要切到手。

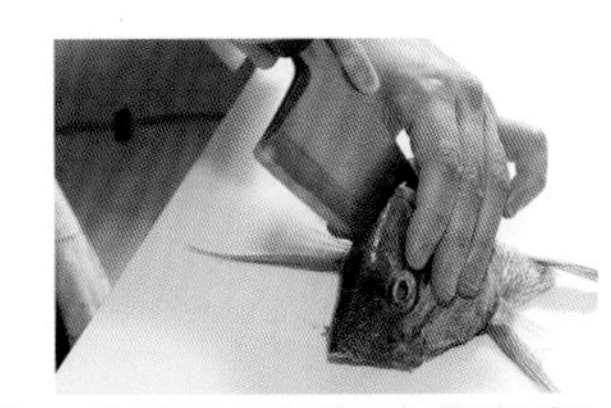

02 用力下刀，直到刀尖碰到案板。

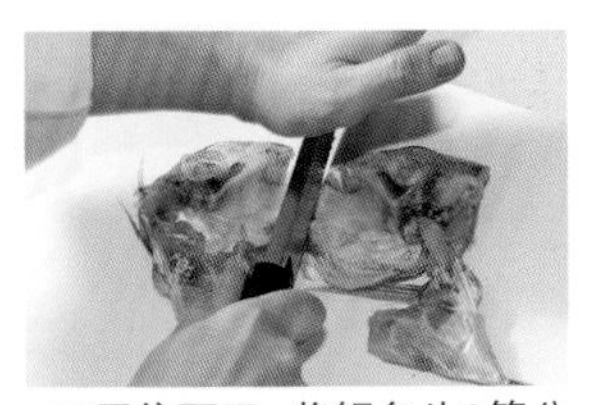

03 刀尾往下压，将鲷鱼头2等分。这种从中间对半切的方法，称为切梨法。

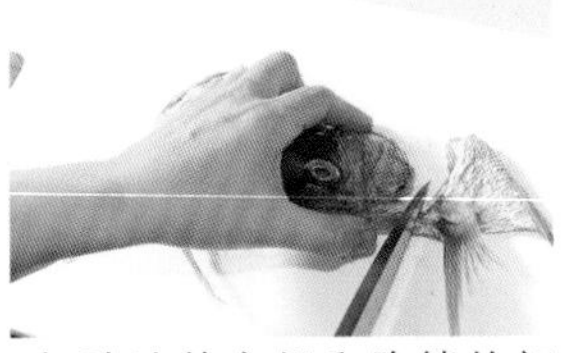

04 切除连接鱼鳃和胸鳍的部分。只要在连接处切两刀即可切除。

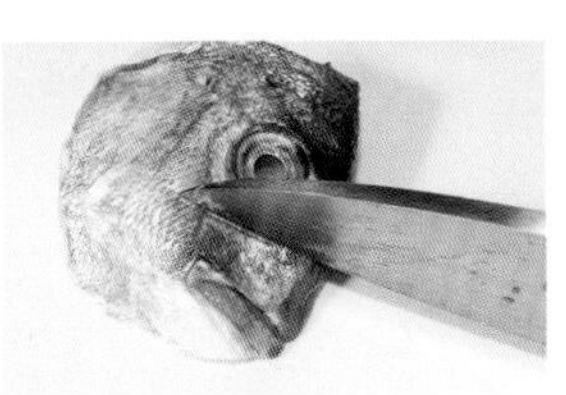

05 在鱼眼睛下方划一刀，沿鱼眼睛划四边形。

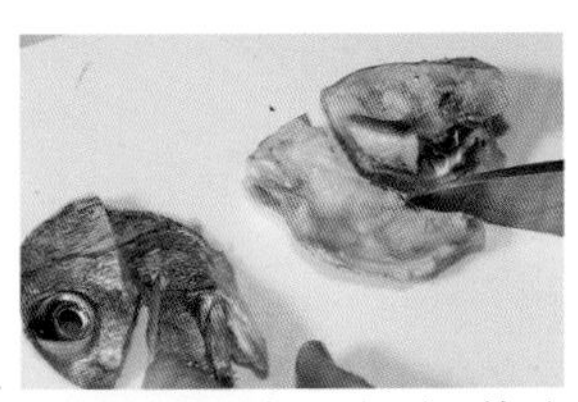

06 内侧也要划刀，切成2等分。如果鲷鱼比较大，要在嘴巴附近划刀，分成3等分。

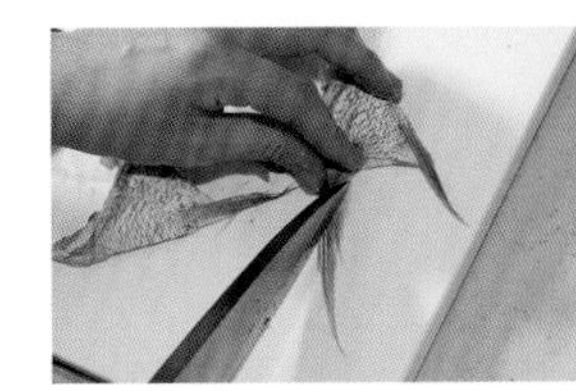

07 修整胸鳍。如果鱼鳍太长很难盛装，就斜着切，修整长度。

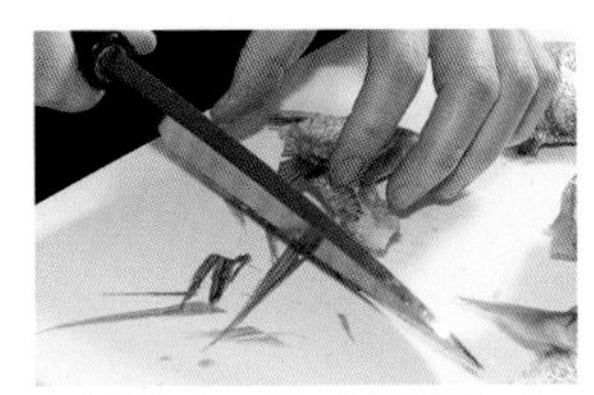

08 胸鳍切短。用刀子不好切时，改用剪刀。

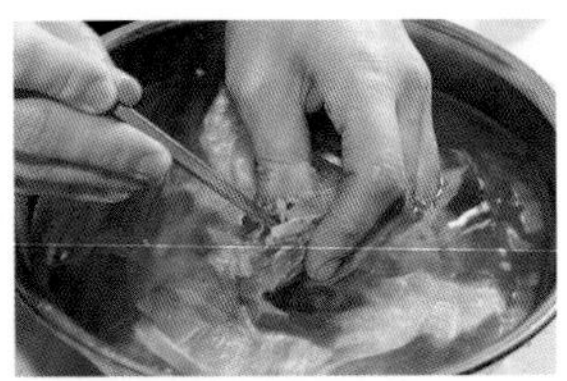

09 在水中清洗。去除黏液和杂质后，沥干水分。可用筷子或牙刷，将内脏清洗干净。

10 撒适量的盐，用手使其均匀分布，常温静置30分钟以上。这样做可以去除腥味和多余的水分。

11 鱼边肉盖上落盖，淋80度的热水。

12 焖一下，用落盖轻轻搅拌。

13 当鱼肉表面变成白色，取出用冰水浸泡。在冰水中清洗鱼鳞、血合。

14 鱼边肉、A放入锅里大火煮。

15 撇去浮沫。要等表面都是满满的浮沫之后再一口气清除。

16 撇去浮沫转小火，盖上落盖继续煮。如果撇去浮沫后不盖上落盖，其余浮沫会散开。

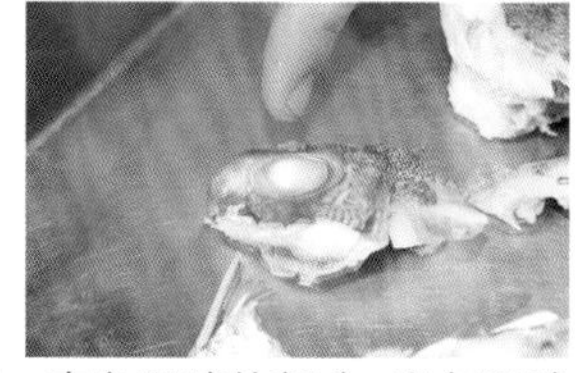

17 有鱼眼睛的部分，当鱼眼睛变白就起锅。半透明表示还没熟，要完全变白才行。

18 熟透后，将鱼边肉放在浅盘上降温。汤汁过筛备用。

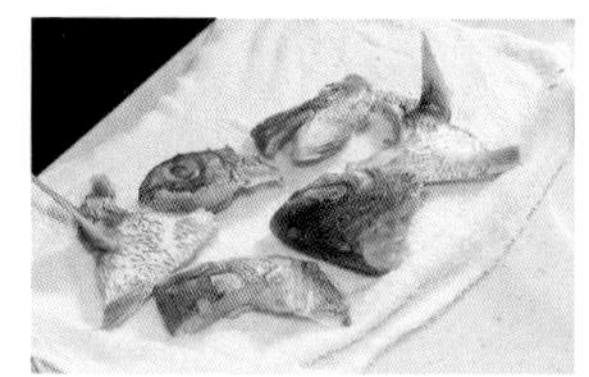

19 鱼边肉降温后铺在布上，用布盖起来，以免鱼肉干燥。

20 鱼下巴放回汤里，煮成汤底。

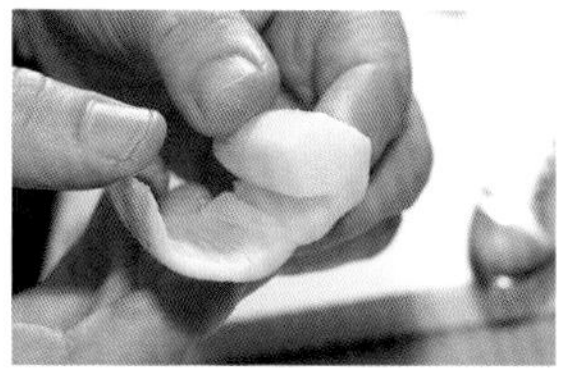

21 当归去皮。去得厚一点，只留较软的部分。

22 切成宽5mm的小段。用醋水浸泡去除涩液，沥干水分。

23 20的汤底煮好后，先放有鱼眼睛的部分，加当归一起煮。

24 依照个人喜好加盐、酒调味。用预热过的碗装汤，放上花椒芽。

错误！

浮沫让汤变得浑浊

煮鲷鱼的时候，会出现很多浮沫。不断捞出浮沫，反而会让汤变得浑浊。最好等累积到一定的量，再一口气捞出。

一产生浮沫就捞出的话，汤会变得浑浊。

日本料理的秘诀和要点㉗ 日本全国各地的煲汤

在此介绍代表各地历史、特产的知名煲汤

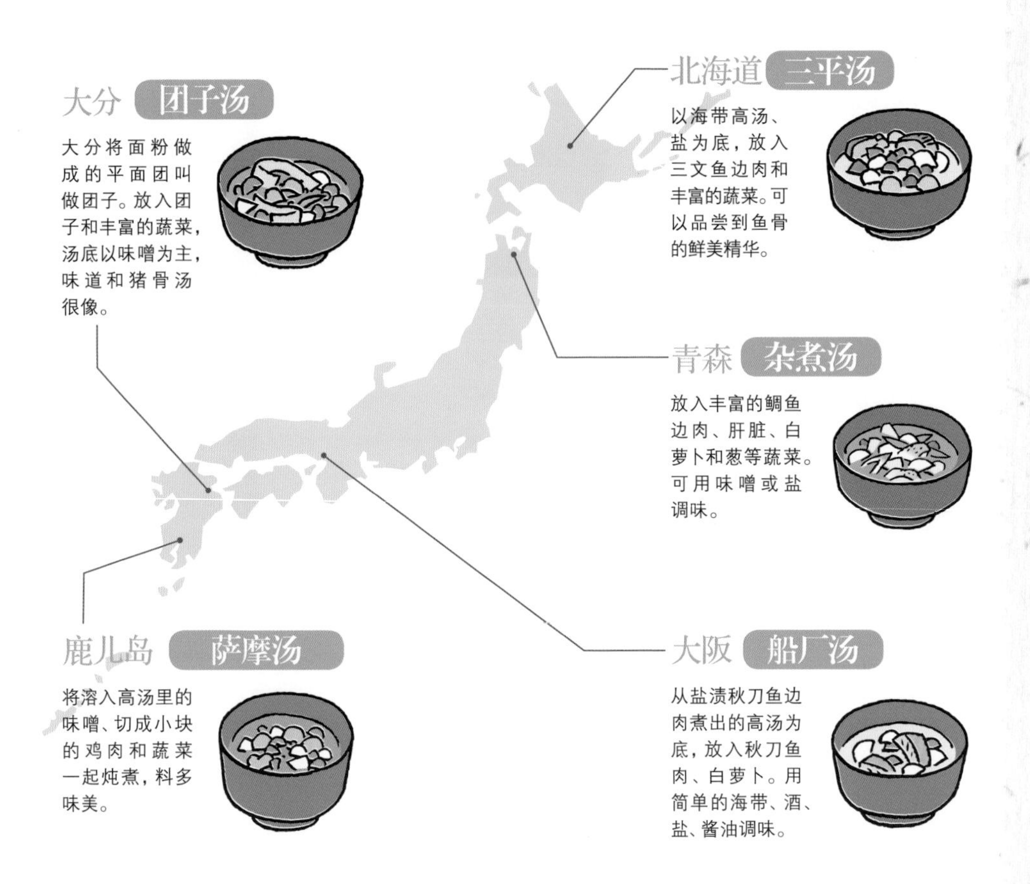

在日本各地温暖人心的煲汤

日本各地都有受到当地历史、食材影响的本土料理。除了煲汤，还有火锅、腌渍料理等，烹饪方法有别于其他地区的料理，光是看着就很有趣。

本土料理都会使用当地盛产的食材来煮高汤或者做配料，可以很明显地看出当地饮食和生活习惯。比如北海道、东北地区等比较寒冷的地方，大多使用海鲜来煮高汤。而九州地区的煲汤大多含有丰富的配料，比如鸡肉、团子等。

近年来，东京越来越容易买到来自日本各地的食材，煮高汤的材料也不难买到。大家要不要尝试一下在家里制作各地特色料理呢？

第7章 腌渍料理

Nukazuke

米糠腌蔬菜

米糠腌料必须勤加保持

01 制作米糠腌料。生米糠放入平底锅内，用中火拌炒。如果米糠里有虫，拌炒可以杀菌。

02 如果用微波炉加热，则不需要覆上保鲜膜，直接加热1分半，让表面变热即可。

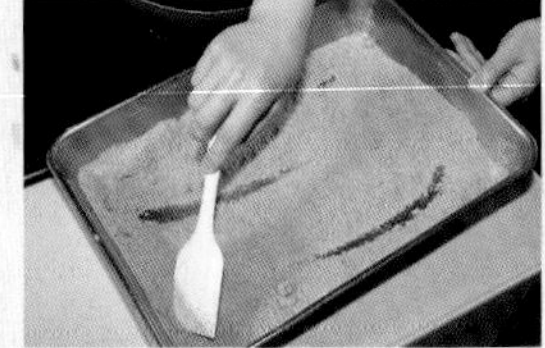

03 加热后，放入浅盘里降温，静置到完全冷却。

04 水、粗盐放入锅内，大火煮沸后冷却备用。搅拌让盐溶解，消除水的异味。

05 冷却后的米糠放入大碗内，如果没有大碗，可以改用木桶、箱子。

材料（2人份）

米糠腌料材料

生米糠…1kg

水…1L

粗盐…130g

蔬菜块（芹菜叶、白萝卜叶、高丽菜叶等水分较多的蔬菜）…80g

鹰爪辣椒…2根（2g）

海带（10cm×10cm）…1片

生姜…1块　黄瓜…1根（50g）

胡萝卜…1根（200g）　茄子…1根（70g）

高丽菜…1片（3g）　山药…50g

鲣鱼丝…3g　盐…适量

所需时间
60分钟

米糠腌料要静置1～2个星期，腌蔬菜需要半天时间。

06 分几次加入4，拌匀。依照米糠的水分来调整水量。

07 搅拌时要像制作麻薯一样轻捏。如果加太多水，会变得太黏稠。

08 放入能放进所有米糠的密封容器里，在米糠里加入一些蔬菜碎屑。

09 加入鹰爪辣椒、海带、去皮生姜、鲣鱼丝。增添美味和风味。

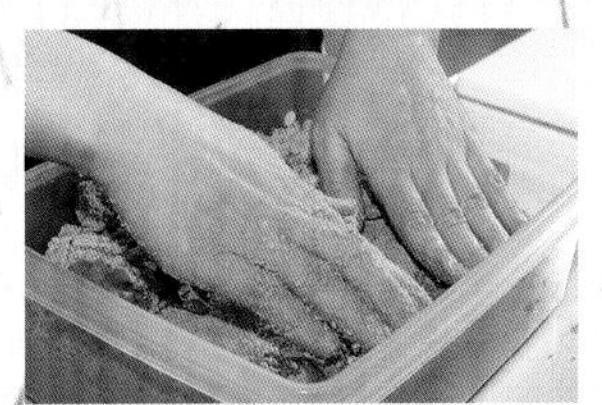

10 为了让材料出水，用手从上方用力按压。静置1~2个星期备用。每天搅拌两次，让米糠腌料接触空气。

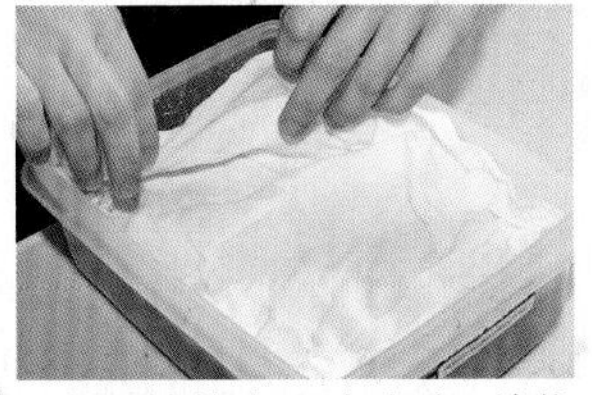

11 表面铺棉布吸去水分，并将容器边缘的米糠擦拭干净，避免腌料变质。

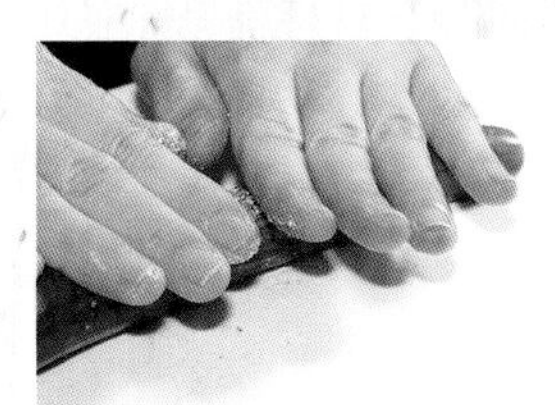

12 参考P15用案板摩擦黄瓜，去除涩液。

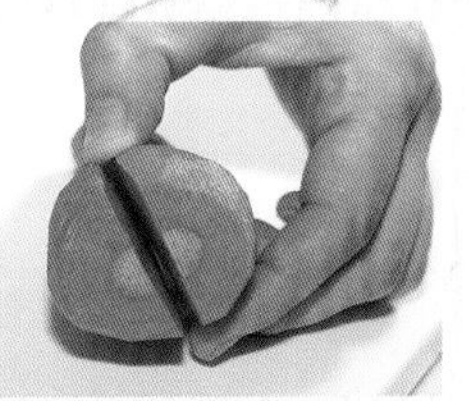

13 胡萝卜去除叶子部分，去皮。较粗的部分要划刀，比较容易入味。

14 茄子去蒂。

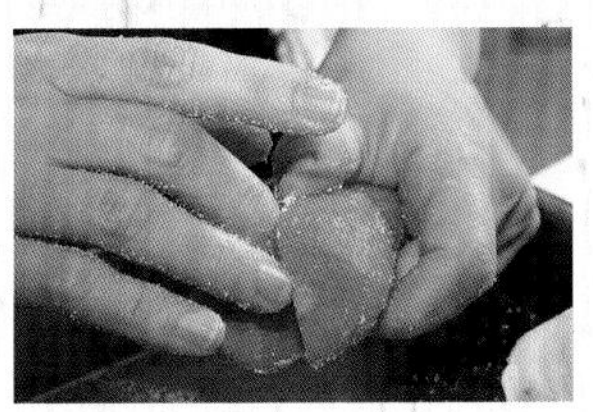

15 黄瓜、胡萝卜、茄子、高丽菜抹上盐。胡萝卜划刀处要抹上盐。

16 因为山药会分泌黏液，所以不要去皮直接抹盐。

17 用米糠腌料腌渍蔬菜，用米糠覆盖。盖上棉布后密封起来，放在阴凉处。

18 腌渍半天就会入味。取出将米糠清洗干净，切成方便食用的大小装盘。

19 如果腌渍1个月以上，就要用水冲洗，去除盐分后擦干。搭配酱油食用。

20 腌渍时，要经常使用有洞的杯子或塑料容器去除水分。如果2~3个星期都不在家，可以在表面撒盐，并放在阴凉处保存。

Asazuke

浅渍

轻松做出妈妈的味道

腌渍蔬菜需要1~2晚的时间

材料（2人份）

白菜…1片（150g）
胡萝卜…⅓根（15g）
黄瓜…¾根（30g）
海带（3cm×3cm）…1片
生姜…1段（3g）
柚子皮…⅛个
粗盐…1小匙
海带茶…¼大匙
辣椒…½根

酱油渍

茄子…2根（180g）
小芜菁…2个（200g）
芹菜…⅓根（70g）
茗荷…3根（60g）

酱油…1¾杯（350ml）
黄砂糖…200g
醋…1杯
药材袋…1个
海带（3cm×3cm）…1片
鲣鱼片…2g
鱼干…1根
柠檬皮…1/6个

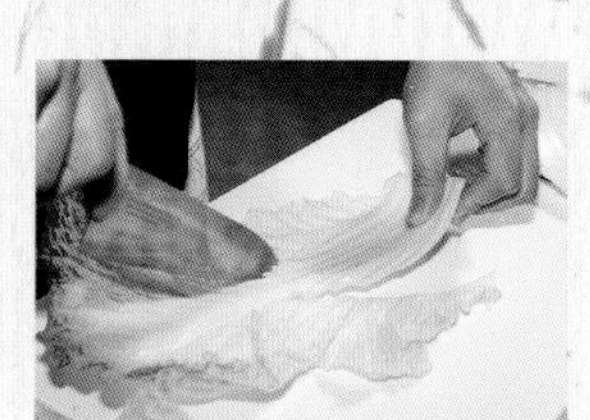

01 白菜去芯，切成宽5cm的大小。芯的部分，将菜刀平放，用削的方式切。

02 胡萝卜切薄片，厚约1~2mm。静止一段时间后切丝。

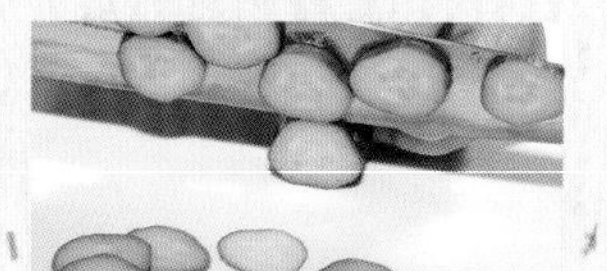

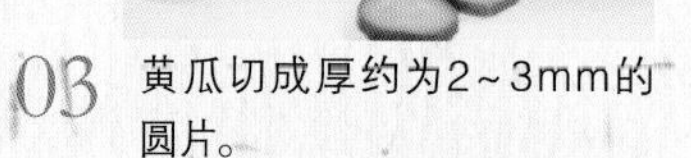

03 黄瓜切成厚约为2~3mm的圆片。

04 海带用水浸泡。生姜切丝。

05 柚子去除一侧白色的部分，切丝。

06 切好的蔬菜放入塑料袋里，加入盐、海带、去籽的辣椒。

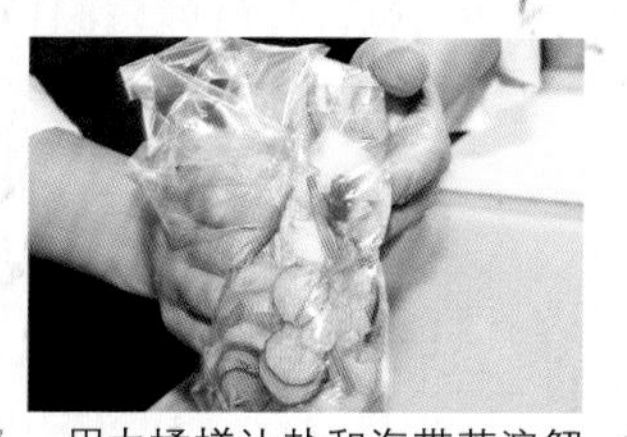

07 用力揉搓让盐和海带茶溶解，揉搓到蔬菜均匀入味。

08 立刻放进腌渍专用容器里，旋转按钮到无法旋转为止，冷藏一晚。

09 如果没有腌渍专用容器，先放入碗内，用另一个装了水的碗压，冷藏一晚。

10 冷藏一晚后沥干水分，就能装盘。

11 制作酱油渍。茄子去蒂后，对半竖切。

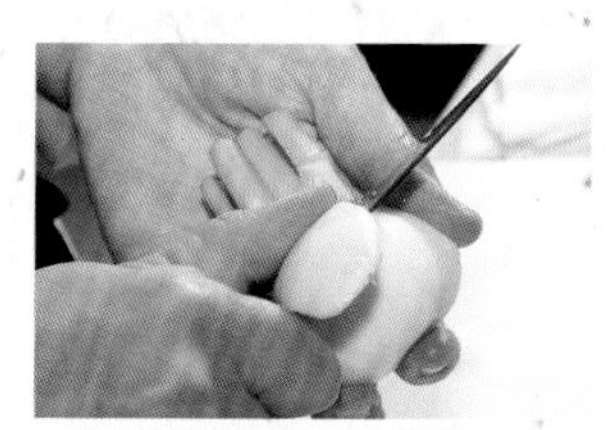

12 小芜菁保留2cm的茎，去皮，去皮时要切厚一点。切口要削成六边形。

13 小芜菁用水浸泡，用竹签清除叶子里的杂质。

14 茄子、小芜菁、小芜菁叶子、芹菜、茗荷用盐水浸泡，覆上保鲜膜，在阴凉处静置一晚。

15 酱油、黄砂糖、醋放入锅内，一边搅拌一边用大火煮，直到黄砂糖溶解。

16 海带、鲣鱼片、小鱼干、去除内侧白色部分的柠檬皮放入材料袋中。

17 15的黄砂糖完全溶解后关火，将16的材料袋放入锅里，降温备用。

18 取出冷藏一晚的蔬菜，沥干水分。

19 蔬菜放入密封容器里排列整齐，倒入17.覆上保鲜膜，冷藏一晚。(要)中间要翻面一次。

20 腌渍一晚后，取出材料袋，将蔬菜切成合适的大小。

Rakkouzuke

腌渍薤白

味噌蜂蜜渍

所需时间
30分钟

材料（2人份）

薤白…1.2kg
粗盐…320g
水…1.6L

酱油渍材料

盐渍薤白…500g
浓口酱油…1½杯（300ml）
味醂…3⅓大匙（50ml）
酒…⅔杯（约133ml）
醋…½杯（100ml）
水…1杯（200ml）
药材袋…1个
鲣鱼片…4g
海带（5cm×5cm）…1片
辣椒…1根

盐渍薤白去除盐分需要2~3个小时甚至半天的时间，而腌渍蔬菜分别需要1~2周的时间。

甜醋渍材料

盐渍薤白…500g
甜醋…1L（参考P212）
辣椒…1根

味噌蜂蜜渍材料

盐渍薤白…200g
混合味噌…50g
蜂蜜…50g
酒…1大匙

01 薤白用足够的水浸泡，连接的部分用手分开。

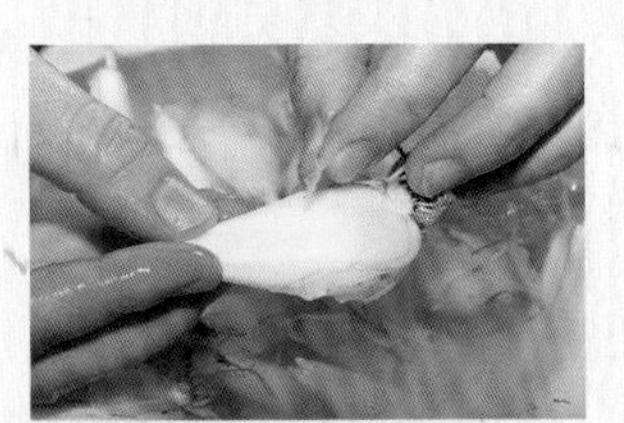

02 去除感觉很软的皮、芽和须根。用热水焯过10秒，放在笊篱上沥干水分。

03 放入可以密封的罐子里，倒入用粗盐溶解的水。

04 覆上裁剪过的保鲜膜，盖上盖子，在阴凉处静置2个星期。

05 每隔2~3天摇晃罐子一次，让盐分均分分布。之后用水浸泡，就可以用酱油、味噌蜂蜜腌渍。

06 制作酱油渍。5的盐渍薤白，用水冲洗半天，去除盐分。

07 浓口酱油、味霖、酒、醋、水放入碗里拌匀。

08 鲣鱼片、切成一半的海带、辣椒放入材料袋里。

09 6沥干水分后放入容器里，倒入7，尽可能覆盖所有材料。

10 8的材料袋放入容器里。3天后，取出材料袋。最好腌渍一星期以上，可以保存半年。

11 制作味噌蜂蜜渍。5的盐渍薤白，用水冲洗半天，去除盐分。

12 混合味噌加蜂蜜、酒拌匀。

13 加入沥干水分的薤白，拌匀。

14 放入密封容器里，覆上保鲜膜。

15 盖上盖子，冷藏。最好腌渍一星期以上，可以保存1个月。

16 制作甜醋渍。5的盐渍薤白，用水冲洗2~3个小时，去除盐分。

17 放入密封容器里，倒入甜醋。甜醋的量要能覆盖所有的材料。

18 加入辣椒。加辣椒不容易变质，但腌渍出来的蔬菜会有辣味，所以根据个人喜好酌情放入。

19 覆上保鲜膜，避免薤白接触到空气。

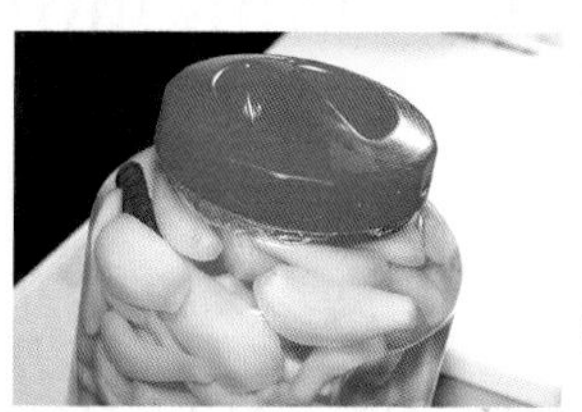

20 盖上盖子，冷藏。最好腌渍两星期以上，可以保存一年。

Amazuzuke

甜醋渍

柔和的酸味在嘴里扩散

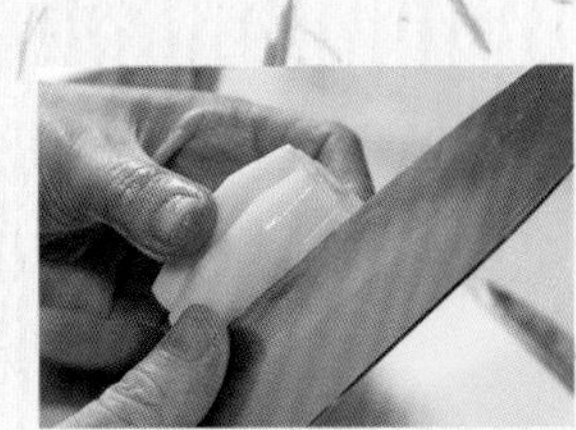

01 藕去皮，切成花形。

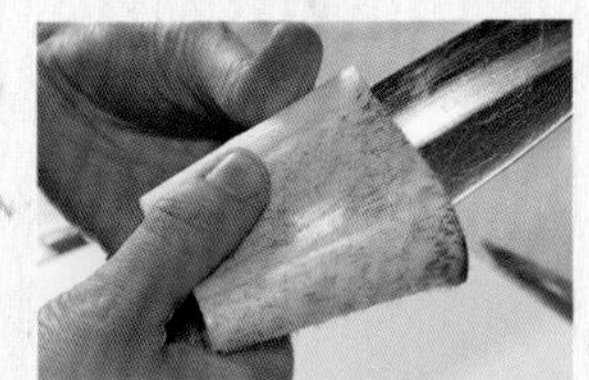

02 当归去皮，去皮时稍微切厚一点，去除所有老梗。

03 藕、当归用适量加热过的醋水煮，煮到竹签可以轻松穿透。

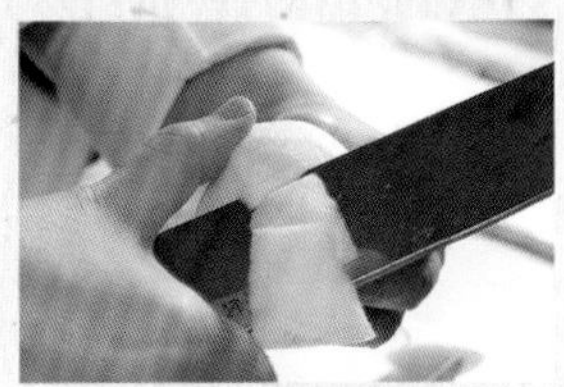

04 制作菊花芜菁。芜菁去茎、去皮。

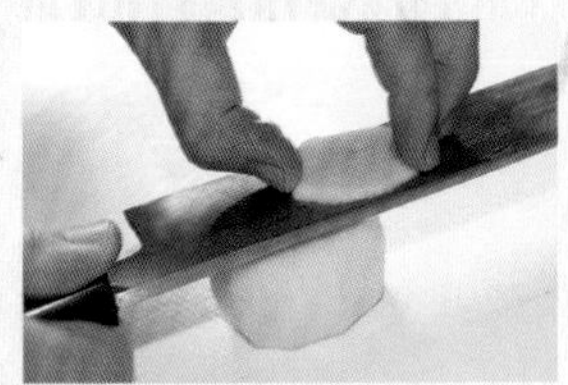

05 表面切平。

材料（2人份）

藕…1节（150g）
当归…¼根（30g）
芜菁…1个（100g）
生姜根…4根（40g）
茗荷…4根（80g）

甜醋材料

醋…2½杯（500ml）
水…2½杯（500ml）
砂糖…150g
鹰爪辣椒…2根
盐…½小匙

所需时间
30分钟

用甜醋腌渍需要20~30分钟。

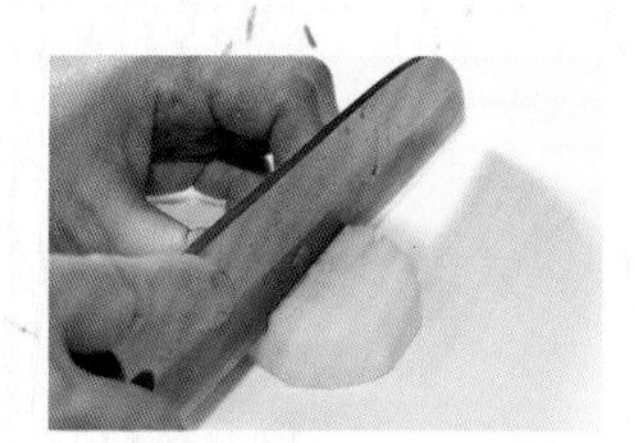

06 划细纹，深度约¼。不要切得太深。

07 6切成2cm×2cm的小丁。用适量盐水煮到没有划刀的部分变软。

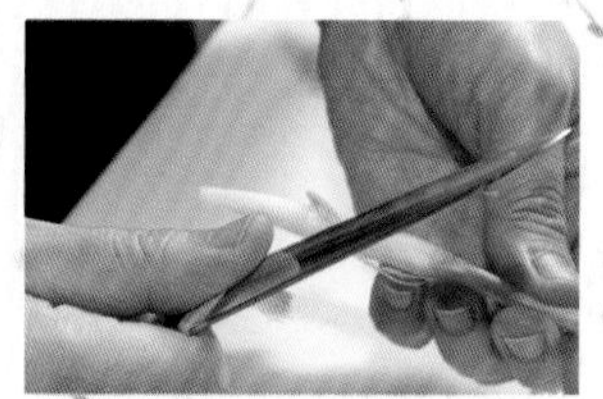

08 生姜根去除前端绿色的部分、可食用部分的皮。用布轻轻擦拭杂质。

09 用沸水焯过。先焯可食用的部分，之后让上方稍微受热即可。放在笊篱上降温。

10 茗荷去除根部，划十字纹。

11 用沸水焯2~3分钟。变软后关火去除，撒上适量的盐。

12 鹰爪辣椒去籽。

13 制作甜醋。醋、砂糖、水放入锅里中火煮，再加入鹰爪辣椒。

14 加热到砂糖完全溶解就可以关火，放入碗里，用冰水隔水冷却。

15 甜醋分成5等分，分别腌渍不同的蔬菜，避免白色蔬菜染上其他颜色。

16 藕要腌渍30分钟，当归、生姜根要腌20分钟以上。

17 芜菁划刀的部分朝下，腌20分钟以上。

18 茗荷比较容易入味，只要呈现漂亮的红色就能取出。

用可以密封的空瓶保存

冷藏保存时要放入可以密封的空瓶或空罐里。如果放入透明的瓶子里，可以直接端上餐桌。

甜醋的量如果不够会变质，全部食材都要浸在甜醋里才可以。

Umeboshi

腌渍梅子

关键在于晒干晒頭

材料（2人份）
梅子（完全成熟）…2kg
粗盐…300g
烧酒…2大匙
红紫苏材料
红紫苏…2把
粗盐…2大匙

所需时间
60分钟

去除梅子涩液需要4个小时，腌渍需要1个月，干燥需要3天3夜的时间。

01 完全成熟的梅子用足够的水浸泡4个小时。去除涩液。放在笊篱上备用。

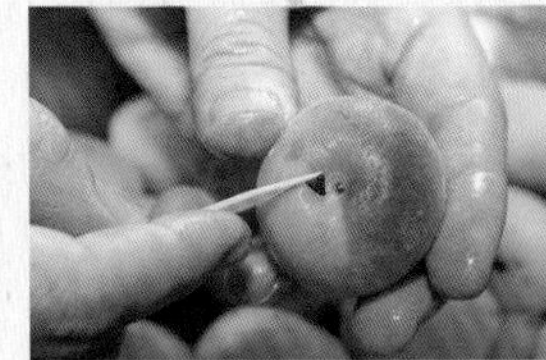

02 用竹签去除黑色部分，一个个擦拭，擦干水分。

03 将梅子放入碗里，淋上1大匙烧酒，用手搅拌使其均匀分布。

04 其余的烧酒放入腌渍梅子的容器里消毒，撒入1撮粗盐。

05 梅子放入容器里，用粗盐覆盖。每放一层梅子，就放一层粗盐。

06 梅子全部放入容器后，将其余的粗盐都放进去，覆上保鲜膜。

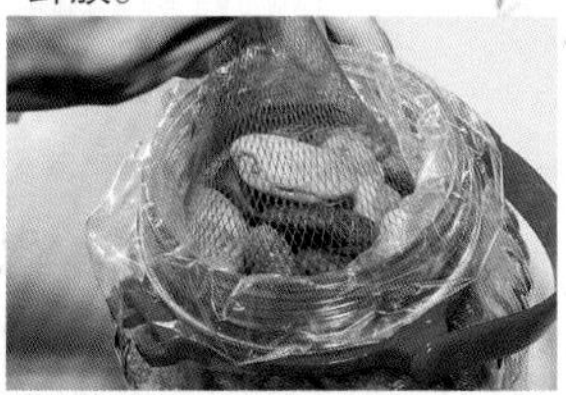

07 用和梅子相同重量的石头压住。每天都要摇晃容器，在阴凉处腌渍5天。

08 红紫苏用手撕开，用水清洗。要根部要切除，只用叶子。

09 加入1大匙粗盐，一边按压一边清除杂质。要戴上手套用力按压，去除涩液。

10 水分倒掉后再加1大匙粗盐，一边按压一边清除杂质，挤出蓝紫色的汁液。

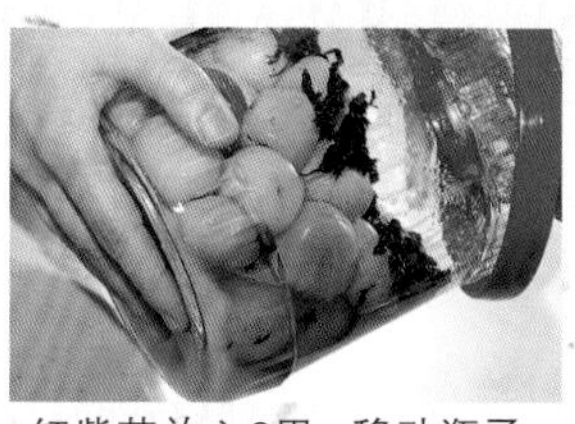

11 红紫苏放入6里。移动瓶子，让梅醋完全覆盖红紫苏，在阴凉处静置1个月。

12 梅子、红紫苏放在笊篱上暴晒。梅子要晒3天3夜，红紫苏要晒到完全干燥。

13 腌梅子的汁液放在户外一天，记得用棉布盖上，以免有虫跑进去。

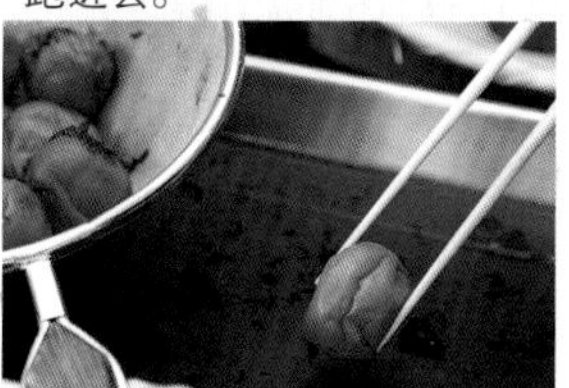

14 趁汁液还是热的时候浸泡梅子，泡软后即可食用。

15 制作配料。将12的红紫苏切细。梅子可以当作饭团内馅。只要放入瓶子里，可以保存一年。

梅干蜂蜜渍

材料

梅子（完全成熟）…1kg
粗盐…120g
蜂蜜…50g
烧酒…1 ⅓大匙

制作方法

1 完全成熟的梅子用水浸泡4小时，沥干水分。
2 去蒂后用布擦拭水分，放入碗内。
3 淋上一半烧酒，拌匀。
4 加一半蜂蜜，拌匀。
5 用其余的烧酒清洗容器，撒粗盐。
6 梅子一个个粘上粗盐，在容器里排列整齐。
7 加其余的粗盐、蜂蜜。
8 覆上保鲜膜用重物压好，在阴凉处腌渍1个月。
9 晒梅子参考右边的步骤12~14.用腌渍的汁液浸泡，变软后就能食用。

用双手让所有梅子都粘上蜂蜜。

梅干蘸粗盐前先蘸烧酒，这样比较容易粘上粗盐。

作者简介

川上文代

FUMIYO KAWAKAMI

川上文代从幼年时代就对料理有着浓厚的兴趣，并于初中三年级至高中三年级的四年时间里，在池田幸惠料理教室学习料理制作。从大阪阿倍野辻调理师专科学校毕业以后，曾任该校职员十二年。在此期间，她致力于辻调理师专科学校的大阪分校、法国里昂（法 Lyon）分校、TSUJI GROUP SCHOOL 国立分校的专业厨师的培训工作。后来，她成为法国里昂分校的第一位女讲师，并曾在法国米其林三星餐厅 Georges Blanc 研修。自 1996 年起，她成为 DELICE DE CUILLERES 川上文代料理教室的负责人。除此之外，还担任辻调理师专科学校的外聘讲师，并在日本各地演讲，在杂志、报纸上都非常活跃。另外，她还不遗余力地开发食品，创造食谱。著有《使用珐琅锅制作美味料理》（诚文堂新光社）和《最详尽的料理教科书》（新星出版社）等书。

内容简介

全书用超过 1700 幅步骤图详尽说明 95 道风味菜色的烹调方式。从主菜、配菜、小菜、汤品、米饭到渍物，一次满足读者对各式日本料理的学习需求。27 则实用烹饪重点，从菜刀及砂锅的保养、摆盘技巧、万能酱汁的做法、调理器具的活用，到日本全国汤品的趣味介绍，内容涵盖实用与知识层面。无论是深受日本上班族喜爱的味噌串、上居酒屋必点的炸鸡、做法简单但风味万千的蒸蛤蜊，或者人气 No.1 的广岛乡土料理牡蛎锅，担任调理学校讲师长达 12 年的川上文代都将透过详尽的料理步骤，加上精心整理的烹饪重点，带你化繁为简，轻松掌握日本料理的烹调诀窍。